高等学校“十三五”规划教材

XINXILUN YU BIANMA LILUN

信息论与编码理论

李敏　邢宇航　王利涛　编著

西北工業大學出版社

西　安

【内容简介】 本书系统阐述了经典信息论和编码的基本原理及应用，主要内容分为基本概念和物理量的计算、信源编码、信道编码、安全编码和实际应用五篇共9章，在突出实际应用的同时，着重介绍信息与编码理论的基本概念和基本方法，体现信息传输追求的有效性、可靠性和安全性。本书内容丰富，文字通俗，深入浅出，力求理论联系实际。

本书可作为高等学校电子信息类专业的研究生及本科生教材，也可供信息科学及系统工程专业领域教学、科研人员参考。

图书在版编目(CIP)数据

信息论与编码理论/李敏，邢宇航，王利涛编著．—西安：西北工业大学出版社，2018.5

ISBN 978-7-5612-6007-4

Ⅰ.①信… Ⅱ.①李… ②邢… ③王… Ⅲ.①信息论—高等学校—教材 ②信源编码—高等学校—教材 Ⅳ.①TN911.2

中国版本图书馆CIP数据核字(2018)第100531号

策划编辑：杨 军
责任编辑：张 友

出版发行：西北工业大学出版社
通信地址：西安市友谊西路127号　　邮编：710072
电　　话：(029)88493844　88491757
网　　址：www.nwpup.com
印 刷 者：陕西金德佳印务有限公司
开　　本：787 mm×1 092 mm　1/16
印　　张：11.5
字　　数：276千字
版　　次：2018年5月第1版　2018年5月第1次印刷
定　　价：39.00元

前　言

2000 年 10 月 6 日，著名信息论与编码学者 Dr. Richard Blahut 在 C. E. Shannon(香农)塑像落成典礼上致辞："……两三百年之后，当人们回过头来看我们这个时代的时候，他们可能不会记得谁曾是美国的总统，他们也不会记得谁曾是影星或摇滚歌星，但是仍然会知晓 Shannon 的名字，学校里仍然会讲授信息论……"

1948 年，香农发表了划时代文章《通信的数学理论》，宣告了一门崭新学科——信息论的诞生。信息论为计算机和远程通信奠定了坚实的理论基础，是 20 世纪产生的对人类最伟大的贡献之一，它解决了通信的有效性、可靠性和安全性问题。自信息论诞生以来，信息理论和编码技术已广泛应用于我们的生活中，信息论的研究领域从自然科学扩展到经济、管理科学，甚至人文社会科学，从狭义信息论发展到如今的广义信息论，成为涉及面极广的信息科学。

信息论也称为香农信息论，主要研究信息理论与编码技术，是用概率论与随机过程的方法研究通信系统传输有效性和可靠性的理论，是现代通信与信息处理技术的理论基础，也是通信与电子信息类专业的重要基础课程。信息论以信息熵为基本概念，以香农三个编码定理——无失真信源编码理论、有噪信道编码理论和限失真信源编码定理为核心内容，研究通信系统中信息的度量、信源的压缩编码，以及信息通过信道有效、可靠和安全传输的问题。

本书分为基本概念和物理量的计算、信源编码、信道编码、安全编码和信息编码理论应用等五篇，共 9 章。第 1 章绪论，主要介绍信息的定义，信息论的发展历史、现状和趋势，信息论学科的研究对象和应用，信息系统传输模型及功能；第 2 章数学及编码基础知识，主要围绕信息论的数学基础，阐述信息论中涉及的概率论和编码理论的基础知识和重要结论，以方便后续对信息理论知识的学习和掌握；第 3 章信息度量与信息熵，介绍信源的分类和数学模型，信息量和信息熵的概念、性质、定理及计算方法等；第 4 章信息率失真理论与信息率失真函数，主要介绍允许压缩信源输出的信息率，信息率与允许失真之间的关系，信息率失真函数的概念、性质及计算等；第 5 章信源编码，主要介绍信源编码的基本概念、常见的三类信源编码技术(统计编码、变换编码和预测编码)、无失真信源编码定理及限失真信源编码定理；第 6 章信道与信道容量，主要讨论信道的分类和数学模型，信道容量的定义、计算方法和有噪信道编码定理等；第 7 章信道编码，介绍抗干扰信道编码的基本原理，常见的信道编码方法等；第 8 章安全编码，介绍实现信息传输安全性要求的技术，密码技术的产生和发展，加密的基本原理，现代密码体制的分类，信息熵测度密码学的基本概念等；第 9 章信息编码理论实际应用，主要结合信息论和编码技术在多媒体数据压缩、计算机网络通信和移动通信等领域中的实际应用，开阔视野、拓展内容。

本书是在笔者多年从事教学科研实践的基础上编写而成的，系统地介绍了信息技术领域的基础理论，综合利用概率论、信息度量、信源编码、信道编码和安全编码等技术解决信息传输处理问题。具体编写分工如下：李敏负责内容与结构安排组织，并编写了第四、六、七章；邢宇航编写了第一至三章；王利涛编写了第五、八、九章。

在编写本书的过程中，曾参阅了相关文献，在此谨向其作者深表谢意。

由于水平所限，书中疏漏之处在所难免，欢迎广大读者批评指正。

作　者

2018 年 2 月

目　录

基本概念及物理量的计算篇

信源编码篇

信道编码篇

安全编码篇

信息编码理论应用篇

基本概念及物理量的计算篇

第1章 绪　论

虽然信息论自诞生到现在只有60多年，但它的发展对学术界及人类社会的影响是广泛和深刻的。在人类历史的长河中，信息传输和传播手段经历了六次重大变革，在不断的变化中，人们逐渐认识到信息的存在及重要作用。

第一次变革是语言的产生。人们用语言准确地传递感情和意图，使语言成为传递信息的重要工具。第二次变革是文字的产生，不久又发明了纸张，人类开始用书信的方式交换信息，使信息传递的准确性大大提高。第三次变革是印刷术的发展。它使信息能大量存储和大量流通，并显著扩大了信息的传递范围。第四次变革是电报、电话的发明。开始了人类电信时代。通信理论与技术迅速发展。第五次变革是计算机技术与通信技术相结合，促进了网络通信的发展。信息理论的研究得到进一步的发展，多用户理论的研究取得了突破性的进展。至此，香农的单用户信息论已推广到多用户信息论。第六次变革是大数据技术的出现。促进了信息收集、处理、存储和管理等全寿命周期的信息技术发展。

信息论是由通信技术与概率论、随机过程和数理统计相结合而逐步发展起来的一门科学。香农(C. E. Shannon)在1948年发表了著名的论文《通信的数学理论》，为信息论奠定了理论基础。随着信息理论的迅猛发展和信息概念不断深化，信息论所涉及的内容早已超越了狭义的通信工程范畴，进入了信息科学这一更广、更新的领域。在人类文明的早期，人们就已经知道利用信息与信息传递等手段来实现某些目的，如古代的烽火台，就是用烽烟来传递外敌入侵的信息。但是，大量信息的运用还是在有线、无线电通信产生以后。

本章首先引出信息的概念，进而讨论信息论学科的研究对象、目的和内容，并简述其发展历史、现状和趋势。介绍信息传输编码理论的相关内容，其中包括编码理论的产生、发展，理论的形成过程、重要的应用领域等问题。同时介绍信息系统传输模型及功能。

1.1　信息与信息论

1.1.1　信息的定义

什么是信息呢？信息是信息论中最基本、最重要的概念，它是一个既抽象又复杂的概念。这一概念是在人类社会互通情报的实践过程中产生的。在现代信息理论形成之前的漫长时期中,信息被看作是通信的消息的同义词,没有赋予它严格的科学定义。

最早对信息进行科学定义的,是哈特莱(R. V. Hartley)。他认为,发信者所发出的信息,就是他在通信符号表中选择符号的具体方式。哈特莱的这种理解存在着严重的局限性。首先,他所定义的信息不涉及信息的价值和具体内容,只考虑选择的方法。其次,但没有考虑各种可能选择方法的统计特性。

1948年,控制论的创始人之一,美国科学家维纳(N. Wiener)指出:"信息是信息,不是物质,也不是能量"。这就是说,信息就是信息自己,它不是其他什么东西的替代物,它是与"物质""能量"同等重要的基本概念。后来,维纳提出:"信息是人们适应外部世界并且使这种适应反作用于外部世界的过程中,同外部世界进行互相交换内容的名称。"又说:"接收信息和使用信息的过程,就是我们适应外部世界环境的偶然性变化的过程,也是我们在这个环境中有效地生活的过程。要有效地生活,就必须有足够的信息。"的确,信息对人类的生存是很重要的;但是,信息不仅仅与人类有关,不仅仅是人与外部世界交换的内容。人们在与外部世界相互作用过程中,还进行着物质与能量的交换。这样,就又把信息与物质、能量混同起来。所以,维纳关于信息的定义是不确切的。

关于信息的定义,有人认为"信息就是差异"。这种说法的典型代表意大利学者朗梅(G. Longe)提出:"信息是反映事物的形式、关系和差别的东西。信息是包含于客体间的差别中,而不是在客体本身中。在通信中差别关系是重要的。"也就是说,他定义信息是客体之间的相互差异。的确,宇宙内到处存在着差异,差异的存在使人们存在着"疑问"和"不确定性"。从这个角度看,差异的确是信息。但是,并不能说没有差异就没有信息。所以,这样定义的信息也是不全面、不确切的。

而香农在1948年发表的著名论文《通信的数学理论》中,从研究通信系统传输的实质出发,对信息作了科学的定义,并进行了定性和定量的描述。

在各种通信系统中,其传输的形式是消息。但消息传递过程的一个最基本、最普通却又不十分引人注意的特点是,收信者在收到消息以前是不知道消息的具体内容的。在收到消息以前,收信者无法判断发送者将会发来描述何种事物运动状态的具体消息,更无法判断是描述这种状态还是那种状态。再者,即使收到消息,由于干扰的存在,他不能断定所得到的消息是否正确和可靠。总之,收信者存在着"不知""不确定"或"疑问"。通过消息的传递,收信者知道了消息的具体内容,原先的"不知""不确定"和"疑问"消除或部分消除了。因此,对收信者来说,消息的传递过程是一个从不知到知的过程,或是从知之甚少到知之甚多的过程,或是从不确定到部分确定或全部确定的过程。

例如,在电报通信中,收报人在收到报文"弟高中"后,才能确定是他家人告诉他弟弟的高考情况。其次,报文"弟高中"是弟弟考学结果的一种描述。收信者在看到报文以前,他不能确定弟弟考学结果如何,也存在"不确定性"。只要报文是清楚的,在传递过程中没有差错,那么,他收到报文以后,他原来所有的"不确定性"都没有了,他就获得了所有的信息。如果在传递过程中存在着干扰,使报文完全模糊不清,收信者收到报文以后,报文所具有的不确定性一点也没有减少,他就没有获得任何信息。如果干扰使报文发生部分差错,使收信者对报文的不确定性减少了一些,但没有全部消除,他就获得了一部分信息。所以,通信过程是一种消除不确定性的过程。在不确定性消除后,就获得了信息。原先的不确定性消除得越多,获得的信息就越多。如果原先的不确定性全部消除了,就获得了全部的信息;若消除了部分不确定性,就获得了部分信息;若原先不确定性没有任何消除,就没有获得任何信息。由此可见,信息是事物运动状态或存在方式的不确定性的描述。这就是香农信息的定义。

1.1.2 信息论发展简介

信息论是从实践中经过抽象、概括、提高而逐步形成的,是在长期的通信工程实践和理论研究的基础上发展起来的。通信系统是人类社会的神经系统,即使在原始社会也存在着最简单的通信工具和通信系统。日常生活、工农业生产、科学研究以及战争等等,一切都离不开信息传递和流动。

例如,1832年莫尔斯电报系统中高效率编码方法对后来香农的编码理论是有启发的。1885年凯尔文(Kelvin)曾经研究过一条电缆的极限传输信息率问题。1922年卡逊(J. R. Carson)对调幅信号的频谱结构进行了研究,并明确了边带的概念。1924年奈奎斯特(H. Nyquist)和屈夫缪勒(K. Kupfmuller)分别独立地指出,如果以一个确定的速度来传输电报信号,就需要一定的带宽。这证明了信号传输速率与信道带宽成正比。1928年哈特莱(R. V. Hartley)发展了奈奎斯特的工作,并提出把消息考虑为代码或单语的序列。他提出"定义信息量 $H=N\log s$",即定义信息量等于可能消息数的对数。其缺点是没有统计特性的概念。他的工作对后来香农的思想是有很大影响的。1936年阿姆斯特朗(E. H. Armstrong)提出增加信号带宽可以使抑制噪声干扰的能力增强,并给出了宽频移的调频方式,使调频实用化,出现了调频通信装置。1939年达德利(H. Dudley)发明了声码器。当时他提出的概念:通信所需要的带宽至少应与所传送的消息的带宽相同。达德利和莫尔斯都是研究信源编码的先驱者。

20世纪40年代初期,维纳发表了《平稳时间序列的外推、内插与平滑及其工程应用》的论文。他把随机过程和数理统计的观点引入通信和控制系统中来,揭示了信息传输和处理过程的统计本质。他还利用早在30年代初他本人提出的"广义谐波分析理论"对信息系统中的随机过程进行谱分析。这就使得通信系统的理论研究面貌焕然一新,有了质的飞跃。

1948年香农在贝尔系统技术杂志上发表了两篇有关"通信的数学理论"的论文。在这两篇论文中,他用概率测度和数理统计的方法系统地讨论了通信的基本问题,得出了几个重要而带有普遍意义的结论,并由此奠定了现代信息论的基础。香农理论的核心:揭示了在通信系统中采用适当的编码后能够实现高效率和高可靠地传输信息,并得出了信源编码定理和信道编码定理。从数学观点看,这些定理是最优编码的存在定理。但从工程观点看,这些定理不是结构性的,不能从定理的结果直接得出实现最优编码的具体途径。然而,它们给出了编码的性能极限,在理论上阐明了通信系统中各种因素的相互关系,为人们寻找最佳通信系统提供了重要的理论依据。

从1948年开始,信息论的出现引起了数学家的兴趣,他们将香农已得到的数学结论作了进一步的严格论证和推广,使这一理论具有更为坚实的数学基础。例如,1952年费诺(R. M. Fano)给出并证明了费诺不等式,还给出了关于香农信道编码逆定理证明。1957年沃尔夫维兹(J. Wolfowitz)采用了类似典型序列方法证明了信道编码强逆定理。1961年费诺又描述了分组码中码率、码长和错误概率的关系,并提供了香农信道编码定理的充要性证明。1965年格拉格尔(R. G. Gallager)发展了费诺的证明结论并提供了一种简明的证明方法。而科弗尔

(T. M. Cover)于1975年采用典型序列方法来证明。1972年阿莫托(S. Arimoto)和布莱哈特(R. Blahut)分别发展了信道容量的迭代算法。

香农在1948年的论文中首先分析和研究了高斯信道。1964年霍尔辛格(J. L. Holsinger)开展了有色高斯噪声信道容量的研究。1969年平斯克尔(M. S. Pinsker)提出了具有反馈的非白噪声高斯信道容量问题。科弗尔(T. M. Cover)于1989年对平斯克尔的结论作出了简洁的证明。

香农在1948年的论文中提出了无失真信源编码定理,也给出了简单的编码方法,即香农编码。麦克米伦(B. McMillan)于1956年首先证明了唯一可译变长码的克拉夫特(Kraft)不等式。关于无失真信源的编码方法,1952年费诺(Fano)提出了费诺编码方法。同年,霍夫曼(D. A. Huffman)首先构造了一种霍夫曼编码方法,并证明了它是最佳码。20世纪70年代后期开始,人们对与实际应用有关的信源编码问题产生了兴趣。于1968年前后,埃利斯(P. Elias)发展了香农－费诺码,提出了算术编码的初步思路。而里斯桑内(J. Rissanen)在1976年给出和发展了算术编码。1982年他和兰登(G. G. langdon)一起将算术编码系统化,并省去了乘法运算,更为简化,易于实现。通用信源编码算法——字典编码LZ码是于1977年由齐弗(J. Ziv)和兰佩尔(A. lempel)提出的。1978年他们俩又提出了改进算法,而且齐弗证明此方法可达到信源的熵值。1990年贝尔(T. C. Bell)等在LZ算法基础上又作了一系列变化和改进。

在研究香农信源编码定理的同时,另外一部分科学家从事寻找最佳编码(纠错码)的研究工作。早在1950年,汉明码出现后,人们把代数方法引入到纠错码的研究,形成了代数编码理论。由此找到了大量性能好的纠错码,并提出了可实现的编译码方法。但代数编码的渐近性能较差,不能实现香农信道编码定理所指出的结果。因此,于1960年左右提出了卷积码的概率译码,并逐步形成了一系列概率译码理论。尤其,以维特比(Viterbi)译码为代表的译码方法被美国卫星通信系统所采用,使香农理论成为真正具有实用意义的科学理论。限失真信源编码的研究与信道编码和无失真信源编码相比,落后约10年左右。香农在1948年的论文中已体现出了关于率失真函数的思想。一直到1959年他发表了《保真度准则下的离散信源编码定理》,首次提出了率失真函数及率失真信源编码定理。从此,发展成为信息率失真编码理论。1971年伯格尔著作的《信息率失真理论》一书是一本较全面地论述有关率失真理论的专著。率失真信源编码理论是信源编码的核心问题,是频带压缩、数据压缩的理论基础。一直到今天,它仍是信息论的研究课题。有关数据压缩、多媒体数据压缩又是另一独立的分支——数据压缩理论与技术。

香农1961年的论文《双路通信信道》开拓了网络信息论的研究。1970年以来,随着卫星通信、计算机通信网的迅速发展,网络信息理论的研究异常活跃,成为当前信息论的中心研究课题之一。1971年艾斯惠特(R. Ahlswede)和1972年廖(H. Liao)找出了多元接入信道的信道容量区。接着,1973年沃尔夫(K. Wolf)和斯莱平(D. Slepian)将它推广到具有公共信息的多元。

1.1.3 信息论的应用

信息是一个普遍的概念,信息论及编码技术的产生、应用与通信、计算机技术的产生、发展密切相关。回顾信息论的历史,大体可以分为早期酝酿、理论建立、理论发展、理论应用与近代发展等几个阶段。

1. 早期编码问题

在有线、无线电通信产生的同时,编码技术随之产生,早期的编码有莫尔斯(Morse)码和波多(Bodo)码等,它们把文字通过点、划、空等信号来表达,这些码虽很原始,但它们实现了从文字到通信信号的转变。因此莫尔斯码和波多码是最早的编码方式。中文通信一直采用电报码方式,先将汉字变成数字,再用电码发出。

在20世纪七八十年代,由香农提出的信息理论成为这一时期信息论研究的一个主流课题,各种不同类型的多用户信源、信道模型被提出,许多相关的编码定理被证明。这些模型与当时的微波与卫星通信模型密切相关,当时的微波转播、通信卫星与广播卫星模型正与这些模型符合。

2. 信息论在其他学科的应用

信息论近期发展的主要特点是向多学科交叉方向发展,其重要的发展方向有以下几种:

(1)信息论与密码学。通信中的安全与保密问题是通信编码问题的又一种表示形式,由香农提出的保密系统模型仍然是近代密码学的基本模型。其中的许多度量性指标,如加密运算中的安全性、剩余度等指标与信息量密切相关。

(2)算法信息论与分开理论。由于香农熵、柯莫格洛夫复杂度与豪斯道夫(Hausdorff)维数的等价性在理论上已得到证明,从而使信息论、计算机科学与分开理论找到了它们的汇合点。人们发现香农熵、柯莫格洛夫复杂度与豪斯道夫维数都是某种事物复杂性的度量,它们在一定的条件下可以相互等价转化。由这三种度量分别产生了信息论、计算机程序复杂度与分开理论,在本质上有共同之外,它们结合后所产生的新兴学科方向具有跨学科的特点,如算法信息论就是信息论与计算复杂性理论的新学科。

3. 信息论在统计与智能计算中的应用

信息论与统计理论的结合已有许多突出的成果出现。其主要特点是统计理论正在从线性问题转向非线性问题,信息的度量可以作为研究非线性问题的工具,如用互信息来取代统计中的相关系数,更能反映随机变量的相互依赖程度。信息量的统计计算较为复杂,因此在统计中一直没有得到大量的应用,但由于近期大批海量数据(如金融、股票数据、生物数据等)的出现,使许多计算问题成为可能,因此信息论在统计中必将发挥更大的作用。信息论与统计理论结合的典型应用如下:

(1)智能计算中的信息统计问题。信息量与统计量存在许多本质的联系,在概率分布族所组成的微分流形中,Fisher信息距阵是Kullback-laiber熵的偏微分,由此关系而引出的信息几何理论是智能计算的基础,一些重要的智能计算方法,如EM算法、ACI算法、Ying-Yang算法都与此有关。

(2)信息计算与组合抽奖决策关系密切,T. Cover教授把组合抽奖决策问题提取成一个信息论的问题,在最优决策的计算中给出了一个渐近递推算法,并利用互熵关系证明了该算法的单调性与收敛性。

(3)编码理论在与试验设计、假设检验理论的结合中发挥了重要作用。在信息编码理论中有许多码的构造理论与方法,这些码在一定意义下具有正交性,因此这些码可直接设计和构造试验设计表。另外，利用信息编码定理可以证明在假设检验中两类误差的指数下降性，并给出这两类误差的下降速度。

人类从产生那天起，就生活在信息的海洋之中。人类社会的生存和发展，每时每刻都离不开接收信息、传递信息、处理信息和利用信息。自古以来，人们就对信息的表达、存储、传送和处理等问题进行了许多研究。近百年来，随着生产和科学技术的发展，信息的处理、传输、存储、提取和利用的方式及手段达到了更新更高的水平。近代电子计算机的迅速发展和广泛应用，尤其是个人微型计算机的普及，大大提高了人们处理信息、存储信息及控制和管理信息的能力。20 世纪后半叶，计算机技术、微电子技术、传感技术、激光技术、卫星通信和移动通信技术、航空航天技术、广播电视技术、多媒体技术、新能源技术和新材料技术等新技术的发展和应用，尤其近年来以计算机为主体的互联网技术的兴起和发展，它们相互结合、相互促进，以空前的威力推动着人类经济和社会高速发展。正是这些现代新科学新技术汇成了一股强大的时代潮流，将人类社会推入到高度化的信息时代。在当今社会中，人们在各种生产、科学研究和社会活动中，无处不涉及信息的交换和利用。迅速获取信息，正确处理信息，充分利用信息，就能促进科学技术和国民经济的飞跃发展。可见，信息的重要性是不言而喻的。

1.1.4 信息与情报等概念的区别和联系

在日常生活中，信息常常被认为就是“情报”“知识”“消息”“信号”等。的确，信息与它们之间是有着密切联系的。但是，信息的含义更深刻、更广泛，它是不能等同于情报、知识、消息和信号的。

信息不能等同于情报。情报往往是军事学、文献学方面的习惯用词。如“对敌方情况的报告”，“文献资料中对于最新情况的报道或者进行资料整理的成果”等称为情报。在情报学中，它们对于“情报”是这样定义的：“情报是人们对于某个特定对象所见、所闻、所理解而产生的知识”。可见，情报的含义要比“信息”窄很多。情报只是一类特定的信息，不是信息的全体。

信息不能等同于知识。知识是人们根据某种目的，从自然界收集得来的数据中，整理、概括、提取得到有价值的、人们所需的信息。知识是一种具有普遍和概括性质的高层次的信息。例如，获得大量的遥感图片数据，根据不同目的，处理后可以得到不同的知识（地质知识、地形知识、水源知识等等）。由此可知，知识是以实践为基础，通过抽象思维，对客观事物规律性的概括。知识信息只是人类社会中客观存在的部分信息。所以知识是信息，但不等于信息的全体。

信息不能等同于消息。人们也常常错误地把信息等同于消息，认为得到了消息，就是得到了信息。例如，当人们得到一封电报，接到一个电话，收听了广播或看了电视等以后，就说得到了“信息”。的确，人们从接收到的电报、电话、广播和电视的消息中能获得各种信息，信息与消息有着密切的联系。但是，信息与消息并不是一件事，不能等同。

在电报、电话、广播、电视（也包括雷达、导航、遥测）等通信系统中传输的是各种各样的消息。这些被传送的消息有着各种不同的形式，例如：文字、符号、数据、语言、音符、图片、活动图像等等。所有这些不同形式的消息都是能被人们感觉器官所感知的，人们通过通信，接收到消息后，得到的是关于描述某事物状态的具体内容。语言、报文、图像等消息都是对客观物质世界的各种不同运动状态或存在状态的表述。当然，消息也可用来表述人们头脑里的思维活动。

因此,用文字、符号、数据、语言、音符、图片、图像等能够被人们感觉器官所感知的形式,把客观物质运动和主观思维活动的状态表达出来就称为消息。

可见,消息中包含信息,是信息的载体。得到消息,从而获得信息,同一则信息可用不同的消息形式来载荷。而一则消息也可载荷不同的信息,它可能包含非常丰富的信息,也可能只包含很少的信息。因此,信息与消息是既有区别又有联系的。

信息不同于消息,也不同于信号。在各种实际通信系统中,往往为了克服时间或空间的限制而进行通信,必须对消息进行加工处理。把消息变换成适合信道传输的物理量,这种物理量称为信号(如电信号、光信号、声信号、生物信号等)。信号携带着消息,它是消息的运载工具。信号携带信息,但不是信息本身。同样,同一信息可用不同的信号来表示。同一信号也可表示不同的信息。所以,信息、消息和信号是既有区别又有联系的三个不同的概念。

1.2 信息系统传输模型

从信息概念的讨论中,可以看到:各种通信系统如电报、电话、电视、广播、遥测、遥控、雷达和导航等,虽然它们的形式和用途各不相同,但本质是相同的,都是信息的传输系统。为了便于研究信息传输和处理的共同规律,我们将各种通信系统中具有共同特性的部分抽取出来,概括成一个统一的理论模型,如图1-1所示。通常称它为通信系统模型。

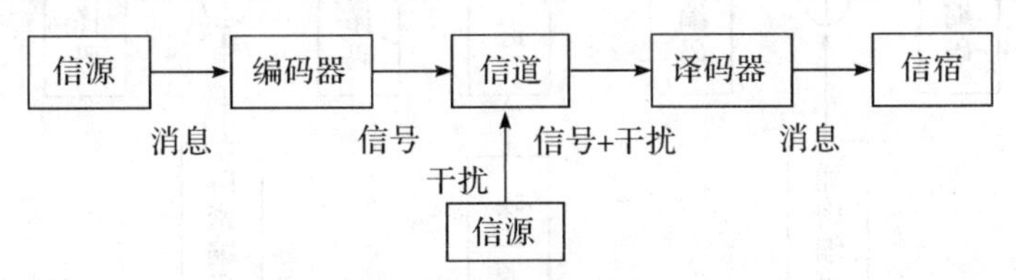

图1-1 通信系统模型

这个通信系统模型也适用于其他的信息流通系统,如生物有机体的遗传系统、神经系统、视觉系统等,甚至人类社会的管理系统都可概括成这个模型。

信息论研究的对象正是这种统一的通信系统模型。人们通过系统中消息的传输和处理来研究信息传输和处理的共同规律。

这个模型主要分成下述五部分:

(1)信息源(简称信源)。顾名思义,信源是产生消息和消息序列的源。它可以是人、生物、器或其他事物。它是事物各种运动状态或存在状态的集合。信源的输出是消息,消息是具体的,但它不是信息本身。消息携带着信息,消息是信息的表达者。另外,信源可能出现的状态(即信源输出的消息)是随机的、不确定的,但又有一定的规律性。

(2)编码器。编码是把消息变换成信号的措施,而译码就是编码的反变换。编码器输出的是适合信道传输的信号,信号携带着消息,它是消息的载荷者。编码器可分为两种,即信源编码器和信道编码器。信源编码是对信源输出的消息进行适当的变换和处理,目的是为了提高信息传输的效率。而信道编码是为了提高信息传输的可靠性而对消息进行的变换和处理。当然,对于各种实际的通信系统,编码器还应包括换能、调制、发射等各种变换处理。

(3)信道。信道是指通信系统把载荷消息的信号从甲地传输到乙地的媒介。在狭义的通信系统中实际信道有明线、电缆、波导、光纤、无线电波传播空间等，这些都是属于传输电磁波能量的信道。当然，对广义的通信系统来说，信道还可以是其他的传输媒介。

(4)译码器。译码就是把信道输出的编码信号(已叠加了干扰)进行反变换。一般认为这种变换是可逆的。译码器也可分成信源译码器和信道译码器。

(5)信宿。信宿是消息传送的对象，即接收消息的人或机器。

图1-1所示的模型只适用于收发两端单向通信的情况。它只有一个信源和一个信宿，信息传输也是单向的。更一般的情况是，信源和信宿各有若干个，即信道有多个输入和多个输出，另外信息传输也可以双向进行。例如广播通信是一个输入、多个输出的单向传输的通信，而卫星通信网则是多个输入、多个输出和多向传输的通信。因此，图1-1所示的通信系统模型是最基本的。

近年来，以计算机为核心的大规模信息网络，尤其是互联网的建立和发展，对信息传输的质量要求更高了。不但要求快速、有效、可靠地传递信息，而且要求信息传递过程中保证信息的安全保密，不被伪造和窜改。因此，在编码器这一环节中还需加入加密编码。相应地，在译码器中加入解密译码。

为此，我们把图1-1所示的通信系统模型中编(译)码器分成信源编(译)码、信道编(译)码和加密(解密)编(译)码三个子部分。这样，信息传输系统的基本模型如图1-2所示。

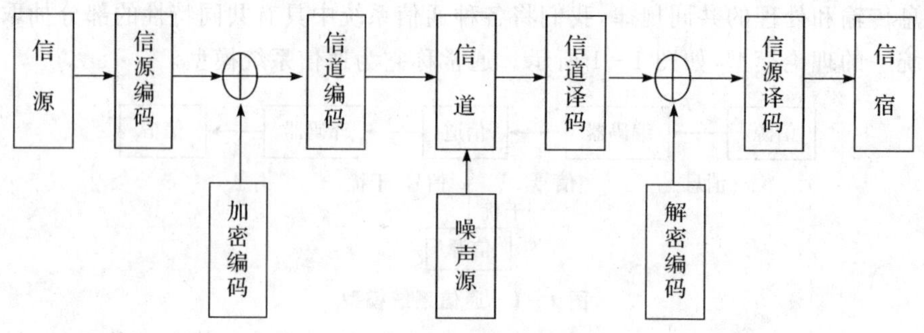

图1-2　信息传输系统模型

研究这样一个概括性很强的通信系统，其目的就是要找到信息传输过程的共同规律，以提高信息传输的可靠性、有效性、保密性和认证性，使信息传输系统最优化。

所谓可靠性高，就是要使信源发出的消息经过信道传输以后，尽可能准确地、不失真地再现于接收端。而所谓有效性高，就是经济效果好，即用尽可能短的时间和尽可能少的设备来传送一定数量的信息。

所谓保密性，就是隐蔽和保护通信系统中传送的消息，使它只能被授权接收者获取，而不能被未授权者接收和理解。所谓认证性是指接收者能正确判断所接收的消息的正确性，验证消息的完整性，而不是伪造的和被窜改的。有效性、可靠性、保密性和认证性四者才构成现代通信系统对信息传输的全面要求。

信息传输系统模型不是不变的，它根据信息传输的要求而定。当研究信息传输有效性时，可只考虑信源与信宿之间的信源编(译)码，将其他部分都看成一无干扰信道。当研究信息传输可靠性时，可将信源、信源编码和加密编码都等效成一个信源，而将信宿、信源解码和解密译码都等效成一信宿。当考虑信息传输的保密性和认证性时，可将信源和信源编码等效成一信源，将信道编码、信道、噪声源和信道译码等效成一无干扰信道，而将信源译码和信宿等效于信宿。

1.3　信息论的研究内容

信息论的研究对象是广义通信系统。任何系统，只要能够抽象成通信系统模型，都可以用信息论研究。一般有信息论基础、一般信息论和广义信息论之分。信息论与编码是一门应用概率论、随机过程、数理统计和近世代数的方法，来研究广义的信息传输、提取和处理系统中一般规律的学科。它的主要目的是提高信息系统的可靠性、有效性、保密性和认证性，以便达到系统最优化。它的主要内容(或分支)包括香农理论、编码理论、维纳理论、检测和估计理论、信号设计和处理理论、调制理论、随机噪声理论和密码学理论等。

由于信息论与编码研究的内容极为广泛，而各分支又有一定的相对独立性，因此本书仅论述信息论的基础理论即香农信息理论。

习　题　1

1.1　请给出最简单通信系统的物理模型并说明各基本单元的主要功能。

1.2　通信系统要解决的根本问题是什么?

1.3　消息的定义是什么？有什么特征?

1.4　信息的定义是什么？有什么特征?

1.5　信息传输系统的基本模型是什么?

1.6　信息论与编码研究的主要内容是什么?

第2章 数学及编码基础知识

研究信息论，实际涉及很多方面的知识。通过香农的信息理论可以知道，建立信息论的理论基础，必须以数学作为支撑，尤其是概率论的知识。本章主要围绕信息论的数学基础，介绍信息论中涉及的概率论和编码理论的基础知识和重要结论，以方便后续信息理论知识的学习和掌握。

2.1 概率论基础知识

2.1.1 基本概念

基本事件：随机试验的每一个可能的结果（样本点）。

样本空间：基本事件的集合。

复杂事件：多个基本事件所组成的事件。

随机事件：无论基本事件还是复杂事件，它们在试验中发生与否，都带有随机性。

事件域：基本事件和复杂事件是样本空间的子集，事件域是所有子集的全体。

概率空间三要素：样本空间、事件域（集合）、概率。

事件A的概率：A中样本点数与样本空间中样本点之比。

先验概率：根据以往的统计规律得到的概率。

1. 随机试验

随机试验是一个概率论的基本概念。在概率论中把符合下述三个特点的试验叫做随机试验：

(1)每次试验的可能结果不止一个，并且能事先明确试验的所有可能结果；

(2)进行一次试验前无法确定哪一个结果会出现；

(3)可以在同一条件下重复进行试验。

例2.1 掷骰子。基本事件：骰子朝上面的点数。

(1)以下几种情况中，求样本空间的大小。

掷一个骰子：样本空间大小为6；

掷两个骰子：样本空间大小为11。

(2)以下几种情况中，求骰子朝上面的点数>5的概率。

掷一个骰子：骰子朝上面的点数>5的概率为1/6；

掷两个骰子：骰子朝上面的点数>5的概率为26/36。

2. 条件概率

$$p(A|B)=\frac{P(AB)}{P(B)}$$

$$p(B|A)=\frac{P(AB)}{P(A)}$$

3. 联合概率

$$P(AB)=P(B)p(A|B)$$
$$P(AB)=P(A)p(B|A)$$

4. 全概率公式

设 $B_1,B_2,\cdots$ 是一列互不相容的事件（$B_i\cap B_j=0$），且有 $B_1\cup B_2\cup\cdots=\Omega$（样本空间）；$p(B_i)>0,i=1,2,\cdots$，则对任一事件 A，有

$$P(A)=\sum_i p(B_i)p(A|B_i)=\sum_i p(AB_i)$$

5. 贝叶斯公式

设 $B_1,B_2,\cdots$ 是一列互不相容的事件（$B_i\cap B_j=0$），且有 $B_1\cup B_2\cup\cdots=\Omega$（样本空间）；$p(B_i)>0,i=1,2,\cdots$，则对任一事件 A，有

$$P(B_i|A)=\frac{P(B_i)p(A|B_i)}{\sum_i p(B_i)p(A|B_i)}=\frac{P(B_i)p(A|B_i)}{p(A)}$$

2.1.2　一些重要结论

1. 凸函数及其应用

定义 2.1.1　称一个函数 $g(x)$ 在区间 (a,b) 上是上凸的，如果对任意的 $x_1,x_2\in(a,b)$ 和任何 $0\leqslant\lambda\leqslant 1$，都有

$$g(\lambda x_1+(1-\lambda)x_2)\geqslant\lambda g(x_1)+(1-\lambda)g(x_2)$$

如果等号只有当 $\lambda=0$ 或 $\lambda=1$，或 $x_1=x_2$ 时才成立，则称函数 g 是严格上凸的。

在定义 2.1.1 中，如果定义的不等式相反，那么相应的函数为下凸（或严格下凸）函数。函数是上凸的，那么它的函数值总是位于任意弦的上面；而如果函数是下凸的，那么它的函数值总是位于任意弦的下面。下凸函数包括 x^2，$|x|$，e^x，$x\log x$ 等，上凸函数包括 $\sqrt{x}$，$\log x$。注意 $ax+b$ 既是上凸的也是下凸的。许多信息量例如熵和平均互信息都具有上凸性。在证明这些性质之前，让我们先推出关于上凸函数的一些简单性质。

定理 2.1.1　如果函数 g 在任意处都有非负（正）二阶导数，则 g 是下凸的（严格下凸的）。

2. Jenson 不等式与其应用

记 $E\{\cdot\}$ 表示数学期望，所以在离散情形中 $E\{\xi\}=\sum_{x\in\wp}p(x)x$，在连续情形中 $E\{\xi\}=\int xf(x)\mathrm{d}x$，下面这个重要的不等式在数学中广泛使用。

定理 2.1.2（Jenson 不等式）　如果 g 是一个上凸函数而 ξ 是一个随机变量，则有

$$E\{g(\xi)\} \geqslant g[E(\xi)]$$

成立。如果 g 是严格上凸的，那么等号成立的充分必要条件是 ξ 概率为 1 的常数。

凸函数在信息论中的应用主要在熵和互熵函数上。如$\wp$是一个固定的集合，记

$$p = \{\bar{p} = (p(x), x \in \wp): p(x) \geqslant 0, \sum_{x \in \wp} p(x) = 1\}$$

是$\wp$上的全体概率分布，那么 $H(\bar{p})$，$H(p,q)$ 都是 p 上的函数。

定理 2.1.3（熵函数的凸性） (1)熵函数 $H(\bar{p})$ 是 p 上的上凸函数。这就是对任何 $0 \leqslant \lambda \leqslant 1$，任何 $\bar{p}_1, \bar{p}_2 \in p$，总有

$$H(\lambda\bar{p}_1 + (1-\lambda)\bar{p}_2) \geqslant \lambda H(\bar{p}_1) + (1-\lambda)H(\bar{p}_2)$$

且等号成立的充分必要条件是 $\lambda = 0$ 或 $\lambda = 1$ 或 $\bar{p}_1 = \bar{p}_2$。

(2)在 q 固定时，互熵函数 $H(p,q)$ 是 p 的下凸函数，在 p 固定时，互熵函数 $H(p,q)$ 是 q 的下凸函数。

2.2 编码基础知识

为了简单起见，在这部分编码理论中，我们总是取输入、输出信号字母集 $U = V$ 是一个有限域 F_q，其中 $q = p^m$，而 p 是一个素数，m 为正整数。$F_q^{(n)}$ 表示 F_q 上的 n 维向量空间。$F_q^{(n)}$ 通常记为 $V(n,q)$，我们在下文中将 $V(n,q)$ 中的向量记为 $z = (z_1, z_2, \cdots, z_n)$ 或 $z = z_1, z_2, \cdots, z_n$，，其中 $z = x, y$ 等。

定义 2.2.1 如果 C 为 $V(n,q)$ 中的任一非空的子集，那么称 C 为 q 元分组码，称 n 为分组长度，C 中的每一个向量为一个码字。如果 $|C| = M$，那么称 C 为一个 (q,n,M) 码或 q 为元 (n,M) 码，该码的码率定义为

$$R = \frac{\log_q M}{n}$$

例如，设 $F_2 = \{0,1\}$，长度为 3 的二元码如 $C = \{000,111\}$。

定义 2.2.2 设 $x, y \in V(n,q)$，那么 x 和 y 的汉明距离 $d(x,y)$ 为 x 和 y 中不同的位置个数，故

$$d(x,y) = \sum_{j=1}^{n} d(x_j, y_j)$$

其中，$d(u,v) = \begin{cases} 0, \text{如果 } u = v \\ 1, \text{否则} \end{cases}$，而 $u, v \in F_q$。

在汉明距离的定义中，如果 $x = 12112$，$y = 10201$，那么 $d(x,y) = 4$，因为 x 和 y 在后 4 个位置上不同，而它们的汉明距离分别为 $d(x) = 5$，$d(y) = 3$。关于汉明距离有如下结果。

定理 2.2.1 如果 $d(x,y)$ 是 $V(n,q)$ 上的汉明距离函数，那么对任意 $x, y, z \in V(n,q)$，满足下列性质：

(1)非负性：$d(x,y) \geqslant 0$，$d(x,y) = 0$ 的充分必要条件为 $x = y$；

(2)对称性：$d(x,y) = d(y,x)$；

(3)三角不等式：$d(x,y) \leqslant d(x,z) + d(y,z)$。

因此，具有汉明距离 $d(x,y)$ 定义的 $V(n,q)$ 是一个距离空间，又称为汉明空间。

定义 2.2.3　设 C 是 q 元 (n,q^k) 码，如果存在一个下标集合 $\alpha=\{i_1,i_2,\cdots,i_k\}$，使得码 C 去掉其他的 $n-k$ 个位置所得字的全体为 F_q 上长度为 k 的所有串的集合 $F_q^{(k)}$，亦即

$$C_\alpha=\{x_\alpha=(x_{i1},x_{i2},\cdots,x_{ik}),x\in C\}\subset F_q^{(k)}$$

那么码 C 称为具有 k 个信息位的 q 元系统码。集合 $\{i_1,i_2,\cdots,i_k\}$ 称为信息位，其余 $n-k$ 个位置称为校验位或冗余度。

检错码和纠错码就是一个码在信息传递时可以自动发现与纠正差错。这种检错和纠错能力与码的最小距离有关，我们在下文中详细叙述。

定义 2.2.4　设 C 是一个 (n,M) 码，码 C 的最小距离定义为

$$d(C)=\min\{d(x,y)\mid x,y\in C,x\neq y\}$$

我们用 (n,M,d) 表示码长为 n，大小为 M，最小距离为 d 的码。

定义 2.2.5　如果对码 C 中每一个码字，当发生至多 t 个(至少 1 个)错误时，所产生的字不是码字，则称 C 为可检查 t 个错误的检错码；如果能检查 t 个错误而不能检查 $t+1$ 个错误，则称码 C 为恰好可检查 t 个错误的检错码。

定理 2.2.2　码 C 恰好可检查 t 个错误的充分必要条件为 $d(C)=t+1$。

定义 2.2.6　如果对码 C 采用最小距离译码时，它可以纠正码 C 中任何一个与码字 x 距离小于或等于 t 的 t 个错误，则称码 C 为可纠正 t 个错误的纠错码；如果 C 能纠正 t 个错误而不能纠正 $t+1$ 个错误，则称码 C 为恰好可纠正 t 个错误的纠错码。

根据定义，恰好可纠正 t 个错误的纠错码可以纠正不多于 t 个的错误。码的最小距离与纠错性能有如下关系。

定理 2.2.3　码 C 恰好可纠正 t 个错误的充分必要条件为 $d(C)=2t+1$ 或 $2t+2$。

推论 2.2.1　$d(C)=d$ 的充分必要条件是码 C 恰好可纠正 $\left\lfloor\frac{d-1}{2}\right\rfloor$ 个错误。

例如，我们称以下类型的码为码长 n 的 q 元重复码：

$$C=\{00\cdots0,11\cdots1,\cdots,(q-1)(q-1)\cdots(q-1)\}$$

因为 $d(C)=n$，所以码 C 既是一个恰好可以纠正 $\left\lfloor\frac{d-1}{2}\right\rfloor$ 个错误的纠错码，同时又是一个恰好可以检出 $n-1$ 个错误的检错码。

一个 (q,n,M) 码的主要指标是码率 $R=\frac{\log_q M}{n}$ 和最小距离 $d=d(C)$。因此，编码理论的基本问题是在以下条件下构造 q 元的 (n,M,d) 码：

(1)在码率 R 固定的条件下，使最小距离 d 尽量大；

(2)在最小距离 d 固定的条件下，使码率 R 尽量大。

如果码长 n 固定，那么以上编码问题就化为：

(3)在码元数 M 固定的条件下，使最小距离 d 尽量大；

(4)在最小距离 d 固定的条件下，使码元数 M 尽量大。

这里 d 尽量大意味着可以多纠正差错，而 M 尽量大意味着可以多发送信息。我们以下定义 $A_q(n,d)$ 为 d 固定，M 为最大的 q 元 (n,M,d) 码。当 $d=1$ 或 $d=n$ 时，有如下结果。

定理 2.2.4　对于任意 $n\geqslant1,A_q(n,1)=q^{(n)},A_q(n,n)=q$。

定义 2.2.7　关于码的置换有两种，一种是关于下标集合 $\wp=\{1,2,\cdots,n\}$ 的置换，另一种是关于信号字母表 $F_q=\{0,1,2\cdots,q-1\}$ 的置换。分别记为

$$\sigma_1 = \begin{cases} 1 & 2 & \cdots & n \\ \downarrow & \downarrow & \cdots & \downarrow \\ \sigma_1(1) & \sigma_1(2) & \cdots & \sigma_1(n) \end{cases} \quad \sigma_2 = \begin{cases} 0 & 1 & \cdots & q-1 \\ \downarrow & \downarrow & \cdots & \downarrow \\ \sigma_2(0) & \sigma_2(1) & \cdots & \sigma_2(q-1) \end{cases}$$

分别称这两种类型的置换为 σ_1 与 σ_2 型的置换，或简称换位型与换元型置换。

定义 2.2.8 由换位型与换元型的置换可产生换位型与换元型的码，这就是对一个 q 元的 (n,M) 的码 C，对它可产生换位型与换元型的置换码：

(1)换位型置换码，也就是说对每个向量的坐标进行置换，如记 $x=(x_1,x_2,\cdots,x_n)$ 为 C 中的任意码元，它的坐标位置上的置换为

$$\sigma_1(x) = \left(\begin{matrix} x_1 & x_2 & \cdots & x_n \\ \downarrow & \downarrow & \cdots & \downarrow \\ x_{\sigma_1(1)} & x_{\sigma_1(2)} & \cdots & x_{\sigma_1(n)} \end{matrix} \right)$$

这时记

$$C_1 = \sigma_1(C) = \{\sigma_1(x): x \in C\}$$

并称之为 C 的换位型置换码。

(2)换元型置换码。这时对每个坐标位上的码元符号做置换，记

$$\sigma_2 = (\sigma_{21}, \sigma_{22}, \cdots, \sigma_{2n})$$

其中每个 σ_{2j} 是换元型的置换，这时对每个 $x=(x_1,x_2,\cdots,x_n)\in C$，它的码元符号的置换为

$$\sigma_2(x) = \begin{cases} x_1 & x_2 & \cdots & x_n \\ \downarrow & \downarrow & \cdots & \downarrow \\ \sigma_{21}(x_1) & \sigma_{22}(x_2) & \cdots & \sigma_{2n}(x_n) \end{cases}$$

同样记

$$C_2 = \sigma_2(C) = \{\sigma_2(x): x \in C\}$$

并称之为 C 的换元型置换码。

引理 2.2.1 如果 $0 \in \mathfrak{A}$，则 $\mathfrak{A}$ 上任意一个 q 元 (n,M,d) 码等价于一个包含零码字 $0=0\cdots0$ 的 q 元 (n,M,d) 码。

定义 2.2.9 设 $x \in V(n,q)$，x 的汉明势又称重量，这时记为 $w(x)$，它们是 x 中非零位置的个数。码 $C \subset v(n,q)$ 的最小重量(简称为重量)定义为

$$w(c) = \min\{w(x) \mid x \in C, x \neq 0\}$$

定义 2.2.10 设 $x = x_1x_2\cdots x_n$ 和 $y = y_1y_2\cdots y_n \in V(n,2)$，$x$ 和 y 的交定义为

$$x \cap y = (x_1y_1, x_2y_2, \cdots, x_ny_n)$$

因此，$x \cap y$ 中第 i 位置是非零的充分必要条件是 x 和 y 在第 x 和 i 个位置都是非零的。

引理 2.2.2 (1)对于所有的 $x,y \in V(n,q)$，$d(x,y) = w(x-y)$；

(2)对于所有的 $x,y \in V(n,2)$，$d(x,y) = w(x) + w(y) - 2w(x \cap y)$。

定理 2.2.5 设 d 为奇数，则二元 (n,M,d) 码存在的充分必要条件是二元 $(n+1,M,d+1)$ 码存在。

推论 2.2.2 如果 d 是奇数，则 $A_2(n+1,d+1) = A_2(n,d)$，它等价于，如果 d 是偶数，则 $A_2(n,d) = A_2(n-1,d-1)$。

定义 2.2.11 设 $x \in V(n,d)$，r 为一非负整数，则中心在 x、半径为 r 的球定义为

$$S_q(x,r) = \{y \in V(n,q) \mid d(x,y) \leqslant r\}$$

引理 2.2.3　设 $x \in V(n,q)$，则球 $S_q(x,r)$ 中所含 $V(n,q)$ 中向量的个数为

$$\binom{n}{0}+\binom{n}{1}(q-1)+\cdots+\binom{n}{r}(q-1)^r$$

定理 2.2.6(汉明界)　q 元 $(n,M,2t+1)$ 码满足

$$M\left\{\binom{n}{0}+\binom{n}{1}(q-1)+\cdots+\binom{n}{t}(q-1)^t\right\}\leqslant q^{(n)}$$

定义 2.2.12　设 C 是一个 q 元$(n,m,2t+1)$码，如果

$$M\left\{\binom{n}{0}+\binom{n}{1}(q-1)+\cdots+\binom{n}{t}(q-1)^t\right\}=q^{(n)}$$

则称 C 为完备码。

例如，二元重复码 $(n,2,n)$ 码 $C=\{00\cdots0,11\cdots1\}$，当 n 为奇数时，C 是完备的。另外，只含一个码字的码以及由 $V(n,q)$ 构成的 $(n,q^n,2)$ 码都是完备的。这三种码称为平凡的完备码。

定理 2.2.7(Hilbert-Varshamov 界)　存在 $M=\dfrac{q^{(n)}}{\sum\limits_{i=0}^{d-1}\binom{n}{i}(q-1)^i}$ 的 (n,M,d) 码，因此

$$A_q(n,d)\geqslant\frac{q^{(n)}}{\sum\limits_{i=0}^{d-1}\binom{n}{i}(q-1)^i}$$

定理 2.2.8(Singleton 界)　$A_q(n,d)\geqslant q^{n-d+1}$。

习　题　2

2.1　证明码的置换运算 σ_1,σ_2 使码元的汉明距离保持不变。

2.2　设 $C=\{11100,01001,10010,00111\}$ 是一个二元码：

(1)求码 C 的最小距离；

(2)根据最小距离译码方法，对字 10000，01100 以及 00100 进行译码；

(3)计算码 C 的码率 R。

2.3　设 $C=\{00000000,00001111,00110011,001111100\}$ 是一个二元码：

(1)计算码 C 中所有码字之间的距离及最小距离；

(2)在一个二元码中，如果把某一个码字中的 0 和 1 互换，即 0 换为 1，1 换为 0，所得的字称为此码字的补。所有码字的补构成的集合称为此码的补码。求码 C 的补码以及补码中所有码字之间的距离和最小距离，它们与(1)中的结果有什么关系？

(3)把(2)中的结果推广到一般的二元码。

2.4　如果存在一个二元 (n,M,d) 码且是偶数，则一定存在一个二元(n,M,d) 码使得每一个码字具有偶数值重量。

2.5　证明码长为 m 且只含两个码字的不等价的二元码的个数为 n。

2.6　证明任何一个 q 元 (n,q,n) 码都等价于 q 元重复码。

2.7　设 C 是一个完备的二元码，证明 $n=7$ 或 $n=23$。

第3章 信息度量与信息熵

自香农奠定了信息论的理论基础后，信息的度量有了统一的标准，为深入研究信息理论打下了坚实的基础。但在实际应用中，各种环境和条件下的信息度量又有不同的要求。信息论发展到今天，信息度量的方法很多，包括统计度量、语义度量和模糊度量等，常用的方法是统计度量。使用事件统计发生概率的对数来描述事物的不确定性，从而得到信息量。本章就信息度量和信息熵的内容展开，通过进一步学习，掌握香农信息论的最基本和最重要的物理量的计算。

3.1 信源的分类

最基本的信源是单个消息（符号）信源，它可以用随机变量 X 及其概率分布 P 来表示。通常写成 (X, P)。根据信源输出的随机变量的取值集合，信源可以分为离散信源和连续信源两类。对于离散信源 X 为随机变量，其取值集合为 $A=\{X_1, X_2, \cdots, X_n\}$，$X$ 取 x_i 的概率为 p_i。例如，二进制数据信源可表示为 $[0\quad 1\quad P(0)\quad P(1)]$。对于连续信源 (X,P)，式中随机变量 X 取值于区间 (a, b)，对应的概率密度为 $p(x)$。

实际信源是由最基本的单个消息信源组合而成的。离散时，它是由一系列消息串组成的随机序列 $X_1, X_2, \cdots, X_j, \cdots, X_L$ 来表示。电报、数据、数字等信源均属此类。连续时，它是由连续消息所组成的随机过程 $X(t)$ 来表示。语音、图像等信源属于这类。对于离散随机序列信源，消息序列 X 的取值集合为 A_L，概率分布为 $P(X)$，记为 $(X, P(X))$。

离散序列信源又分为无记忆和有记忆两类。当序列信源中的各个消息相互统计独立时，称信源为离散无记忆信源。若同时具有相同的分布，则称信源为离散平稳无记忆信源。当序列信源中各个消息前后有关联时，称信源为离散有记忆信源。描述它一般比较困难，尤其当记忆长度很大时。但在很多实际问题中仅须考虑有限记忆长度，特别是当信源系列中的任一消息仅与其前面的一个消息有关联，数学上称它为一阶马尔可夫链。在马尔可夫链中，若其转移概率与所在位置无关，则称为齐次马尔可夫链。若同时还满足当转移步数充分大时与起始状态无关，则称它为齐次遍历马尔可夫链。例如数字图像信源常采用这一模型。

连续的随机过程信源，一般很复杂且很难统一描述。但在实际问题中往往可采用以下两类方法：①将连续的随机过程信源在一定的条件下转化为离散的随机序列信源；②把连续的随机过程信源按易于分析的已知连续过程信源处理。实际上，绝大多数连续随机过程信源都近似地满足限时 (T)、限频 (F) 的条件。这时，连续的随机过程可以转化为有限项傅里叶级数或抽样函数的随机序列，而抽样函数表达式尤为常用。但这两种方式在一般情况下其转化后的离散随机序列是相关的，即信源是有记忆的。这给进一步分析带来一定的困难。另外一种是将连续随机过程展开成相互线性无关的随机变量序列，这种展开称为卡休宁-勒维展开。由于实现困难，这种展开除具有一定理论价值外，实际上很少被采用。直接按随机过程来处理信源受到分析方法的限制，人们还主要限于研究平稳遍历信源和简单的马尔可夫信源。

3.2　离散单符号信源信息度量

香农熵作为概率分布或随机变量不确定性的一种度量方式，但到底信息如何度量？有什么特征性质？本节主要针对离散信源的信息度量进行讨论。

3.2.1　自信息

在第1章中我们已知信源发出的消息常常是随机的，所以在没有收到消息前，收信者不能确定信源发出的是什么消息。这种不确定性是客观存在的。只有当信源发出的消息通过信道传输给收信者后，才能消除不确定性并获得信息。如果信源中某一消息发生的不确定性越大，一旦它发生，并为收信者收到后，消除的不确定性就越大，获得的信息量也就越大。由于种种原因（例如噪声太大），收信者接收到受干扰的消息后，对某消息发生的不确定性依然存在或者一点也未消除时，则收信者获得较少的信息或者说一点也没有获得信息。因此，获得信息量的大小，与不确定性消除的多少有关。反之，要消除对某事件发生的不确定性，也就是从“不知”到“知”，就必须获得足够的信息量。现举例来加深理解。

例3.1　如图3-1所示，假设一条电线上串联了8个灯泡$x_1,x_1,\cdots,x_8$。这8个灯泡损坏的可能性是等概率的，现假设这8个灯泡中有一个也只有一个灯泡已损坏，致使串联灯泡都不能点亮。在未检查之前，我们不知道哪个灯泡x_i已损坏，是不知的、不确定的。我们只有通过检查，用万用表去测量电路是否断路，获得足够的信息量，才能获知和确定哪个灯泡x_i已损坏。一般最简单的办法是：

第一次用万用表测量电路起始至中间一段的阻值，若电路通表示损坏的灯泡在后端，若不通表示损坏的灯泡在前端。通过第一次测量就可消除一些不确定性，获得一定的信息量。第一次测量获得多少信息量呢？在未测量前，8个灯泡都有可能损坏，它们损坏的先验概率是$p_1(x)=\frac{1}{8}$，这时存在的不确定性是先验概率$p_1(x)$的函数，用$I[p_1(x)]$表示。第一次测量后，可知4个灯泡是好的，另外4个灯泡中有一个是坏的，变成猜测4个灯泡中哪一个损坏的情况了，这时后验概率变为$p_2(x)=\frac{1}{4}$。因此，尚存在的不确定性是$p_2(x)$的函数$I[p_2(x)]$。所获得的信息量就是测量前后不确定性减少的量，即

第一次测量获得的信息量：

$$I[p_1(x)]-I[p_2(x)] \tag{3-1}$$

第二次测量只需在4个灯泡中进行，仍用万用表测量电路起始至2个灯泡的中端（假设第一次测量已知左边不通，若右边不通也只需在后面测量），根据通与不通就可得知是哪两个灯泡中有坏的。第二次测量后变成猜测2个灯泡中哪一个是损坏的情况了，这时后验概率为$p_3(x)=\frac{1}{2}$。因此，尚存在的不确定性是$I[p_3(x)]$，第二次测量所获得的信息量，

$$I[p_2(x)] - I[p_3(x)] \tag{3-2}$$

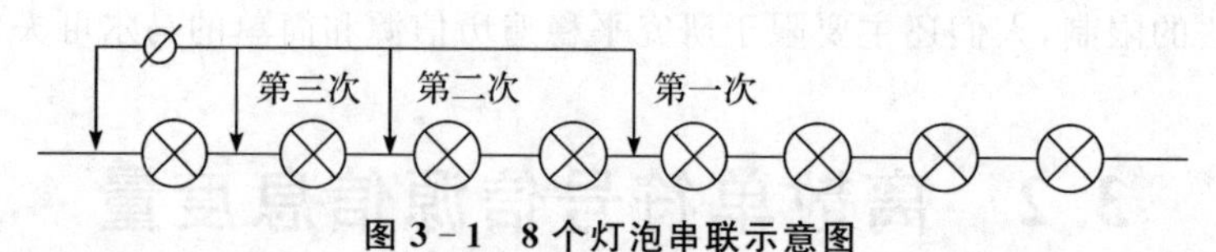

图 3-1 8 个灯泡串联示意图

第三次测量只需在 2 个灯泡中进行。假设第二次测量的结果是不通，也就知损坏的灯泡在最左边两个之一。这样，通过第三次测量完全消除了不确定性，能获知哪个灯泡是坏了的。第三次测量后已不存在不确定性了，因此，尚存在的不确定性等于零。

第三次测量获得的信息量：

$$I[p_3(x)] - 0 = I[p_3(x)] \tag{3-3}$$

根据前面分析可知，$I[p(x)] = \log \dfrac{1}{p(x)}$。若取以 2 为底对数，计算可得

第一次测量获得的信息量为

$$\log_2 \frac{1}{p_1(x)} - \log_2 \frac{1}{p_2(x)} = 1(\text{比特})$$

第二次测量获得的信息量为

$$\log_2 \frac{1}{p_2(x)} - \log_2 \frac{1}{p_3(x)} = 1(\text{比特})$$

第三次测量获得的信息量为

$$\log_2 \frac{1}{p_3(x)} = 1(\text{比特})$$

因此，要从 8 个等可能损坏的串联灯泡中确定哪个灯泡是坏的，至少要获得 3 比特的信息量。否则，无法确切知道哪个灯泡已坏了。

在信息传输的一般情况下，收信者所获得的信息量应等于信息传输前后不确定性的减少(消除)量。因此，我们直观地把信息量定义为：

收到某消息获得的信息量，即收到某消息后获得关于某基本事件发生的信息量，也即不确定性减少的量，等于收到此消息前关于某事件发生的不确定性减去收到此消息后关于某事件发生的不确定性。

在无噪声时，通过信道的传输，可以完全不失真地收到所发的消息，所以收到此消息后关于某事件发生的不确定性完全消除，此项为零。因此可得：收到某消息获得的信息量，即收到消息前关于某事件发生的不确定性，等于信源输出的某消息中所含有的信息量。

我们也已经知道，事件发生的不确定性与事件发生的概率有关。事件发生的概率越小，我们猜测它有没有发生的困难程度就越大，不确定性就越大。而事件发生的概率越大，我们猜测这事件发生的可能性就越大，不确定性就越小。对于发生概率等于 1 的必然事件，就不存在不确定性。因此，某事件发生所含有的信息量应该是该事件发生的先验概率的函数，即

$$I(a_i) = f[P(a_i)] \tag{3-4}$$

式中，$P(a_i)$ 是事件 a_i 发生的先验概率，而 $I(a_i)$ 表示事件 a_i 发生所含有的信息量，我们称之为 a_i 的自信息量。

根据客观事实和人们的习惯概念，函数 $f[P(a_i)]$ 应满足以下条件：

(1) $f(P_i)$ 应是先验概率 $P(a_i)$ 的单调递减函数，即当 $P(a_1) > P(a_2)$ 时，有

$$f(P_1) < f(P_2) \tag{3-5}$$

(2)当 $P(a_i)=1$ 时,有

$$f(P_i)=0 \tag{3-6}$$

(3)当 $P(a_i)=0$ 时,有

$$f(P_i)=\infty \tag{3-7}$$

(4)两个独立事件的联合信息量应等于它们分别的信息量之和,即统计独立信源的信息量等于它们分别的信息量之和。

根据上述条件可以从数学上证明这种函数形式是对数形式,即

$$I(a_i)=\log\frac{1}{P(a_i)} \tag{3-8}$$

现举例说明自信息量的函数形式是对数形式。

例 3.2　设在甲布袋中,放入 n 个不同阻值的电阻。如果随意选取出一个,并对取出的电阻值进行事先猜测,其猜测的困难程度相当于概率空间的不确定性。甲布袋的概率空间为

$$\begin{bmatrix} X \\ P(X) \end{bmatrix}=\begin{bmatrix} a_1, a_2, \cdots, a_n \\ P(a_1), P(a_2), \cdots, P(a_n) \end{bmatrix}$$

其中 a_i 代表阻值为 i 的电阻,$P(a_i)$ 是选取出阻值为 i 电阻的概率。为简便起见,假设电阻选取的概率是相等的,则 $P(a_i)=\frac{1}{2}$,其中 $i=1, 2, \cdots, n$。

那么,接收到“选取出阻值为 i 的电阻”所获得的信息量为

$$I(a_i)=f[P(a_i)]=f\left[\frac{1}{n}\right] \tag{3-9}$$

设在乙布袋中,放入按功率划分的 m 种不同功率的电阻。如果对任意选取出来功率值进行事先猜测,那么,可看成为另一概率空间,即

$$\begin{bmatrix} Y \\ P(Y) \end{bmatrix}=\begin{bmatrix} b_1, b_2, \cdots, b_n \\ P(b_1), P(b_2), \cdots, P(b_n) \end{bmatrix}$$

其中 b_i 代表功率为 j 的电阻,$P(b_i)$ 是选取出功率为 j 的电阻的概率。此处仍然假设 m 种不同功率的选择也是等概率的,则被告知“选取出功率为 j 的电阻”所获得的信息量为

$$I(b_i)=f[P(b_i)]=f\left[\frac{1}{m}\right] \tag{3-10}$$

这两个函数 $f\left[\frac{1}{n}\right]$ 和 $f\left[\frac{1}{m}\right]$ 应该是同一类函数。

若再设在第三个布袋中,放入有 n 种不同阻值,而每一种阻值又有 m 种不同功率的电阻,即共有 nm 个电阻。并设它们的选取也是等可能性的,那么,新的概率空间为

$$\begin{bmatrix} Z \\ P(Z) \end{bmatrix}=\begin{bmatrix} c_1, c_2, \cdots, c_{nm} \\ \frac{1}{nm}, \frac{1}{nm}, \cdots, \frac{1}{nm} \end{bmatrix}$$

则“选出阻值为 i,功率为 j 的电阻”这一事件提供的信息量应为

$$I(c_k)=f\left[\frac{1}{nm}\right] \tag{3-11}$$

事实上,从第三个布袋中选出一电阻的效果相当于从甲布袋中选择一电阻后再从乙布袋中选择一电阻。因此,“选取出阻值为 i,功率为 j 的电阻”这一事件提供的信息量应该是“选

取出阻值为 i ”和“选取出功率为 j ”这两事件提供的信息量之和，即

$$I(c_k) = I(a_i) + I(b_i)$$

又

$$f\left[\frac{1}{nm}\right] = f\left[\frac{1}{n}\right] + f\left[\frac{1}{m}\right] \tag{3-12}$$

这是一个简单的泛函方程，可以解得满足条件的函数形式为

$$f(P_i) = -\log P(a_i)$$

可得，式(3-9)～式(3-11)应该为

$$I(a_i) = \log n, \quad I(b_i) = \log m, \quad I(c_k) = \log nm$$

显然满足

$$I(c_k) = I(a_i) + I(b_i)$$

因此，我们用式(3-8)来定义自信息量，其中概率 $P(a_i)$ 必须先验可知的，或事先可测定的。

设离散信源 X，其概率空间为

$$\begin{bmatrix} X \\ P(X) \end{bmatrix} = \begin{bmatrix} a_1, a_2, \cdots, a_n \\ P(a_1), P(a_2), \cdots, P(a_n) \end{bmatrix}$$

如果知道事件 a_i 已发生，则该事件所含有的信息量称为自信息，定义为

$$I(a_i) = \log \frac{1}{P(a_i)} \tag{3-13}$$

$I(a_i)$ 代表两种含义：当事件 a_i 发生以前，表示事件 a_i 发生的不确定性；当事件 a_i 发生以后，表示事件 a_i 所含有(或所提供)的信息量。在无噪信道中，事件 a_i 发生后，能正确无误地传输到收信者，所以 $I(a_i)$ 可代表接收到消息 a_i 后所获得的信息量。这是因为消除了 $I(a_i)$ 大小的不确定性，才获得这么大小的信息量。

自信息采用的单位取决于对数所选取的底。由于 $P(a_i)$ 是小于 1 的正数，又根据实际情况自信息 $I(a_i)$ 也必然是正数，所以对数的底应选为大于 1 的任意数。如果取以 2 为底，则所得的信息量单位称为比特(bit)，即

$$I(a_i) = \log_2 \frac{1}{P(a_i)} \text{ (比特)}$$

如果采用以 e 为底的自然对数，则所得的信息量单位称为奈特(nat)，即

$$I(a_i) = \ln \frac{1}{P(a_i)} \text{ (奈特)}$$

若采用以 10 为底的对数，则所得的信息量单位称为哈特(Hart)，即

$$I(a_i) = \lg \frac{1}{P(a_i)} \text{ (哈特)}$$

一般情况，如果取以 r 为底的对数($r > 1$)，则

$$I(a_i) = \log_r \frac{1}{P(a_i)} \text{ (}r\text{ 进制单位)}$$

根据对数换底关系有

$$\log_a X = \frac{\log_b X}{\log_b a}$$

得 1 奈特＝1.44 比特，1 哈特＝3.32 比特。

以后，一般都采用以 2 为底的对数，且为了书写简洁，把底数“2”略去不写。我们可以看到，如果 $P(a_i)=\frac{1}{2}$，则 $I(a_i)=1$ 比特。所以 1 比特信息量就是两个互不相容的等可能事件之一发生时所提供的信息量。

注意：这里比特是指抽象的信息量单位。与计算机术语中“比特”的含义有所不同，它是代表二元数字（binary digits）。这两种定义之间的关系是每个二元数字所能提供的最大平均信息量为 1 比特。

3.2.2　信息熵

前面定义的自信息是指某一信源发出某一消息所含有的信息量。所发出的消息不同，它们所含有的信息量也就不同。所以自信息 $I(a_i)$ 是一个随机变量，不能用它来作为整个信源的信息测度。

我们定义自信息的数学期望为信源的平均自信息量，即

$$H(X)=E\left[\log\frac{1}{P(a_i)}\right]=-\sum_{i=1}^{n}P(a_i)\log P(a_i) \tag{3-14}$$

这个平均自信息的表达式与统计物理学中热熵的表达式很相似。在统计物理学中，热熵是一个物理系统杂乱性（无序性）的度量，这在概念上两者也有相似之处。因而我们就借用“熵”这个词把 $H(X)$ 称为熵。有时为了区别，称为信息熵。信息熵的单位由自信息的单位来决定，即取决于对数选取的底。如果选取以 r 为底的对数，那么信息熵选用 r 进制单位，即

$$H_r(X)=-\sum_{i=1}^{n}P(a_i)\log_r P(a_i)\ (r\text{ 进制单位/符号}) \tag{3-15}$$

一般选用以 2 为底时，信息熵写成 $H(X)$ 形式，其中变量 X 是指某随机变量的整体。

r 进制信息熵 $H_r(X)$ 与二进制信息熵 $H(X)$ 的关系为

$$H_r(X)=\frac{H(X)}{\log r} \tag{3-16}$$

信源的信息熵 H 是从整个信源的统计特性来考虑的。它是从平均意义上来表征信源的总体信息测度的。对于某特定的信源（概率空间给定），其信息熵是一个确定的数值。不同的信源因统计特性不同，其熵也不同。

现我们举一具体例子，来说明信息熵的含义。例如，有一布袋内放 100 个球，其中 80 个球是红色的，20 个球是白色的。若随意摸取一个球，猜测是什么颜色，这一随机事件的概率空间为

$$\begin{bmatrix} X \\ P(X) \end{bmatrix}=\begin{bmatrix} a_1\ ,\ a_2 \\ 0.8,0.2 \end{bmatrix}$$

其中，a_1 表示摸出的是红球；a_2 表示摸出的是白球。

如果被告知摸出的是红球，那么获得的信息量为

$$I(a_1)=-\log P(a_1)=-\log 0.8\ (\text{比特})$$

如被告知摸出来的是白球，所获得的信息量应为

$$I(a_2)=-\log P(a_2)=-\log 0.2\ (\text{比特})$$

如果每次摸出一个球后又放回去，再进行第二次摸取，那么摸取 n 次中，红球出现的次数

约为 $nP(a_1)$ 次，白球出现的次数约为 $nP(a_2)$ 次，摸取 n 次后总共所获得的信息量为

$$nP(a_1)I(a_1)+nP(a_2)I(a_2)$$

这样，平均摸取一次所能获得的信息量约为

$$H(X)=-[P(a_1)\log P(a_1)+P(a_2)\log P(a_2)]$$
$$=-\sum_{i=1}^{2}P(a_i)\log P(a_i)$$

显然，这就是信源 X 的信息熵 $H(X)$。因此信息熵是从平均意义上来表征信源的总体信息测度的一个量。信息熵具有以下三种物理含义：

(1)信息熵 $H(X)$ 是表示信源输出后，每个消息（或符号）所提供的平均信息量。

(2)信息熵 $H(X)$ 是表示信源输出前，信源的平均不确定性。例如有两个信源，其概率空间分别为

$$\begin{bmatrix}X\\P(x)\end{bmatrix}=\begin{bmatrix}a_1,a_2\\0.99,0.01\end{bmatrix},\begin{bmatrix}Y\\P(y)\end{bmatrix}=\begin{bmatrix}b_1,\ b_2\\0.5,0.5\end{bmatrix}$$

则信息熵分别为

$$H(X)=-0.099\log 0.99-0.01\log 0.01=0.08\ (\text{比特/符号})$$
$$H(Y)=-0.5\log 0.5-0.5\log 0.5=1\ (\text{比特/符号})$$

可见
$$H(Y)>H(X)$$

信源 Y 比信源 X 的平均不确定性要大。我们观察信源 Y，它的两个输出消息是等可能性的，所以在信源没有输出消息以前，事先猜测哪一个消息出现的不确定性要大。而对于信源 X，它的两个输出消息不是等概率的，事先猜测 a_1 和 a_2 哪一个出现，虽然具有不确定性，但大致可以猜测 a_1 会出现，因为 a_1 出现的概率大，所以信源 X 的不确定性要小。因而，信息熵正好反映了信源输出消息前，接收者对信源存在的平均不确定程度的大小。

(3)用信息熵 $H(X)$ 来表征变量 X 的随机性。如前例，变量 Y 取 b_1 和 b_2 是等概率的，所以其随机性大。而变量 X 取 a_1 的概率比取 a_2 的概率大很多，这时，变量 X 的随机性就小。因此，$H(X)$ 反映了变量的随机性。信息熵正是描述随机变量 X 所需的比特数。

应该注意的是，信息熵是信源的平均不确定的描述。一般情况下，它并不等于平均获得的信息量。只是在无噪情况下，接收者才能正确无误地接收到信源所发出的消息，全部消除了 $H(X)$ 大小的平均不确定性，所以获得的平均信息量就等于 $H(X)$。后面将会看到，在一般情况下获得的信息量是两熵之差，并不是信息熵本身。

例 3.3　现进一步分析例 3.1。在例 3.1 中 8 个灯泡构成一信源 X，每个灯泡损坏的概率都相等。这个信源为

$$\begin{bmatrix}X\\P(x)\end{bmatrix}=\begin{bmatrix}a_1,a_2,\cdots,a_8\\1/8,1/8,\cdots,1/8\end{bmatrix}\sum_{i=1}^{8}P(a_i)=1$$

其中，$a_i(i=1,2,\cdots,8)$ 表示第 i 个灯泡已损坏的事件，信源 X 共有 8 种等可能发生事件。可计算得此信源的信息熵为

$$H(X)=-\sum_{i=1}^{8}\frac{1}{8}\log\frac{1}{8}=\log 8=3\ (\text{比特/符号})$$

$H(X)$ 正好表示在获知哪个灯泡已损坏的情况前，关于哪个灯泡已损坏的平均不确定性。因此，只有获得 3 比特的信息量，才能完全消除平均不确定性，才能确定是哪个灯泡坏了。由

例 3.1 中可以看到,这种测量方法每次只能获得 1 比特信息量。由此可知,至少要测量三次才能完全消除不确定性。

例 3.4　设某甲地的天气预报为:晴(占 4/8),阴(占 2/8),大雨(占 1/8),小雨(占 1/8)。又设某乙地的天气预报为:晴(占 7/8),小雨(占 1/8)。试求两地天气预报各自提供的平均信息量。若甲地天气预报为两极端情况:一种是晴出现概率为 1 而其余为 0;另一种是晴、阴、小雨、大雨出现的概率都相等,为 1/4。试求这两种极端情况出现所提供的平均信息量和乙地出现这两种极端情况所提供的平均信息量。

解:甲地天气预报构成的信源空间为

$$\begin{bmatrix} X \\ P(x) \end{bmatrix} = \begin{bmatrix} \text{晴}, & \text{阴}, & \text{大雨}, & \text{小雨} \\ 1/2, & 1/4, & 1/8, & 1/8 \end{bmatrix}$$

则其提供的平均信息量即信源的信息熵为

$$\begin{aligned} H(X) &= -\sum_{i=1}^{4} P(a_i)\log P(a_i) \\ &= -\frac{1}{2}\log\frac{1}{2} - \frac{1}{4}\log\frac{1}{4} - \frac{1}{8}\log\frac{1}{8} - \frac{1}{8}\log\frac{1}{8} \\ &= \frac{7}{4} = 1.75(\text{比特/符号}) \end{aligned}$$

同理,乙地天气预报的信源空间为

$$\begin{bmatrix} Y \\ P(y) \end{bmatrix} = \begin{bmatrix} \text{晴}, & \text{小雨} \\ 7/8, & 1/8 \end{bmatrix}$$

$$\begin{aligned} H(Y) &= -\frac{7}{8}\log\frac{7}{8} - \frac{1}{8}\log\frac{1}{8} \\ &= \log 8 - \frac{7}{8}\log 7 \\ &= 0.544(\text{比特/符号}) \end{aligned}$$

可见,甲地提供的平均信息量大于乙地,因为乙地比甲地的平均不确定性小。

甲地出现极端情况 1 的概率空间为

$$\begin{bmatrix} X \\ P(x) \end{bmatrix} = \begin{bmatrix} \text{晴}, & \text{阴}, & \text{大雨}, & \text{小雨} \\ 1, & 0, & 0, & 0 \end{bmatrix}$$

$$H(X) = -1\log 1 - 0\log 0 - 0\log 0 - 0\log 0$$

因为

$$\lim_{\varepsilon \to \infty} \varepsilon \log \varepsilon = 0$$

所以

$$H(X) = 0$$

这时,信源 X 是一确定信源,所以不存在不确定性,信息熵等于零。

甲地出现极端情况 2 的概率空间为

$$\begin{bmatrix} X \\ P(x) \end{bmatrix} = \begin{bmatrix} \text{晴}, & \text{阴}, & \text{大雨}, & \text{小雨} \\ 1/4, & 1/4, & 1/4, & 1/4 \end{bmatrix}$$

得

$$H(Y) = -\log\frac{1}{4} = \log 4 = 2\text{（比特/符号）}$$

这种情况下，信源的不确定性最大，信息熵最大。

乙地出现极端情况1，概率空间为

$$\begin{bmatrix} Y \\ P(y) \end{bmatrix} = \begin{bmatrix} \text{晴，小雨} \\ 1, \quad 0 \end{bmatrix}$$

$$H(Y) = 0\text{（比特/符号）}$$

乙地出现极端情况2，概率空间为

$$\begin{bmatrix} Y \\ P(y) \end{bmatrix} = \begin{bmatrix} \text{晴，小雨} \\ 1/2, 1/2 \end{bmatrix}$$

$$H(Y) = 1\text{（比特/符号）}$$

由此可见，同样在极端情况2下，甲地比乙地提供更多的信息量。这是因为，甲地可能出现的消息数多于乙地可能出现的消息数。

3.2.3 信息熵的基本性质

根据熵的定义，我们已经看到，信息熵是信源概率空间

$$\begin{bmatrix} X \\ P(x) \end{bmatrix} = \begin{bmatrix} a_1, a_2, \cdots, a_q \\ P(a_1), P(a_2), \cdots, P(a_q) \end{bmatrix}$$

的一种特殊函数。这个函数的大小显然与信源的符号数及符号的概率分布有关。当信源符号集的个数 $H(\xi \mid \eta) = \sum_{y \in Y} P(y) H(\xi \mid \eta = y)$ 给定，信源的信息熵就是概率分布 $P(X)$ 的函数，而这函数形式已确定，我们可用概率矢量 $\boldsymbol{P}$ 来表示概率分布 $P(X)$，即

$$\boldsymbol{P} = (P(a_1), P(a_2), \cdots, P(a_q)) = (p_1, p_2, \cdots, p_q)$$

其中为书写方便，用 $p_i (i = 1, 2, \cdots, q)$ 来表示符号概率 $p(a_i) (i = 1, 2, \cdots, q)$。概率矢量 $\boldsymbol{P} = (p_1, p_2, \cdots, p_q)$ 是 q 维矢量，$p_i (i = 1, 2, \cdots, q)$ 是其分量，它们满足

$$\sum_{i=1}^{q} p_i = 1 \text{ 和 } p_i \geqslant 0 (i = 1, 2, \cdots, q)$$

这样，信息熵 $H(X)$ 是概率矢量 $\boldsymbol{P}$ 或它的分量 $p_1, p_2, \cdots, p_q$ 的 $q-1$ 元函数（因各分量满足 $\sum_{i=1}^{q} p_i = 1$，所以独立变量只有 $q-1$ 元），一般可写成

$$H(X) = -\sum_{i=1}^{q} P(a_i) \log P(a_i) = -\sum_{i=1}^{q} p_i \log p_i = H(p_1, p_2, \cdots, p_q) = H(P) \tag{3-17}$$

$H(\boldsymbol{P})$ 是概率矢量 $\boldsymbol{P}$ 的函数，我们称 $H(\boldsymbol{P})$ 为熵函数。以后，我们常用 $H(X)$ 来表示以离散随机变量 X 描述的信源的信息熵，而用 $H(\boldsymbol{P})$ 或 $H(p_1, p_2, \cdots, p_q)$ 来表示概率矢量为 $\boldsymbol{P} = (p_1, p_2, \cdots, p_q)$ 的 q 个符号信源的信息熵。当 $q = 2$ 时，因为 $p_1 + p_2 = 1$，所以将2个符号的熵函数写成 $H(p_1)$ 或 $H(p_2)$。

熵函数 $H(\boldsymbol{P})$ 也是一种特殊函数，它的函数形式为

$$H(\boldsymbol{P}) = H(p_1, p_2, \cdots, p_q) = -\sum_{i=1}^{q} p_i \log p_i \tag{3-18}$$

且具有下述一些性质。

1. 对称性

当变量 $p_1, p_2, \cdots, p_q$ 的顺序任意互换时，熵函数的值不变，即

$$H(p_1, p_2, \cdots, p_q) = H(p_2, p_3, \cdots, p_q, p_1) = \cdots = H(p_q, p_1, \cdots, p_{q-1}) \tag{3-19}$$

该性质表明熵只与随机变量的总体结构有关，即与信源的总体的统计特性有关。如果某些信源的统计特性相同（含有的符号数和概率分布相同），那么，这些信源的熵就相同。例如，信源 X,Y,Z 的概率空间分别为

$$\begin{bmatrix} X \\ P(x) \end{bmatrix} = \begin{bmatrix} a_1, a_2, a_3 \\ \dfrac{1}{3}, \dfrac{1}{6}, \dfrac{1}{2} \end{bmatrix} \quad \begin{bmatrix} Y \\ P(y) \end{bmatrix} = \begin{bmatrix} a_1, a_2, a_3 \\ \dfrac{1}{6}, \dfrac{1}{2}, \dfrac{1}{3} \end{bmatrix} \quad \begin{bmatrix} Z \\ P(z) \end{bmatrix} = \begin{bmatrix} b_1, b_2, b_3 \\ \dfrac{1}{3}, \dfrac{1}{2}, \dfrac{1}{6} \end{bmatrix}$$

若其中 a_1, a_2, a_3 分别表示红、黄、蓝三个具体消息，而 b_1 、b_2 、b_3 分别表示晴、雾、雨三个消息。在这三个信源中，X 与 Z 信源的差别是它们所选择的具体消息（符号）的含义不同，而 X 与 Y 信源的差别是它们选择的某同一消息的概率不同。但它们的信息熵是相同的，即表示这三个信源总的统计特性是相同的，也就是它们的符号数和概率分量的总体结构是相同的，即

$$H\left(\frac{1}{3}, \frac{1}{6}, \frac{1}{2}\right) = H\left(\frac{1}{6}, \frac{1}{2}, \frac{1}{3}\right) = H\left(\frac{1}{3}, \frac{1}{2}, \frac{1}{6}\right) = 1.459 \text{ (比特/信源符号)}$$

所以，熵表征信源总的统计特征，总体的平均不确定性。这也说明了所定义信息熵有它的局限性，它不能描述事件本身的具体含义和主观价值等。

2. 确定性

熵函数的确定性，即

$$H(1,0) = H(1,0,0) = H(1,0,0,0) = \cdots = H(1,0,\cdots,0) = 0 \tag{3-20}$$

因为在概率矢量 $\boldsymbol{P} = (p_1, p_2, \cdots, p_q)$ 中，当某分量 $p_i = 1$ 时，$p_i \log p_i = 0$；而其余分量 $p_i = 0 (j \neq i)$，$\lim\limits_{pj \to \infty} p_j \log p_j = 0$，所以式(3-20)成立。

这个性质意味着从总体来看，信源虽然有不同的输出符号，但它只有一个符号几乎必然出现，而其他符号都是几乎不可能出现，那么，这个信源是一个确知信源，其熵等于零。

3. 非负性

熵函数的非负性，即

$$H(\boldsymbol{P}) = H(p_1, p_2, \cdots, p_q) = -\sum_{i=1}^{q} p_i \log p_i \geqslant 0 \tag{3-21}$$

该性质是很显然的。因为随机变量 X 的所有取值的概率分布满足 $0 < p_i < 1$，当取对数的底大于 1 时，$\log p_i < 0$，而 $-\log p_i > 0$，则得到的熵是正值的。只有当随机变量是一确知量时（根据性质 2），熵才等于零。这种非负性对于离散信源的熵是合适的，但对连续信源来说这一性质并不存在。以后可以看到，在相对熵的概念下，可能出现负值。

4. 扩展性

熵函数的扩展性，即

$$\lim H_{q+1}(p = p_1, p_2, \cdots, p_q - \varepsilon, \varepsilon) = H_q(p_1, p_2, \cdots, p_q) \tag{3-22}$$

此性质也不难证明。因为

$$\lim_{\varepsilon\to\infty}\varepsilon\log\varepsilon = 0$$

所以式(3-22)成立。

本性质说明信源的取值数增多时,若这些取值对应的概率很小(接近于零),则信源的熵不变。

虽然,概率很小的事件出现后,给予收信者较多的信息,但从总体来考虑时,因为这种概率很小的事件几乎不会出现,所以它在熵的计算中占的比重很小,使总的信源熵值维持不变。这也是熵的总体平均性的一种体现。

5. 可加性

熵函数的可加性即统计独立信源 X 和 Y 的联合信源的熵等于分别熵之和。

如果有两个随机变量 X 和 Y,它们彼此是统计独立的,即 X 的概率分布为 $(p_1,p_2,\cdots,p_n)$,而 Y 的概率分布为 $(q_1,q_2,\cdots,q_m)$,则

$$H(XY) = H(X) + H(X) \tag{3-23}$$

即

$$\begin{aligned} &H_{nm}(p_1q_1,p_1q_2,\cdots,p_1q_m,p_2q_1,\cdots,p_2q_m,\cdots,p_nq_1,\cdots,p_nq_m) \\ &\quad = H_n(p_1,\cdots,p_n) + H_m(q_1,\cdots,q_m) \end{aligned} \tag{3-24}$$

式中

$$\sum_{i=1}^{n}p_i = 1 \qquad \sum_{j=1}^{m}q_j = 1 \qquad \sum_{i=1}^{n}\sum_{j=1}^{m}p_iq_j = 1 \tag{3-25}$$

根据熵函数表达式,有

$$\begin{aligned} &H_{nm}(p_1q_1,p_1q_2,\cdots,p_1q_m,p_2q_1,\cdots,p_2q_m,\cdots,p_nq_1,\cdots,p_nq_m) \\ &= -\sum_{i=1}^{n}\sum_{j=1}^{m}p_iq_j\log p_iq_j \\ &= -\sum_{i=1}^{n}\sum_{j=1}^{m}p_iq_j\log p_i - \sum_{i=1}^{n}\sum_{j=1}^{m}p_iq_j\log q_j \\ &= -\sum_{j=1}^{m}q_j(\sum_{i=1}^{n}p_i\log p_i) - \sum_{i=1}^{n}p_i(\sum_{j=1}^{m}q_j\log q_j) \\ &= -\sum_{i=1}^{n}p_i\log p_i - \sum_{j=1}^{m}q_j\log q_j \\ &= H_n(p_1,\cdots,p_n) + H_m(q_1,\cdots,q_m) \end{aligned}$$

可加性是熵函数的一个重要特性,正因为具有可加性,所以可以证明熵函数的形式是唯一的,不可能有其他形式存在。

6. 强可加性

熵函数的强可加性即两个互相关联的信源 X 和 Y 的联合信源的熵等于信源 X 的熵加上在 X 已知条件下信源 Y 的条件熵。

如果有两个随机变量,它们彼此有关联,设 X 的概率分布为 $(p_1,p_2,\cdots,p_n)$,Y 的概率分布为 $(q_1,q_2,\cdots,q_m)$。我们用条件概率

$$P(Y = y_j \mid X = x_i) = P_{ij}, \qquad 1 \geqslant p_{ij} \geqslant 0(i = 1,\cdots,n)(j = 1,\cdots,m)$$

来描述它们之间的关联。此条件概率表示当已知 X 取值为 x_i 时,Y 取值为 y_j 的条件概

率。则

$$H_{nm}(p_1p_{11},p_1p_{12},\cdots,p_1p_{1m},p_2p_{21},p_2p_{22},\cdots,p_2p_{2m},\cdots,p_np_{n1},p_np_{n2},\cdots,p_np_{nm})$$
$$=H_n(p_1,p_2,\cdots,p_n)+\sum_{i=1}^{n}p_iH_m(p_{i1},p_{i2},\cdots,p_{im}) \qquad (3-26)$$

其中

$$\sum_{i=1}^{n}p_i=1,\sum_{i=1}^{n}\sum_{j=1}^{m}p_ip_{ij}=1,\sum_{i=1}^{n}p_ip_{ij}=q_j \qquad (3-27)$$

得

$$\sum_{j=1}^{m}p_{ij}=1 \qquad (i=1,2,\cdots,n) \qquad (3-28)$$

可证明式(3-26):根据熵函数的表达式有

$$\begin{aligned}H_{nm}&=-\sum_{i=1}^{n}\sum_{j=1}^{m}p_ip_{ij}\log p_ip_{ij}\\&=-\sum_{i=1}^{n}\sum_{j=1}^{m}p_ip_{ij}\log p_i-\sum_{i=1}^{n}\sum_{j=1}^{m}p_ip_{ij}\log p_{ij}\\&=-\sum_{i=1}^{n}(\sum_{j=1}^{m}p_{ij})p_i\log p_i-\sum_{i=1}^{n}p_i(\sum_{j=1}^{m}p_{ij})\log p_{ij}\\&=-\sum_{i=1}^{n}p_i\log p_i+\sum_{i=1}^{n}p_i(-\sum_{j=1}^{m}p_{ij}\log p_{ij})\\&=H_n(p_1,p_2\cdots,p_n)+\sum_{i=1}^{n}p_iH_m(p_{i1},p_{i2},\cdots,p_{im})\end{aligned}$$

上面推导过程中运用了式(3-28)。

根据概率关系,有

$$P_{ij}=P(Y=y_j\mid X=x_i)$$

可得

$$P_iP_{ij}=P(X=x_i)P(Y=y_j\mid X=x_i)=P(XY)$$
$$(i=1,2,\cdots,n)(j=1,2,\cdots,m)$$

它是 X 取 x_i,Y 取 y_j 的联合概率。因此式(3-26)中熵函数 H_{nm} 就是 X 和 Y 联合信源的联合熵 $H(XY)$。又式(3-26)右边第一项是信源 X 的熵 $H(X)$，而第二项中

$$\begin{aligned}H_m(p_{i1},p_{i2},\cdots,p_{im})&=-\sum_{j=1}^{m}p_{ij}\log p_{ij}\\&=H(Y\mid X=x_i)\end{aligned} \qquad (3-29)$$

它表示当已知信源 X 取值为 x_i 的条件下,信源 Y 选取一个值所提供的平均信息量。该量与 x_i 有关,将此量对 X 取统计平均值,即得在信源 X 输出一符号的条件下,信源 Y 再输出一符号所能提供的平均信息量,记作 $H(Y\mid X)$，称为条件熵,即

$$\begin{aligned}&\sum_{i=1}^{m}p_iH_m(p_{i1},p_{i2},\cdots,p_{im})\\&=\sum_{i=1}^{m}p_iH(Y\mid X=x_i)\\&=H(Y\mid X)\end{aligned} \qquad (3-30)$$

因此,强可加性式(3-26)可写成

$$H(XY)=H(X)+H(Y\mid X) \tag{3-31}$$

显然,可加性是强可加性的特殊情况,当信源 X 和 Y 统计独立时,其满足

$$P(Y=y_j\mid X=x_i)=P(Y=y_j)$$

$$P_{ij}=q_j$$

7. 递增性

熵函数的递增性,即 $H_{n+m-1}(p_1p_2,\cdots,p_{n-1}q_1,q_2,\cdots,q_m)$

$$=H_n(p_1p_2\cdots,p_{n-1},p_n)+p_nH_m\left(\frac{q_1}{p_n},\frac{q_2}{p_n},\cdots,\frac{q_m}{p_n}\right) \tag{3-32}$$

式中 $\sum_{i=1}^{n}p_i=1,\sum_{j=1}^{m}q_j=p_n$。

这性质表明,若原信源 X(n 个符号的概率分布为 $p_1,\cdots,p_n$)中有一元素划分(或分割)成 m 个元素(符号),而这 m 个元素的概率之和等于原元素的概率,则新信源的熵增加。熵增加了一项由于划分而产生的不确定性量。

可用熵函数的表达式直接来证明式(3-32),此证明留给读者练习。现在由式(3-26)来推出式(3-32)。

在式(3-26)中,条件概率 $p_{ij}(i=1,2,\cdots,n;j=1,2,\cdots,m)$ 应有 $n\times m$ 个,当 i 固定时共有 m 个,它满足 $\sum_{j=1}^{m}p_{ij}=1$。假设在这 $n\times m$ 个 p_{ij} 中,只有当 $i=n$ 时 $p_{nj}(j=1,2,\cdots,n)$ 不等于0或1而所有其他 $i\neq n$ 时 $p_{ij}(j=1,2,\cdots,m)$ 均等于0或1。因为,满足 $\sum_{j=1}^{m}p_{ij}=1$,所以当 $i\neq n$ 时 $p_{i1},p_{i2},\cdots,p_{im}$ 中只有一个等于1,其余 $m-1$ 个均等于0。此由得其相应的 m 个概率乘积 $p_ip_{i1},p_ip_{i2},\cdots,p_ip_{im}$ 中,只保留一项为 p_i,其余 $m-1$ 项为0。则式(3-26)等号左边

$$H_{nm}(p_1p_{11},p_1p_{12},\cdots,p_1p_{1m},p_2p_{21},\cdots,p_2p_{2m},\cdots,p_{n-1}p_{n-11},\cdots,p_{n-1}p_{n-1m},p_np_{n1},p_np_{n2},$$
$$\cdots,p_np_{nm})=H_{n+m-1}(p_1,p_2,\cdots,p_{n-1},p_np_{n1},p_np_{n2},\cdots,p_np_{nm})$$

而式(3-26)等式右边第二项中,根据熵函数的确定性,得

$$\sum_{i=1}^{n}p_iH_m(p_{i1},p_{i2},\cdots,p_{im})$$
$$=p_1H_m(p_{11},p_{12},\cdots,p_{1m})+p_2H_m(p_{21},p_{22},\cdots,p_{2m})+\cdots+p_nH_m(p_{n1},p_{n2},\cdots,p_{nm})$$
$$=p_nH_m(p_{n1},p_{n2},\cdots,p_{nm})$$

由此可得

$$H_{n+m-1}(p_1,p_2,\cdots,p_{n-1},p_np_{n1},p_np_{n2},\cdots,p_np_{nm})$$
$$=H_n(p_1,p_2\cdots,p_{n-1},p_n)+p_nH_m(p_{n1},p_{n2}\cdots,p_{nm}) \tag{3-33}$$

根据式(3-27)中 $\sum_{i=1}^{n}p_ip_{ij}=q_j,p_{ij}=0(i\neq n)$,求和式中只保留一项 p_np_{nj},得

$$p_np_{nj}=q_j,p_{nj}=q_j/p_n\quad(j=1,2,\cdots,m)$$

则推导得式(3-32)

$$H_{n+m-1}(p_1,p_2,\cdots,p_{n-1},q_1,q_2,\cdots,q_m)$$

$$= H_n(p_1,p_2\cdots,p_n) + p_n H_m\left(\frac{q_1}{p_n},\frac{q_2}{p_n},\cdots,\frac{q_m}{p_n}\right)$$

从上述分析过程和式(3-33)可以看出，当随机变量 X 原有 n 个元素，其中某一个元素分割成 m 个元素的小子集，其每个元素出现的概率为 $p_n p_{nj}(j=1,2,\cdots,m)$，且 $\sum_{j=1}^{m} p_{nj}=1$，则新的随机变量 X 的不确定性增加，其熵增加。而这小子集出现的平均不确定性为 $H_m(p_{n1},p_{n2},\cdots,p_{nm})$，又这小子集出现的概率为 p_n，所以增加一项由分割而带来的平均不确定性为 $P_n H_m(p_{n1},p_{n2},\cdots,p_{nm})$。若原随机变量 X 中每个元素都分割成 m 个元素的小子集，每个小子集 i 中元素出现的概率为 $p_i p_{ij}(j=1,2,\cdots,m)$ 且 $\sum_{j=1}^{m} p_{ij}=1$，则新的随机变量 X 的不确定性要增加 n 项，每一项都是由每个小子集所带来的平均不确定性为 $p_i H_m(p_{i1},p_{i2},\cdots,p_{im})$。全部增加的不确定性为 $\sum_{i=1}^{n} p_n H_m(p_{i1},p_{i2},\cdots,p_{im})$。由此也可以从熵的递增性推导得熵的强可加性式(3-26)。当然，其中各子集分割的元素个数 m 不必相等，这样得到的是更为一般的情况。

现在再对递增性作进一步分析。根据式(3-32)可得，n 元信源的熵函数

$$H_n(p_1,p_2\cdots,p_n)$$
$$= H_{n-1}(p_1,p_2\cdots,p_{n-2},p_{n-1}+p_n) + (p_{n-1}+p_n)H_2\left(\frac{p_{n-1}}{p_{n-1}+p_n},\frac{p_n}{p_{n-1}+p_n}\right)$$

其中等式右边第一项，根据递增性，又推得

$$H_{n-1}(p_1,p_2\cdots,p_{n-2},p_{n-1}+p_n)$$
$$= H_{n-2}(p_1,p_2\cdots,p_{n-3},p_{n-2}+p_{n-1}+p_n) +$$
$$(p_{n-2}+p_{n-1}+p_n)H_2\left(\frac{p_{n-2}}{p_{n-2}+p_{n-1}+p_n},\frac{p_{n-1}+p_n}{p_{n-2}+p_{n-1}+p_n}\right)$$

由此递推，可得

$$H_3(p_1,p_2,p_3+p_4+\cdots+p_{n-1}+p_n)$$
$$= H_2(p_1,p_2+p_3+p_4+\cdots+p_{n-1}+p_n) +$$
$$(p_2+p_3+\cdots+p_{n-1}+p_n)H_2\left(\frac{p_2}{p_2+p_3+\cdots+p_n},\frac{p_3+p_4+\cdots+p_n}{p_2+p_3+\cdots+p_n}\right)$$

则得　$H_n(p_1,p_2,p_3,\cdots,p_{n-1},p_n) = H_2(p_1,p_2+p_3+p_4+\cdots+p_{n-1}+p_n) +$

$$(p_2+p_3+\cdots+p_{n-1}+p_n)H_2\left(\frac{p_2}{p_2+p_3+\cdots+p_n},\frac{p_3+p_4+\cdots+p_n}{p_2+p_3+\cdots+p_n}\right)+$$
$$(p_3+p_4+\cdots+p_{n-1}+p_n)H_2\left(\frac{p_3}{p_3+p_4+\cdots+p_n},\frac{p_4+p_5+\cdots+p_n}{p_3+p_4+\cdots+p_n}\right)+$$
$$(p_4+p_5+\cdots+p_{n-1}+p_n)H_2\left(\frac{p_4}{p_4+p_5+\cdots+p_n},\frac{p_5+p_6+\cdots+p_n}{p_4+p_5+\cdots+p_n}\right)+$$
$$(p_{n-2}+p_{n-1}+p_n)H_2\left(\frac{p_{n-2}}{p_{n-2}+p_{n-1}+p_n},\frac{p_{n-1}+p_n}{p_{n-2}+p_{n-1}+p_n}\right)+\cdots+$$
$$(p_{n-1}+p_n)H_2\left(\frac{p_{n-1}}{p_{n-1}+p_n},\frac{p_n}{p_{n-1}+p_n}\right)$$

上式明显地反映了熵函数的递推性质。它表示 n 个元素的信源熵可以递推成 $(n-1)$ 个

二元信源的熵函数的加权和。这样,可使多元信源的熵函数的计算简化成计算若干个二元信源的熵函数。因此,熵函数的递增性又可称为递推性,它们只是从不同角度来分析式(3-32)。

8. 极值性

熵函数的极值性,即

$$H(p_1, p_2 \cdots, p_q) \leqslant H(1/q, 1/q, \cdots, 1/q) = \log q \tag{3-34}$$

此式表示在离散信源情况下,信源各符号等概率分布时,熵值达到最大。

证明:设概率矢量 $\boldsymbol{P} = (p_1, p_2, \cdots, p_q)$,并有 $\sum_{i=1}^{q} p_i = 1, 0 \leqslant p_i \leqslant 1$。另设随机矢量 $\boldsymbol{Y} = \frac{1}{\boldsymbol{P}}$,即 $y_i = \frac{1}{p_i}$。因为已知 $\log \boldsymbol{Y}$ 在正实数集 $(\boldsymbol{Y} > \boldsymbol{0})$ 上是一凸函数,所以根据詹森不等式,有

$$E[\log \boldsymbol{Y}] \leqslant \log(E[\boldsymbol{Y}])$$

$$\sum_{i=1}^{q} p_i \log y_i \leqslant \log \sum_{i=1}^{q} p_i y_i$$

即

$$\sum_{i=1}^{q} p_i \log \frac{1}{p_i} \leqslant \log \sum_{i=1}^{q} p_i \frac{1}{p_i} = \log q$$

故得

$$H(X) = H(p_1, p_2 \cdots, p_q) \leqslant \log q$$

只有当 $p_i = \frac{1}{q}$ 时,有

$$H(X) = \sum_{i=1}^{q} p_i \log q = \log q$$

[证毕]

式(3-34)表明,对于具有 q 个符号的离散信源,只有在 q 个信源符号等可能出现的情况下,信源熵才能达到最大值。这也表明等概率分布信源的平均不确定性为最大。这是一个很重要的结论,称为最大离散熵定理。

二元信源是基本离散信源的一个特例。该信源符号只有二个,设为 0 和 1。符号输出的概率分别为 ω 和 $1-\omega$,即信源的概率空间为

$$\begin{bmatrix} X \\ P(x) \end{bmatrix} = \begin{bmatrix} 0, 1 \\ \omega, \bar{\omega} = 1-\omega \end{bmatrix}$$

根据式(3-17)计算得二元信源的熵为

$$H(X) = -[\omega \log \omega + \bar{\omega} \log \bar{\omega}]$$

这时信息熵 $H(X)$ 是 ω 的函数,通常用 $H(\omega)$ 表示。ω 取值于[0,1]区间,我们可以画出熵函数 $H(\omega)$ 的曲线来,如图 3-2 所示。

由图 3-2 中可以得出熵函数的一些性质。如果二元信源的输出是确定的($\omega = 0$ 或 $\omega = 1$),则该信源不提供任何信息。反之,当二元信源符号 0 和 1 等概率发生时,信源的熵达到最大值,等于 1 比特信息量。

由此可见,二元数字是二元信源的输出。在具有等概率的二元信源输出的二元数字序列中,每一个二元数字将平均提供 1 比特的信息量。如果符号不是等概率分布,则每一个二元数字所提供的平均信息量总是小于 1 比特。这也进一步说明了“二元数字”(计算机术语称“比特”)与信息量单位“比特”的关系。

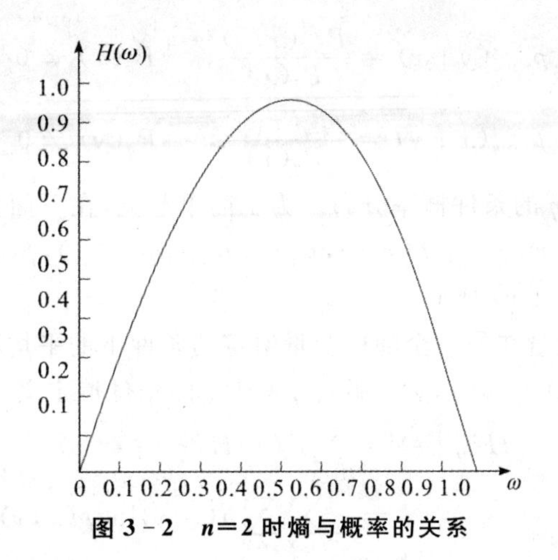

图3-2　$n=2$时熵与概率的关系

9. 上凸性

熵函数$H(\boldsymbol{P})$是概率矢量$\boldsymbol{P}=(p_1,p_2,\cdots,p_q)$的严格∩型凸函数(或称上凸函数),即对任意概率矢量$\boldsymbol{P}_1=(p_1,p_2,\cdots,p_q)$和$\boldsymbol{P}_2=(p_1{}',p_2{}',\cdots,p_q{}')$,及任意$0<\theta<1$,有

$$H[\theta\boldsymbol{P}_1+(1-\theta)\boldsymbol{P}_2]>\theta H(\boldsymbol{P}_1)+(1-\theta)H(\boldsymbol{P}_2) \tag{3-35}$$

此式可根据凸函数的定义来进行证明,作为习题留给读者练习。

正因为熵函数具有上凸性,所以熵函数具有极值,熵函数的最大值存在。

3.2.4　联合熵和条件熵

在上一节中,定义了一个随机变量的熵及基本性质。现在,把熵的定义扩展到两个或多个随机变量上。

1. 联合熵的定义与性质

因为在熵的定义中,没有对随机变量ξ的取值进行限制,所以把熵的定义扩展到两个或多个随机变量上只是形式的推广,因为可以把(ξ,η)看成一个联合随机变量,即

$$P_{\xi,\eta}(x,y)=P_r\{(\xi,\eta)=(x,y)\}=P_r\{\xi=x,\eta=y\} \tag{3-36}$$

则联合熵可表示为

$$E_{\xi,\eta}\{g(\xi,\eta)\}=\sum_{x\in X}\sum_{y\in Y}P_{\xi,\eta}(x,y)g(x,y) \tag{3-37}$$

也可表示为

$$H(\xi,\eta)=-E_{\xi,\eta}\{\log p(\xi,\eta)\}$$

其中$E_{\xi,\eta}\{g(\xi,\eta)\}$表示函数$g(x,y)$在随机变量$\xi,\eta$的联合分布意义下的数学期望。

2. 条件熵的定义与性质

如果$P_{\xi,\eta}(x,y)$是随机变量(ξ,η)的联合分布,那么

$$P_\xi(x)=\sum_{y\in Y}P_{\xi,\eta}(x,y)$$

$$P_\eta(x)=\sum_{x\in X}P_{\xi,\eta}(x,y)$$

分别是(ξ,η)的边缘分布。而

$$p_{\eta\mid\xi}(y\mid x)=\frac{P_{\xi,\eta}(x,y)}{P_{\xi}(x)},\quad P_{\xi}(x)\neq 0$$

$$p_{\xi\mid\eta}(x\mid y)=\frac{p_{\xi,\eta}(x,y)}{P_{\eta}(x)},\quad P_{\eta}(y)\neq 0$$

分别是 η 关于 ξ 与 ξ 关于 η 的条件概率分布。为了简单起见，在下面分别记 $P_{\xi,\eta}(x,y)$，$P_{\xi}(x)$，$P_{\eta}(y)$，$p_{\eta\mid\xi}(y\mid x)$，$p_{\xi\mid\eta}(x\mid y)$ 为 $p(x,\eta)$，$p(x)$，$q(y)$，$q(y\mid x)$，$p(x\mid y)$，这时有 $p(x\mid y)=p(x)q(y\mid x)=q(y)p(x\mid y)$ 成立。

条件熵是一个随机变量在另一个随机变量给定的条件下的平均不确定性，它的定义如下：

定义 3.1　如果 $(\xi,\eta)\sim p(x,y)$，那么 η 关于 ξ 的条件熵定义为

$$\begin{aligned}H(\eta\mid\xi)&=\sum_{x\in X}P(x)H(\eta\mid\xi=x)\\&=-\sum_{x\in X}\sum_{y\in Y}p(x,y)\log p(x,y)\\&=\sum_{x\in X}\sum_{y\in Y}p(x,y)\log q(y\mid x)\\&=-E_{\xi,\eta}\{\log q(\eta\mid\xi)\}\end{aligned}$$

同样 ξ 关于 η 的条件熵定义为

$$\begin{aligned}H(\xi\mid\eta)&=\sum_{y\in Y}P(y)H(\xi\mid\eta=y)\\&=-\sum_{x\in X}\sum_{y\in Y}p(x,y)\log p(x\mid y)\\&=-E_{\xi,\eta}\{\log p(\xi\mid\eta)\}\end{aligned}$$

定理 3.1　对条件熵，总有 $H(\xi,\eta)\geqslant 0$ 成立，且它的等号成立的充分必要条件为：ξ 是一个由 η 决定的随机变量。也就是条件分布 $p(x\mid y)$ 对每个固定的 $Y,y\in Y$ 且 $q(y)>0$，$p(x\mid y)$ 总是一个决定性的分布。

该定理的证明由读者自证。

定理 3.2　联合熵与条件熵的关系可表述为

$$H(\xi,\eta)=H(\xi)+H(\eta\mid\xi)=H(\eta)+H(\xi\mid\eta)$$

证明：

$$\begin{aligned}H(\xi,\eta)&=-\sum_{x\in X}\sum_{y\in Y}p(x,y)\log p(x,y)\\&=-\sum_{x\in X}\sum_{y\in Y}p(x,y)\log p(x)q(y\mid x)\\&=-\sum_{x\in X}\sum_{y\in Y}p(x,y)\log p(x)-\sum_{x\in X}\sum_{y\in Y}p(x,y)\log q(y\mid x)\\&=-\sum_{x\in X}p(x)\log p(x)-\sum_{x\in X}\sum_{y\in Y}p(x,y)\log q(y\mid x)\\&=H(\xi)+H(\eta\mid\xi)\end{aligned}$$

对于定理中的第二个等式也可类似证明，这时利用

$$\log p(x,y)=\log[q(y)p(x\mid y)]=\log q(y)+\log p(x\mid y)$$

对等式两边求期望值也可得到本定理。

定理 3.2 说明，两个随机变量的联合熵可以看成是一个随机变量的熵与另一个随机变量的条件熵的和。由这个定理的证明过程，可得到以下性质：

推论 3.1　对于任何两个随机变量 $(\xi\mid\eta)$，总有 $H(\xi,\eta)\leqslant H(\xi)$，且其中等号成立的充分

必要条件为 η 是 ξ 的函数(或 η 由 ξ 决定)。

该推论可由定理 3.1 与定理 3.2 直接推出。

如果 (ξ,η,ζ) 是三重随机变量,那么可同样定义它们的联合分布、边缘分布与条件分布,这时有

$$\begin{aligned}H(\xi,\eta\mid\zeta)&=-\sum_{x\in X}\sum_{y\in Y}\sum_{z\in Z}p(x,y,z)\log p(x,y\mid z)\\&=H(\xi\mid\zeta)+H(\eta\mid\xi,\zeta)\\&=H(\eta\mid\zeta)+H(\xi\mid\eta,\zeta)\end{aligned}$$

成立。

关于联合熵与条件熵的一般公式见定理 3.3。

定理 3.3　$\xi_1,\xi_2,\cdots,\xi_n$ 是 n 个具有联合分布 $p(x_1,x_2,\cdots,x_n)$ 的随机变量,那么

$$H(\xi_1,\xi_2,\cdots,\xi_n)=\sum_{i=1}^{n}H(\xi_1\mid\xi_{i-1},\cdots,\xi_1)$$

证明:因为

$$p(x_1,x_2,\cdots,x_n)=\prod_{i=1}^{n}p(x_i\mid x_{i-1},\cdots,x_1)$$

所以,有

$$\begin{aligned}H(\xi_1,\xi_2,\cdots,\xi_n)&=-\sum_{x_1,x_2,\cdots,x_n}p(x_1,x_2,\cdots,x_n)\log p(x_1,x_2,\cdots,x_n)\\&=-\sum_{x_1,x_2,\cdots,x_n}p(x_1,x_2,\cdots,x_n)\log\prod_{i=1}^{n}p(x_i\mid x_{i-1},\cdots,x_1)\\&=-\sum_{x_1,x_2,\cdots,x_n}\sum_{i=1}^{n}p(\xi_1,\xi_2,\cdots,\xi_n)\log p(x_i\mid x_{i-1},\cdots,x_1)\\&=-\sum_{i=1}^{n}\sum_{x_1,x_2,\cdots,x_n}p(x_1,x_2,\cdots,x_n)\log p(xi\mid x_{i-1},\cdots,x_1)\\&=-\sum_{i=1}^{n}\sum_{x_1,x_2,\cdots,x_n}p(x_1,x_2,\cdots,x_n)p(xi\mid x_{i-1},\cdots,x_1)\\&=-\sum_{i=1}^{n}H(\xi_i\mid\xi_{i-1},\cdots,\xi_1)\end{aligned}$$

例 3.5　令 (ξ,η) 具有以下联合分布,见表 3-1。

表 3-1　(ξ,η) 联合分布

	1	2	3	4	$\sum$
1	$\frac{1}{8}$	$\frac{1}{16}$	$\frac{1}{32}$	$\frac{1}{32}$	$\frac{1}{4}$
2	$\frac{1}{16}$	$\frac{1}{8}$	$\frac{1}{32}$	$\frac{1}{32}$	$\frac{1}{4}$
3	$\frac{1}{16}$	$\frac{1}{16}$	$\frac{1}{16}$	$\frac{1}{16}$	$\frac{1}{4}$
4	$\frac{1}{4}$	0	0	0	$\frac{1}{4}$
$\sum$	$\frac{1}{2}$	$\frac{1}{4}$	$\frac{1}{8}$	$\frac{1}{8}$	1

ξ与η的边缘分布分别是以上方阵中的最后一行与最后一列，它们分别是$\left(\frac{1}{2},\frac{1}{4},\frac{1}{8},\frac{1}{8}\right)$，$\left(\frac{1}{4},\frac{1}{4},\frac{1}{4},\frac{1}{4}\right)$，由此可求得

$$H(\xi) = \frac{1}{2} + \frac{2}{4} + \frac{6}{8} = \frac{7}{4}$$

$$H(\eta) = 4\,\frac{2}{4} = 2$$

$$H(\xi,\eta) = \frac{1}{4} + 2\,\frac{3}{8} + 6\,\frac{4}{16} + 4\,\frac{5}{32} = \frac{25}{8}$$

对于条件熵，有

$$H(\xi \mid \eta) = H(\xi,\eta) - H(\eta) = \frac{25}{8} - 2 = \frac{9}{8}$$

$$H(\eta \mid \xi) = H(\xi,\eta) - H(\xi) = \frac{25}{8} - \frac{7}{4} = \frac{11}{8}$$

从这个例子可以看出$H(\eta \mid \xi) \neq H(\xi \mid \eta)$，但是有如下结果：

$$H(\xi) - H(\xi \mid \eta) = H(\eta) - H(\eta \mid \xi)$$

3.2.5　互熵与平均互信息

上述给出了熵、联合熵和条件熵的定义与性质，这些熵都是概率分布不确定性的特征值，现在给出两个概率分布“差异性”的度量值，且把这种“差异性”的度量也看成是一种信息量。

1. 互熵的定义与性质

“差异性”的一般度量为互熵，它的定义如下：

定义 3.2　设$p(x)$，$q(x)$是X上的两个概率分布，那么它们的互熵定义为

$$H(p \parallel q) = \sum_{x \in X} p(x) \log \frac{p(x)}{q(x)}$$

在以上定义式中，取$0\log\frac{0}{0} = 0$。另外，如有一个$x \in X$，使$p(x) = 0$，而$q(x) \geqslant 0$，那么取$H(p \parallel q) \to \infty$。

在有些文献中又称互熵为Kullback－leibler散度(Divergence)或Kullback－leibler距离。

互熵的最大优点是它的定义可以推广到任意概率空间，而香农熵则不能，因此在有的文献中建议把互熵作为信息度量的基础。对此在下文中还要详细讨论。

互熵的定义实际上在引理3.2.2中已经给出，因为总有$H(p \parallel q) \geqslant 0$成立，且等号成立的充分必要条件是$p(x) = q(x)$对任何$p(x) \neq 0$的$x$成立，因此把它看成是两个概率分布“差异性”的度量特征。

2. 互信息的定义与性质

互信息实际上是一种特殊的互熵，它的定义如下：

定义 3.3　对于两个随机变量ξ与η，它们的联合分布为$p(x,y)$，边缘分布分别为$p(x)$和$q(y)$，那么ξ与η的互信息$I(\xi;\eta)$为

$$I(\xi;\eta) = H[p(x,y) \parallel p(x)q(y)]$$

$$= \sum_{x\in X}\sum_{y\in Y} p(x,y)\log\frac{p(x,y)}{p(x)q(y)}$$

$$= E_{\xi,\eta}\left(\log\frac{p(\xi,\eta)}{p(\xi)q(\eta)}\right)$$

定理 3.4 由互信息 $I(\xi;\eta)$ 的定义得到如下性质成立：

(1)对称性：

$$I(\xi;\eta) = I(\eta;\xi)$$

(2)互信息与联合熵、条件熵的关系式为

$$I(\xi,\eta) = H(\xi) + H(\eta) - H(\xi,\eta)$$
$$I(\xi,\eta) = H(\xi) - H(\xi \mid \eta)$$
$$I(\xi,\eta) = H(\eta) - H(\eta \mid \xi)$$

(3)非负性，对任何随机变量 ξ,η，总有 $(\xi;\eta)\geqslant 0$ 成立，且等号成立的充分必要条件是 ξ 与 η 为相互独立的随机变量。

(4)如果 f 是从 Y 到 Z 的任意映射，那么必有 $I(\xi,\eta)\geqslant I[\xi,f(\eta)]$ 成立，且等号成立的充分必要条件是 f 是一个 1-1 变换。

(5) $I(\xi,\xi) = H(\xi)$。

该定理的证明由互信息、条件熵的定义直接可得。

3. 条件互信息的定义与性质

利用条件熵的定义，得到下面条件互信息的定义。

定义 3.4 随机变量 ξ 与 η 在给定随机变量 ξ 时的条件互信息为

$$I(\xi\eta \mid \zeta) = H[p(x,y \mid z) \parallel p(x \mid z)q(y \mid z)]$$

$$= E_{\xi,\eta,\zeta}\left\{\log\frac{p(\xi,\eta \mid \zeta)}{p(\xi \mid \zeta)q(\eta \mid \zeta)}\right\}$$

$$= \sum_{(x,y,z)\in X\otimes Y\otimes Z} p(x,y,z)\log\frac{p(x,y,z)}{p(x \mid z)q(y \mid z)}$$

条件互信息满足以下递推性质。

定理 3.5 如果 $(\xi_1,\xi_2,\cdots,\xi_n)$，$\eta$ 是一组随机变量，那么它们的互信息关系式

$$I[(\xi_1,\xi_2,\cdots,\xi_n);\eta] = \sum_{i=1}^{n} I(\xi_i;\eta \mid \xi_1,\xi_2,\cdots,\xi_{i-1})$$

成立。

证明：

$$I(\xi_1,\xi_2,\cdots,\xi_n;\eta) = H(\xi_1,\xi_2,\cdots,\xi_n) - H(\xi_1,\xi_2,\cdots,\xi_n \mid \eta)$$

$$= \sum_{i=1}^{n} H(\xi_1 \mid \xi_{i-1},\cdots,\xi_1) - \sum_{i=1}^{n} H(\xi_1 \mid \xi_{i-1},\cdots,\xi_1,\eta)$$

$$= \sum_{i=1}^{n} I(\xi_i;\eta \mid \xi_1,\xi_2,\cdots,\xi_{i-1})$$

由定理 3.5 可以推出以下性质。

推论 3.2 (1)当 $n=2$ 时，定理 3.5 变为

$$I(\xi;(\eta \mid \zeta)) = I(\xi;\eta) + I(\xi,\zeta \mid \eta)$$

这就是著名的柯莫各洛夫公式。

(2)对任何 3 个随机变量 (ξ,η,ζ)，总有 $I(\xi;(\eta,\zeta)) \geqslant I(\xi;\eta)$，且等号成立的充分必要条件是：$\xi \to \eta \to \zeta$ 是一个马尔可夫链。

(3)条件互信息与熵、条件熵的关系：

$$\begin{aligned} I(\xi;(\eta \mid \zeta)) &= H(\xi \mid \zeta) + H(\eta \mid \zeta) - H(\xi,\eta \mid \zeta) \\ &= H(\xi \mid \zeta) - H(\xi \mid \eta,\zeta) \\ &= H(\mu \mid \zeta) - H(\eta \mid \xi,\zeta) \end{aligned}$$

证明：推论中的命题(1)由定理 3.5 直接推出，命题(2)由命题(1)推出，因为总有 $I(\eta;(\xi \mid \zeta)) \geqslant 0$ 成立，且等号成立的充分必要条件是：ξ 与 ζ 关于 η 条件独立，$\xi \to \eta \to \zeta$ 是一个马尔可夫链，命题(3)由条件互熵的定义直接推出。

$H(\xi)$，$H(\eta)$，$H(\xi,\eta)$，$H(\xi \mid \eta)$，$H(\eta \mid \xi)$ 与 $I(\xi,\eta)$ 之间的关系如图 3－3 所示。注意互信息 $I(\xi;\eta)$ 对应交集部分。

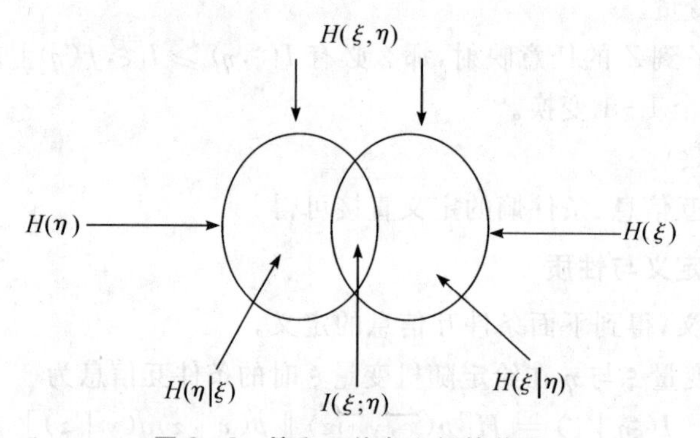

图 3－3　熵和互信息之间的关系

4. 平均互信息的定义与性质

(1)平均互信息的定义。前面已经给出了互信息的定义，但互信息量不能从整体上作为信道中信息流通的测度。这种测度应该是从整体的角度出发，在平均意义上度量每通过一个符号流经信道的平均信息量。同时作为一个测度，它不能是随机量，而是一个确定的量。为了客观地测度信道中流通的信息，定义互信息在联合概率空间中的统计平均值：

$$\begin{aligned} I(X;Y) = E[I(a_i;b_j)] &= \sum_{i=1}^{n}\sum_{j=1}^{m} p(a_ib_i)I(a_i;b_i) \\ &= \sum_{i=1}^{n}\sum_{j=1}^{m} p(a_ib_i)\log\frac{p\left(\dfrac{a_i}{b_i}\right)}{p(a_i)} \end{aligned}$$

称 $I(X;Y)$是 Y 对 X 的平均互信息量，简称平均互信息，也称平均交互信息量或者交互熵。同理，X 对 Y 的平均互信息定义为

$$I(Y;X) = \sum_{i=1}^{n}\sum_{j=1}^{m} p(a_ib_j)\log\frac{p(b_j/a_i)}{p(b_j)}$$

平均互信息 $I(X;Y)$克服了互信息量的随机性，成为一个确定的量，因此可作为信道中流通信息量的整体测度。

平均互信息量的物理意义：

$$
\begin{aligned}
I(X;Y) \leqslant H(Y) &= \sum_{i=1}^{n}\sum_{j=1}^{m} p(a_i b_j) I(a_i;b_j) \\
&= \sum_{i=1}^{n}\sum_{j=1}^{m} p(a_i b_j) I(b_i;a_j) \\
&= I(Y;X) \\
&= H(Y) + H(X) - H(XY)
\end{aligned}
$$

平均互信息量是收到 Y 前、后关于 X 的不确定度减少的量，即由 Y 获得的关于 X 的平均信息量，有

$$
\begin{aligned}
I(Y;X) &= H(Y) - H(Y/X) \\
&= \sum_{i=1}^{n}\sum_{j=1}^{m} p(a_i b_j)[\log p(a_i b_j) - \log p(a_i) - \log p(b_j)] \\
&= H(Y) + H(X) - H(XY)
\end{aligned}
$$

平均互信息量是发送 X 前、后关于 Y 的平均不确定度减少的量。平均互信息量等于通信前、后整个系统不确定度减少的量。

(2)平均互信息的性质。

1)对称性：

$$
I(Y;X) = I(X;Y) \geqslant 0
$$

$$
I(Y;X) = I(X;Y)
$$

根据

$$
\begin{aligned}
I(X;Y) &= \sum_{i=1}^{n}\sum_{j=1}^{m} p(a_i b_j) I(a_i;b_j) \\
&= \sum_{i=1}^{n}\sum_{j=1}^{m} p(a_i b_j) I(b_i;a_j) \\
&= I(Y;X)
\end{aligned}
$$

根据平均互信息量的对称性说明：对于信道两端的随机变量 X 和 Y，由 Y 提取到的关于 X 的信息量与从 X 中提取的关于 Y 的信息量是一样的。

2)非负性：

$$
I(Y;X) = I(X;Y) \geqslant 0
$$

平均互信息量的非负性告诉我们：从整体和平均的意义上来说，信道每传递一条消息，总能提供一定的信息量，或者说接收端每收到一条消息，总能提取到关于信息源的信息量，等效于总能使信源的不确定度有所下降。也可以说从一个事件提取关于另一个事件的信息，最坏的情况是信息量是 0，不会由于知道了一个事件，反而使另一个事件的不确定度增加。当然，保密通信中的故意置乱的情况除外。

3)极值性：

$$
I(X;Y) \leqslant H(Y)
$$

$$
I(X;Y) \leqslant H(X)
$$

平均互信息量的极值性，说明从一个事件提取关于另一个事件的信息量，至多是另一个事件的熵那么多，不会超过另一个事件自身所含的信息量。

4)凸函数性：

$$I(X;Y)=\sum_{i=1}^{n}\sum_{j=1}^{m}p(a_ib_j)\frac{\log p\left(\frac{a_i}{b_j}\right)}{\log p(a_i)}$$

$$p(a_ib_j)=p(a_i)p\left(\frac{b_j}{a_i}\right)=p(b_j)p\left(\frac{a_i}{b_j}\right)$$

$$I(X;Y)=\sum_{i=1}^{n}\sum_{j=1}^{m}p(a_i)p\left(\frac{b_j}{a_i}\right)\log\frac{p\left(\frac{b_j}{a_i}\right)}{\sum_{i=1}^{n}p(a_i)p\left(\frac{b_j}{a_i}\right)}$$

由平均互信息量的定义可以看出：平均互信息量 $I(X;Y)$是输入信源概率分布的上凸函数，是信道转移概率分布的下凸函数。如果上凸函数在该函数的定义域内有极值的话，这个极值一定是极大值；而下凸函数在定义域内的极值一定是极小值。由此可见，这是两个互为对耦的问题，在以后的讨论中，我们会逐渐明白，极大值是研究信道容量的理论基础，而极小值是研究信源的信息率失真函数的理论基础。

3.3　离散多符号序列信源信息度量

在实际应用中，很多信源输送的不是一个单一的符号，而是一个符号序列。序列的每一位的符号出现也是随机的，但符号之间的出现具有统计依赖关系，这种信源是多符号离散信源。通常用随机矢量或随机变量来描述信源消息，假定信源所发符号序列的概率分布与时间的起点无关，这种信源就称之为多符号离散平稳信源。如果信源输出的消息序列中，符号之间无相互依赖关系，则称此信源为离散平稳无记忆信源。

一般情况下，假定随机变量序列的长度是有限的，如果有一个离散无记忆的信源 X，取值于$\{a_1,a_2,\cdots,a_n\}$，其输出的消息序列用长度为 N 的序列来表示，则组成了一个新的信源。其消息序列可以记为 $X=(X_1,X_2,\cdots,X_N)$，根据单符号离散信源的数学模型：

$$\begin{pmatrix}X\\P(X)\end{pmatrix}=\begin{Bmatrix}a_1,\ a_2,\ \cdots,\ a_n\\p(a_1),p(a_1),\cdots,p(a_n)\end{Bmatrix},\sum_{i=1}^{n}p(a_i)=1$$

则信源 X 的 N 次扩展新的信源 X^N有 n^N个消息序列，相应的数学模型为

$$\begin{pmatrix}X^N\\P(X)\end{pmatrix}=\begin{Bmatrix}b_1,\ b_2,\ \cdots,\ b_q\\p(b_1),p(b_1),\cdots,p(b_q)\end{Bmatrix},\sum_{i=1}^{q=n^N}p(b_i)=1$$

且信源 X^N的熵有以下结论

$$H(X^N)=NH(X)$$

例 3.6　有一离散平稳无记忆信源：

$$\begin{pmatrix}X\\P(X)\end{pmatrix}=\begin{Bmatrix}a_1,\ a_2\\\frac{1}{2},\ \frac{1}{2}\end{Bmatrix},\sum_{i=1}^{2}p(a_i)=1$$

求这个信源的二次扩展信源的熵。

根据信源扩展的定义，新的信源的消息序列有 $2^2=4$ 个，则新的信源的样本概率空间为

$$\begin{pmatrix} X^2 \\ P(X) \end{pmatrix} = \begin{Bmatrix} b_1, b_2, b_3, b_4 \\ \frac{1}{4}, \frac{1}{4}, \frac{1}{4}, \frac{1}{4} \end{Bmatrix}, \sum_{i=1}^{4} p(b_i) = 1$$

按照熵的定义新的信源的熵为

$$H(X^2) = -\sum_{i=1}^{4} p(b_i) \log_2^{p(b_i)} = 2(\text{bit})$$

可以验证

$$H(X^2) = 2H(X) = 2 \times 1 = 2(\text{bit})$$

3.4　连续信源信息度量

连续信源是指输出消息在时间和取值上都连续的信源，如语音等。就统计特性来说，连续随机过程可分为平稳和非平稳随机过程两大类。一般地，通信系统的信号都是平稳的随机过程，所以常用平稳的随机过程来描述连续信源。

计算连续信源的熵可以通过上述介绍的离散信源熵的方法或者通过时间抽样把连续消息变换成时间离散的函数的方法。连续信源也有单变量和多变量之分，由于多变量的情况比较复杂，本节仅对单变量连续信源的信息度量进行讨论。

单变量的连续信源的输出是取值连续的随机变量，可用变量的密度函数、变量间的条件概率密度和联合概率密度来描述。假设随机变量 X 的一维概率密度函数为

$$p_X(x) = \frac{\mathrm{d}F(x)}{\mathrm{d}x} = \int_{-\infty}^{+\infty} p_{xy}(xy)\mathrm{d}y \quad p_Y(y) = \frac{\mathrm{d}F(y)}{\mathrm{d}y}\int_{-\infty}^{+\infty} p_{xy}(xy)\mathrm{d}x$$

其中 X 和 Y 的取值是全实数轴，如果概率密度在有限区域，则在该区域之外概率密度函数为零。$F(x)$，$F(y)$ 分别为变量 X，Y 的一维概率分布函数：

$$F(x) = P(X \leqslant x) = \int_{-\infty}^{x} p_X(x)\mathrm{d}x \qquad F(y) = P(Y \leqslant y) = \int_{-\infty}^{y} p_Y(y)\mathrm{d}y$$

条件概率密度函数为

$$p_{X/Y}(x/y) \qquad p_{Y/X}(y/x)$$

联合概率密度函数为

$$p_{XY}(xy) = \frac{\partial F(x,y)}{\partial x \partial y}$$

式中

$$p_{XY}(xy) = p_X(X)p_{Y/X}(y/x) = p_Y(Y)p_{X/Y}(x/y)$$

单变量连续信源的数学模型为

$$X: \begin{Bmatrix} R \\ p(x) \end{Bmatrix}$$

满足

$$\int_{-\infty}^{+\infty} p(x)\mathrm{d}x = 1$$

按照计算连续信源熵的第二种方法，将连续信源在时间上离散化，再对连续变量进行量化

分割，用离散变量逼近连续变量。量化分割区间越小，离散变量与连续变量越接近，当分割区间接近于零时，离散变量等于连续变量。故定义连续信源的熵为

$$H(X)=-\int_{-\infty}^{+\infty}p(x)\log_2 p(x)\mathrm{d}x$$

上式定义的熵虽然形式上和离散信源熵相似，满足离散熵的主要特性，但在概念上和离散熵有差异，比如连续熵不具备非负性。同样，可以定义两个连续变量的联合熵为

$$H(XY)=-\int_{-\infty}^{+\infty}\int_{-\infty}^{+\infty}p(xy)\log_2 p(xy)\mathrm{d}x\mathrm{d}y$$

条件熵为

$$H(X/Y)=-\int_{-\infty}^{+\infty}\int_{-\infty}^{+\infty}p(xy)\log_2 p(y/x)\mathrm{d}x\mathrm{d}y$$

$$H(Y/X)=-\int_{-\infty}^{+\infty}\int_{-\infty}^{+\infty}p(xy)\log_2 p(x/y)\mathrm{d}x\mathrm{d}y$$

现在我们来看几个特殊连续信源的信源熵

1. 均匀分布的连续信源的熵

一维连续速记变量 X 在$[a,b]$区间内均匀分布时，其熵为

$$H(X)=\log_2(b-a)$$

若 N 维矢量 $X=(X_1,X_2,\cdots,X_N)$ 中各分量彼此统计独立，且分别在$[a_1,b_1][a_2,b_2]\cdots[a_N,b_N]$的区域内均匀分布，则 N 维均匀分布连续信源的熵可表示为

$$H(X)=\sum_{i=1}^{N}\log_2(b_i-a_i)=H(X_1)+H(X_2)+\cdots+H(X_N)=\log_2\prod_{i=1}^{N}(b_i-a_i)$$

上式说明，连续随机矢量中各分量相互统计独立时，其矢量的信息熵就等于各单个随机变量的熵的和。

2. 高斯分布的连续信源的熵

设一维随机变量 X 的概率密度函数成正态分布，即

$$p(x)=\frac{1}{\sqrt{2\pi\sigma^2}}\mathrm{e}^{-\frac{(x-m)^2}{2\sigma^2}}$$

X 的方差为

$$\sigma^2=E[(X-m)^2]=\int_{-\infty}^{+\infty}(x-m)^2p(x)\mathrm{d}x$$

这个连续信源的熵为

$$\begin{aligned}H(X)&=-\int_{-\infty}^{+\infty}p(x)\log_2 p(x)\mathrm{d}x\\&=-\int_{-\infty}^{+\infty}p(x)\log_2\frac{1}{\sqrt{2\pi\sigma^2}}\mathrm{e}^{-\frac{(x-m)^2}{2\sigma^2}}\mathrm{d}x\\&=\frac{1}{2}\log_2 2\pi\mathrm{e}\sigma^2\end{aligned}$$

上式说明高斯连续信源的熵与方差有关而与数学期望无关。也体现了信源熵的总体特性性质。

3. 指数分布的连续信源的熵

设一维随机变量 X 的取值区间为$[0,+\infty)$，其概率密度函数为

$$p(x)=\frac{1}{m}e^{-\frac{x}{m}}(x\geqslant 0)$$

其中常数 m 是随机变量 X 的数学期望，即

$$E(X)=\int_0^{+\infty}xp(x)dx=\int_0^{+\infty}x\frac{1}{m}e^{-\frac{x}{m}}dx=m$$

则指数分布的连续信源的熵为

$$\begin{aligned}H(X)&=-\int_0^{+\infty}p(x)\log_2 p(x)dx\\&=-\int_0^{+\infty}p(x)\log_2\frac{1}{m}e^{-\frac{x}{m}}dx\\&=\log_2 m\int_0^{+\infty}p(x)dx+\frac{\log_2 e}{m}\int_0^{+\infty}xp(x)dx\\&=\log_2 me\end{aligned}$$

其中 $\int_0^{+\infty}p(x)dx=1,\log_2 x=\log_2 e\cdot\ln x$ 。

上式说明，指数分布的连续信源的熵与随机变量的数学期望有关。

习 题 3

3.1 试问四进制、八进制脉冲所含信息量是二进制脉冲的多少倍？

3.2 一副充分洗乱了的牌(含52张牌)，试问：

(1)任一特定排列所给出的信息量是多少？

(2)若从中抽取13张牌，所给出的点数都不相同，能得到多少信息量？

3.3 居住某地区的女孩子有25%是大学生，在女大学生中有75%是身高160cm以上的，而女孩子中身高160cm以上的占总数的一半。假如我们得知“身高160cm以上的某女孩是大学生”的消息，问获得多少信息量？

3.4 从大量统计资料知道，男性中红绿色盲的发病率为7%，女性发病率为0.5%，如果你问一位男士：“你是否是色盲？”他的回答可能是“是”，可能是“否”，问这两个回答中各含有多少信息量？平均每个回答中含有多少信息量？如果问一位女士，则答案中含有的平均自信息量是多少？

3.5 同时掷两个正常的骰子，也就是各面呈现的概率都为1/6，求：

(1)“3和5同时出现”这事件的自信息量；

(2)“两个1同时出现”这事件的自信息量；

(3)两个点数的各种组合(无序对)的熵或平均信息量；

(4)两个点数之和(即2,3,…,12构成的子集)的熵；

(5)两个点数中至少有一个是1的自信息量。

3.6 对某城市进行交通忙闲的调查，并把天气分成晴、雨两种状态，气温分成冷、暖两个状态，调查结果得到联合出现的相对频度如图3-4所示。

若把这些频度看作概率测度，求：

(1)忙闲的无条件熵；

(2)天气状态和气温状态已知时忙闲的条件熵；

(3)从天气状态和气温状态获得的关于忙闲的信息。

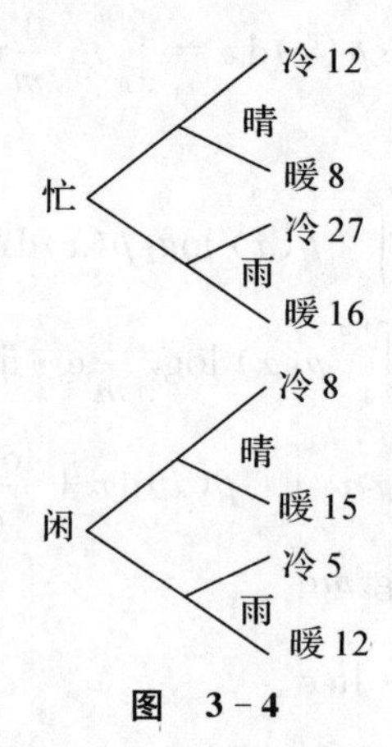

图 3-4

3.7 有两个二元随机变量 X 和 Y，它们的联合概率为见表 3-2。

表 3-2

X \ Y	0	1
0	1/8	3/8
1	3/8	1/8

定义另一随机变量 $Z = XY$（一般乘积）。试计算：

(1) $H(X)$，$H(Y)$，$H(Z)$，$H(XZ)$，$H(YZ)$ 和 $H(XYZ)$；

(2) $H(X/Y)$，$H(Y/X)$，$H(X/Z)$，$H(Z/X)$，$H(Y/Z)$，$H(Z/Y)$，$H(X/YZ)$，$H(Y/XZ)$ 和 $H(Z/XY)$；

(3) $I(X;Y)$，$I(X;Z)$，$I(Y;Z)$，$I(X;Y/Z)$，$I(Y;Z/X)$ 和 $I(X;Z/Y)$。

3.8 设有一个信源，它产生 0，1 序列的信息。它在任意时间而且不论以前发生过什么符号，均按 $p(0) = 0.4$，$p(1) = 0.6$ 的概率发出符号。

(1)试问这个信源是否是平稳的？

(2)试计算 $H(X^2)$，$H(X_3/X_1X_2)$ 及 $\lim\limits_{N\to\infty} H(X)$。

(3)试计算 $H(X^4)$ 并写出 X^4 信源中可能有的所有符号。

3.9 令电视的分辨率为 500×600，灰度为 10；令文章中的字可从一万个字中任意挑选，分别求出一幅电视画面与一篇千字的文章中平均所含的信息量，并比较它们的大小。

3.10 设两只口袋中各有 20 个球，第一只口袋中有 10 个白球、5 个黑球和 5 个红球；第二只口袋中有 8 个白球、8 个黑球和 4 个红球，从每只口袋中各取一球，试判断哪一个结果的不肯定性更大。

3.11 令 ξ 与 η 的联合分布 ξ 与 η 如下：$p(0,0) = \dfrac{1}{3}$，$p(0,1) = \dfrac{1}{3}$，$p(1,0) = 0$，$p(1,1) = \dfrac{1}{3}$，求：

(1) $H(\xi),H(\eta)$；

(2) $H(\xi\mid\eta),H(\eta\mid\xi)$；

(3) $H(\xi\mid\eta)$；

(4) $H(\eta)-H(\eta\mid\xi)$；

(5) $I(\xi;\eta)$；

(6)画出上述各信息量之间关系的韦恩图。

3.12　令 ξ,η 与 ζ 是联合随机变量，证明下列不等式并指出其中等式成立的条件。

(1) $H(\xi,\eta\mid\zeta)\geqslant H(\xi\mid\zeta)$；

(2) $I(\xi,\eta,\zeta)\geqslant I(\xi;\zeta)$；

(3) $H(\xi,\eta,\zeta)-H(\xi,\eta)\leqslant H(\xi,\zeta)-H(\xi)$；

(4) $I(\xi;\zeta\mid\xi)-I(\zeta;\eta)+I(\xi;\zeta)\leqslant I(\xi;\zeta\mid\eta)$。

3.13　令 $\{p_1,p_2,\cdots,p_a\}$ 是一个概率分布，并令 $q_m=p_{m+1}+\cdots+p_a$，证明：

$$H(p_1,p_2,\cdots,p_a)\leqslant H(p_1,\cdots,p_m,q_m)+q_m\log(a-m)$$

并指出何时等号成立。

3.14　设 ξ 与 $\eta=(\eta_1,\cdots,\eta_n)$ 是随机变量，试问 $I(\xi;\eta)\leqslant\sum_{i=1}^{n}I(\xi;\eta_i)$ 是否成立？

3.15　设 ξ 是取 m 个值 $x_1,x_2,\cdots,x_m$ 的随机变量，令 $p(\xi=x_m)=a$，试证：

$$H(\xi)=p\log\frac{1}{p}+(1-p)\log\frac{1}{1-p}+(1-p)H(\eta)$$

其中，η 是取 $m-1$ 个值 $x_1,x_2,\cdots,x_{m-1}$ 的随机变量，且

$$p(\eta=x_j)=\frac{p(\xi=x_j)}{(1-p)},\quad 1\leqslant j\leqslant m-1$$

进一步证明：

$$H(\xi)=a\log\frac{1}{p}+(1-p)\log\frac{1}{1-p}+(1-p)\log(m-1)$$

并确定其中等号成立的条件。

3.16　令 $p=\{p_1,\cdots,p_a\}$ 是一个概率分布，满足 $p_a\leqslant\cdots\leqslant p_2\leqslant p_1$，假设 $\varepsilon>0$ 使得 $p_1-\varepsilon\geqslant p_2+\varepsilon$ 成立，证明：

$$H(p_1,\cdots,p_a)\leqslant H(p_1-\varepsilon,p_2+\varepsilon,p_3,\cdots,p_a)$$

3.17　令 $\xi_1\rightarrow\xi_2\rightarrow\cdots\rightarrow\xi_a$ 按顺序形成一个马氏链，即

$$H(\xi_1x_2,\cdots,x_a)=p(x_1)p(x_2\mid x_1)\cdots p(x_a\mid x_{n-1})$$

根据数据处理不等式把 $I(\xi_1;\xi_2,\cdots,\xi_a)$ 化成最简单的形式。

3.18　令 $p(x)$ 是一个概率函数，证明对所有的 $d\geqslant 0$，有

$$p\left[p(\xi)\leqslant d\log\left(\frac{1}{d}\right)\right]\leqslant H(\xi)$$

3.19　令 ξ_1 与 ξ_2 具有相同的分布，但它们并不需要是独立的，令

$$\rho=1-\frac{H(\xi_2\mid\xi_1)}{H(\xi_1)}$$

证明：

$$\rho=\frac{I(\xi_1;\xi_2)}{H(\xi_1)}$$

3.20　举出联合随机变量 $I(x_iy_j)=I(x_i)+I(y_j)$ 的例子使之满足：

(1) $I(\xi;\eta\mid\zeta)<I(\xi;\eta)$；

(2) $I(\xi;\eta\mid\zeta)<I(\xi;\eta)$。

3.21　一个函数 $\rho(\xi,\eta)$ 是一个测度，如果对所有的 ξ,η，有

(1) $0\leqslant\rho(\xi,\eta)$；

(2) $\rho(\xi,\eta)=\rho(y,x)$；

(3) $\rho(\xi,\eta)=0$ 当且仅当 $x=y$；

(4) $P(x,z)\leqslant\rho(\xi,\eta)+\rho(y,z)$。

证明：

(1) $\rho(\xi,\eta)=H(\xi\mid\eta)+H(\eta\mid\xi)$ 具有以上性质，因此它是一个测度。

(2) $\rho(\xi,\eta)$ 还可以表示为

$$\begin{aligned}\rho(\xi,\eta)&=H(\xi)+H(\eta)-2I(\xi;\eta)\\&=H(\xi,\eta)-I(\xi;\eta)\\&=2H(\xi,\eta)-H(\xi)-H(\eta)\end{aligned}$$

3.22　证明：如果 $H(\xi\mid\eta)=0$，则 η 是 ξ 的一个函数，即对所有满足 $f(x)=\frac{1}{2}\lambda e^{-\lambda|x|}\mu_i\begin{pmatrix}0.9&0.1\\0.1&0.9\end{pmatrix}$ 的 x,y 只有一个可能的值使得 $p(x,y)>0$。

3.23　令 $X=(\xi_1,x_2,\cdots,x_a)$ 与 $Y=(y_1,y_2,\cdots,y_m)$ 为两个随机变量，f 和 g 分别是 n 和 m 元函数，证明：

$$I[f(\xi);g(\eta)]\leqslant I(\xi;\eta)$$

3.24　设 $\xi_0\rightarrow\xi_1\rightarrow\cdots\rightarrow\xi_a$ 按顺序形成一个马氏链，证明 $H(\xi_0\mid\xi_a)$ 随着 n 递减而递减。

3.25　估计下列分布的微分熵 $H(f)=\int_{-\infty}^{+\infty}f(x)\ln f(x)\mathrm{d}x$：

(1)（指数分布）$f(x)=\lambda e^{-\lambda x},x\geqslant0$；

(2)（Laplace 分布）$f(x)=\frac{1}{2}\lambda e^{-\lambda|x|}$；

(3) ξ_1 与 ξ_2 的和，其中 ξ_1 与 ξ_2 是独立的正态随机变量，期望为 μ_i，方差为 σ_i，$i=1,2$。

3.26　简述最大离散熵定理。对于一个有 m 个符号的离散信源，其最大熵是多少？

3.27　请用公式表示平均互信息量与各种熵的关系，并给出式中的熵的名称。

3.28　二元对称信道的信道矩阵为 $\begin{pmatrix}0.9&0.1\\0.1&0.9\end{pmatrix}$，信道传输速度为 1 500 二元符号/秒，设信源为等概率分布，信源消息序列共有 13 000 个二元符号，试计算能否在 10 秒内将信源消息序列无失真传送完。

3.29　若有两个消息 x_i,y_j 同时出现，用联合概率 $p(x_iy_j)$ 表示，联合自信息量为 $I(x_iy_j)=-\log p(x_iy_j)$，试证明当 x_i 和 y_j 相互独立时，即 $p(x_iy_j)=p(x_i)p(y_j)$ 时成立。

信源编码篇

第4章　信息率失真理论与信息率失真函数

4.1 引　言

在实际中，由于信道带宽总是有限的，所以信道容量总是受限制的，要想无失真传输信息，往往所需的信息率要大大超过信道容量，即 $R \gg C$，根据信道编码定理，信道不可能实现对消息的完全无失真传输。此外，随着科技的发展，需要传送、存储和处理大量的数据。为了提高传输和处理效率，往往需要对数据进行压缩，这样也会带来一定的信息损失。

既然允许一定的失真存在，那么对信息率的要求便可降低。换言之，就是允许压缩信源输出的信息率。信息率与允许失真之间的关系，就是信息率失真理论所要研究的内容。

信息率失真理论是由香农提出的，起初并没有引起人们的注意，直到1959年，香农发表了《保真度准则下的离散信源编码定理》这篇重要文章之后，才得到人们的重视。在这篇文章中，香农定义了信息率失真函数 $R(D)$，并论述了关于这个函数的基本定理。定理指出：在允许一定失真度 D 的情况下，信源输出的信息率可压缩 $R(D)$ 值。

信息率失真理论是量化、数模转换、频带压缩和数据压缩的理论基础，下面进行详细讨论。

4.1.1 信息率失真理论

引入限失真是非常必要的，因为失真在传输中是不可避免的，接收者（信宿）无论是人还是机器设备，都有一定的分辨能力与灵敏度，超过分辨能力与灵敏度的信息传送过程是毫无意义的。倘若信宿能分辨、能判别，且对通信质量的影响不大，则称这种失真为允许范围内的失真。我们的目的就是研究不同类型的客观信源与信宿，在给定要求下的最大允许（容忍）失真 D，及其相应的信源最小信息率 $R(D)$。对限失真信源，应该传送的最小信息率是 $R(D)$，而不是无失真情况下的信源熵 $H(X)$。显然 $H(X)$ 大于等于 $R(D)$，当且仅当 D 等于0时等号成立。为了定量度量 D，必须建立信源的客观失真度量，并与 D 建立定量关系，$R(D)$ 函数是限失真信源编码的理论基础。

4.1.2 信息率失真函数 $R(D)$

定义信源与信宿联合空间上的失真测度如下：

$$d(u_iv_j);U\times V\rightarrow \mathbf{R}^+[0,\infty) \tag{4-1}$$

式中，$u_i\in U$（单消息信源空间）；$v_j\in V$（单消息信宿空间），则有

$$\bar{d}=\sum_{u_i}\sum_{v_j}p(u_iv_j)d(u_iv_j) \tag{4-2}$$

式中，$\bar{d}$ 为统计平均失真。它在信号空间中可以类似看作距离，它具有以下性质：

(1) $d(u_iv_j)=0$，当 $u_i=v_j$；

(2) $\min\limits_{u_i\in U,v_j\in V} d(u_iv_j)=0$；

(3) $0\leqslant d(u_iv_j)<\infty$。

对于离散信源和连续信源，失真测度的计算形式不同。

对于离散信源，$d(u_iv_j)=d_{ij}$，其中 $i,j=1,2,\cdots,n$，则有

$$\left.\begin{aligned}d_{ij}&=0,\text{当 } i=j(\text{无失真})\\ d_{ij}&>0,\text{当 } i\neq j(\text{有失真})\end{aligned}\right\} \tag{4-3}$$

若取 d_{ij} 为汉明距离，则有

$$d_{ij}=\begin{cases}0,\text{当 } i=j(\text{无失真})\\ 1,\text{当 } i\neq j(\text{有失真})\end{cases} \tag{4-4}$$

对连续信源，失真可用二元函数 $d(u,v)$ 表示，则有

$$d(u,v)=\sqrt{u^2-v^2}=|u-v| \tag{4-5}$$

推而广之，$d(u,v)$ 可表示任何用 v 表达 u 时所引进的失真、误差、损失或风险，甚至是主观感觉上的差异等等。

进一步定义允许失真 D 为平均失真的上界，即

$$D\geqslant\bar{d}=\sum_i\sum_j p(u_i,v_j)d(u_i,v_j)=\sum_i\sum_j p_iP_{ji}d_{ij} \tag{4-6}$$

在讨论信息率失真函数时，考虑到信源与信宿之间有一个无失真信道，称它为试验信道，对离散信源可记为 P_{ji}，对限失真信源这一试验信道集合可定义为

$$P_D=\{P_{ji}:D\geqslant\bar{d}=\sum_i\sum_j p_iP_{ji}d_{ij}\} \tag{4-7}$$

根据前面在互信息中已讨论过的性质：$I(U;V)=I(p_i;P_{ji})$。且互信息是 p_i 的上凸函数，其极限值存在且为信道容量：$C=\max\limits_{p_i}I(p_i;P_{ji})$。这里，给出其对偶定义：$R(D)=\min\limits_{P_{ji}\in P_D}I(U;V)=\min\limits_{P_{ji}\in P_D}I(p_i;P_{ji})$。即互信息是 P_{ji} 的下凸函数，其极限值存在且为信息率失真函数。它还存在以下等效定义，即

$$\left.\begin{aligned}D(R)&=\min_{P_{ji}\in P_R}D\geqslant\bar{d}=\sum_i\sum_j p_iP_{ji}d_{ij}\\ P_R&=\{P_{ji}:I(U;V)\leqslant R(\text{给定失真率})\}\end{aligned}\right\} \tag{4-8}$$

式中，$D(R)$ 为失真信息率函数，是 $R(D)$ 的逆函数，其功能是求在最大允许速率情况下的最大失真 D。

至此，已给定 $R(D)$ 函数的一个初步描述，如图 4-1 所示。

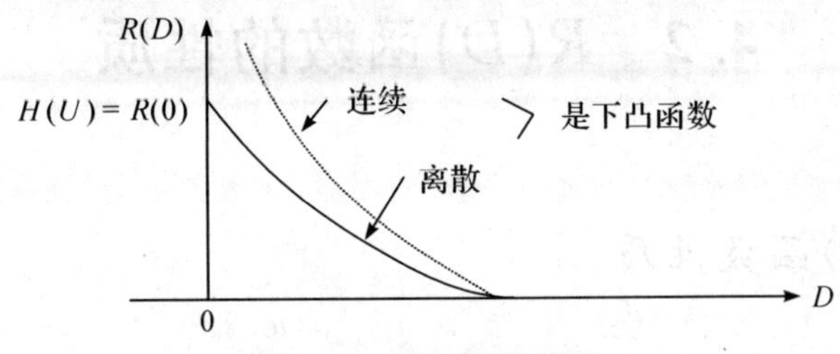

图 4-1　$R(D)$函数描述

由定义可知，$R(D)$ 是在限定失真为最大允许失真 D 时信源最小信息速率，它是通过改变试验信道 P_{ji} 特性(实际上是信源编码)来达到的。所以 $R(D)$ 是表示不同 D 值时对应的理论最小信息速率值。

然而对于不同的实际信源，存在着不同类型的信源编码即不同的试验信道特性 $P_{ji}{}'$，并可以求解出不同的信息率失真 $R'(D)$函数，它与理论上最佳的 $R(D)$之间存在着差异，它反映了不同信源编码方法性能的优劣，这也正是 $R(D)$函数的理论价值所在。特别对于连续信源，无失真是毫无意义的，这时 $R(D)$函数具有更大的价值。

例 4.1　若有一个离散、等概率单消息(或无记忆)二元信源 $p(u_0)=p(u_1)=\frac{1}{2}$，且采用汉明距离作为失真度量标准，即 $d_{ij}=\begin{cases}0, u_i=u_j\\1, u_i\neq u_j\end{cases}$，若有一具体信源编码方案为：$N$ 个码元中允许错一个码元，实现时 N 个码元仅送 $N-1$ 个，剩下一个不送，在接收端用随机方式决定(例如，掷硬币方式)。此时，速率 R'及平均失真 D 相应为

$$R'=\frac{N-1}{N}=1-\frac{1}{N}$$

$$D=\frac{1}{N}\times\frac{1}{2}=\frac{1}{2N}$$

故得
$$R'(D)=1-\frac{1}{N}=1-2\times\frac{1}{2N}=1-2D$$

若已知这一类信源理论上的 $R(D)=H\left(\frac{1}{2}\right)-H(D)$，则 $R(D)$理论与实示取值如图4-2所示。

图 4-2 中，阴影范围表示实际信源编码方案与理论值间的差距，我们完全可以找到更好，即更靠近理论值，缩小阴影范围的信源编码，这就是我们在具体应用时寻找好的信源编码的方向。

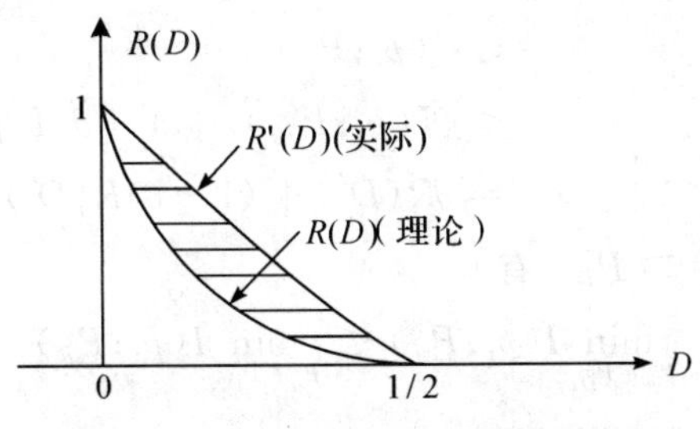

图 4-2　$R(D)$理论与实际取值示意图

4.2 $R(D)$函数的性质

4.2.1 $R(D)$函数性质

在讨论 $R(D)$ 性质以前先简要介绍 $R(D)$ 的定义域。对于离散区间 $[0,D_{\max}]$，对应$R(D)$值是 $R(0)=\max R(D)=H(p)$，$R(D_{\max})=\min R(D)$。对于连续区间 $[D_{\min},D_{\max}]$，$R(D_{\min})=H_c(p)\to\infty$，$R(D_{\max})=\min R(D)$。$D$ 值 $R(D)$函数性质可用下列定理总结：

定理 4.1　对离散、单个消息限定失真信源，其 $R(D)$ 函数满足下列性质：

(1) $R(D)$ 是 D 的下凸函数；

(2) $R(D)$ 是 D 的单调非增函数；

(3) $R(D)$ 是 D 的连续函数；

(4) $R(D=0)=H(p)$。

4.2.2 $R(D)$函数性质证明

(1)证明思路：根据 $R(D)$函数定义与下凸函数定义，只需证明：

$$R[D^{\theta}=\theta D'+(1-\theta)D'']\leqslant\theta R(D')+(1-\theta)R(D'') \tag{4-9}$$

首先证 $P^{\theta}_{ji}\in P_{D^{\theta}}$，再利用互信息对 P_{ji} 的下凸性。即：若用 P'_{ji} 与 P''_{ji} 表示达到$R(D')$与$R(D'')$ 时的条件分布，且 $P^{\theta}_{ji}=\theta P'_{ji}+(1-\theta)P''_{ji}$，则有

$$\begin{aligned}\overline{d}(P^{\theta}_{ji})&=\sum_i\sum_j p_iP^{\theta}_{ji}d_{ij}=\sum_i\sum_j p_i[\theta P'_{ji}+(1-\theta)P''_{ji}]d_{ij}\\&=\theta\sum_i\sum_j p_iP'_{ji}d_{ij}+(1-\theta)\sum_i\sum_j p_iP''_{ji}d_{ij}\\&=\theta\overline{d}(P'_{ji})+(1-\theta)\overline{d}(P''_{ji})\leqslant\theta D'+(1-\theta)D''=D^{\theta}\end{aligned} \tag{4-10}$$

这里 $\overline{d}(P'_{ji})\leqslant D'$，$\overline{d}(P''_{ji})\leqslant D''$。由 $P_{D^{\theta}}=\{P^{\theta}_{ji}:\overline{d}(P^{\theta}_{ji})\leqslant D^{\theta}\}$ 可得 $P^{\theta}_{ji}\in P_{D^{\theta}}$。再利用互信息对 P_{ji} 的下凸性，有

$$\begin{aligned}R(D^{\theta})&=\min_{P^{\theta}_{ji}\in P_{D^{\theta}}}I(p_i;P^{\theta}_{ji})\\&\leqslant I(p_i;P^{\theta}_{ji})\\&\leqslant\theta I(p_i;P'_{ji})+(1-\theta)I(p_i;P''_{ji})\\&=\theta R(D')+(1-\theta)R(D'')\end{aligned} \tag{4-11}$$

(2)设 $D_2\geqslant D_1$，则 $P_{D_2}\supseteq P_{D_1}$，有

$$\begin{gathered}\min_{P_{ji}\in P_{D_2}}I(p_i;P_{ji})\leqslant\min_{P_{ji}\in P_{D_1}}I(p_i;P_{ji})\\R(D_2)\leqslant R(D_1)\end{gathered} \tag{4-12}$$

即 $R(D)$ 是 D 的单调非增函数。

(3)设 $D' = D+\delta$，当 $\delta \to 0$ 时 $D' \to D$。由 P_D 定义，有 $P_{D'} \to P_D$。同时，由于 $I(p_i;P_{ji})$ 是 P_{ji} 连续函数，即当 $\delta P_{ji} \to 0$ 时 $I(p_i;P_{ji}+\delta P_{ji}) \to I(p_i;P_{ji})$。由此可知：$R(D') = \min\limits_{P_{ji} \in P_{D'}} I(p_i;P_{ji} + \delta P_{ji}) \to R(D) = \min\limits_{P_{ji} \in P_D} I(p_i;P_{ji})$，即 $R(D') \to R(D)$，$R(D)$ 是 D 的连续函数。

(4)当 $D = 0$，即无失真时，$u_i \leftrightarrow v_j$，二者一一对应，有

$$P_{ji} = \delta_{ij} = \begin{cases} 1, & i = j \\ 0, & i = j \end{cases} \tag{4-13}$$

$$\begin{aligned} R(0) &= I(p_i;P_{ji}) \\ &= I(p_i;\delta_{ij}) \\ &= \sum_i \sum_j p_i \delta_{ij} \log \frac{\delta_{ij}}{p_i} \\ &= \sum_{i=j} p_i \log \frac{1}{p_i} \\ &= H(p) \end{aligned} \tag{4-14}$$

4.3　离散信源 $R(D)$ 函数

根据 $R(D)$ 函数定义，离散信源 $R(D)$ 函数为

$$R(D) = \min_{P_{ji} \in P_D} I(p_i;P_{ji}) \tag{4-15}$$

可见，求解 $R(D)$ 实质上是求解互信息的条件极值，可采用拉格朗日乘数法求解。但是，在一般情况下只能求得用参量($R(D)$ 的斜率 S)来描述的参量表达式，并借助计算机进行迭代运算。

由信道容量 C 与 $R(D)$ 数学上对偶关系为

$$C = \max_{p_i} I(X;Y) \qquad R(D) = \min_{P_{ji} \in P_D} I(U;V) \tag{4-16}$$

其迭代运算与求信道容量迭代运算相仿。在正式讨论 $R(D)$ 迭代运算前，先介绍特殊情况下的 $R(D)$ 计算。

4.3.1　无记忆信源的 $R(D)$ 计算

例 4.2　有一个二元等概率平稳无记忆信源 U，且失真函数为

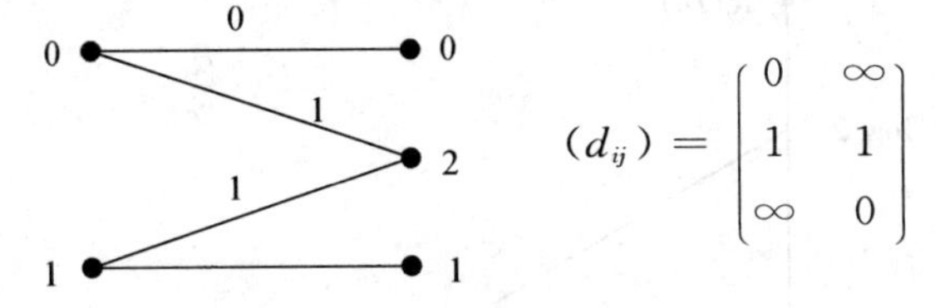

试求其 $R(D)$。

解：由 $D \geqslant \bar{d} = \sum\limits_i \sum\limits_j p_i P_{ji} d_{ij}$，为了计算方便，取 $D = \sum\limits_i \sum\limits_j p_i P_{ji} d_{ij}$，已知 $p_i = \frac{1}{2}$，D

(允许失真)给定,则 $P_{ji} \leftrightarrow d_{ij}$ 一一对应。

这时,由概率归一性,可进一步假设

$$P_{ji}=\begin{pmatrix} A & 1-A & 0 \\ 0 & 1-A & A \end{pmatrix}$$

可见

$$\begin{cases} 0 \leftrightarrow A \\ 1 \leftrightarrow 1-A \\ \infty \leftrightarrow 0 \end{cases}$$

代入 D 的公式,有

$$\begin{aligned} D &= \sum_i \sum_j p_i P_{ji} d_{ij} \\ &= \frac{1}{2}[A\times 0+0\times\infty+(1-A)\times 1]+\frac{1}{2}[0\times\infty+A\times 0+(1-A)\times 1] \\ &= \frac{1}{2}(1-A)+\frac{1}{2}(1-A)=(1-A) \end{aligned}$$

再将它代入转移概率公式中,有

$$P_{ji}=\begin{pmatrix} 1-D & D & 0 \\ 0 & D & 1-D \end{pmatrix}$$

由 $q_j=\sum_i p_i P_{ji}$,得

$$(q_j)=\left(\frac{1-D}{2},D,\frac{1-D}{2}\right)$$

则

$$H(V)=H(q_j)=H\left(\frac{1-D}{2},D,\frac{1-D}{2}\right)$$

$$H(V/U)=H(P_{ji})=H(1-D,D)$$

$$\begin{aligned} R(D) &= I(U;V)\big|_{D参量}=[H(V)-H(V/U)]\big|_{D参量} \\ &= H\left(\frac{1-D}{2},D,\frac{1-D}{2}\right)-H(1-D,D) \\ &= -2\times\frac{1-D}{2}\log\frac{1-D}{2}-D\log D+(1-D)\log(1-D)+D\log D \\ &= (1-D)\log 2-(1-D)\log(1-D)+(1-D)\log(1-D) \\ &= (1-D)\log 2 \end{aligned}$$

$R(D)$的定义域与值域如图 4-3 所示。

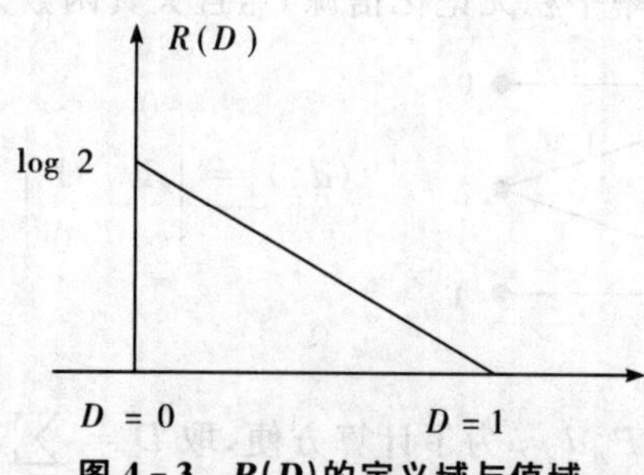

图 4-3 $R(D)$的定义域与值域

例 4.3　若有一个 n 元等概率、平稳无记忆信源 U，且规定失真函数为

$$
(d_{ij})=\begin{pmatrix} 0 & \frac{1}{n-1} & \cdots & \frac{1}{n-1} \\ \frac{1}{n-1} & 0 & \cdots & \frac{1}{n-1} \\ \vdots & \vdots & & \vdots \\ \frac{1}{n-1} & \frac{1}{n-1} & \cdots & 0 \end{pmatrix}
$$

试求 $R(D)$。

解：

$$
(d_{ij})=\begin{pmatrix} 0 & & & \frac{1}{n-1} \\ & 0 & & \\ & & \ddots & \\ \frac{1}{n-1} & & & 0 \end{pmatrix} \leftrightarrow (P_{ji})=\begin{pmatrix} A & & & \frac{1-A}{n-1} \\ & A & & \\ & & \ddots & \\ \frac{1-A}{n-1} & & & A \end{pmatrix}
$$

由 $p_i=\frac{1}{n}$，求得

$$
D=\sum_i\sum_j p_i P_{ji} d_{ij}=n(n-1)\times\frac{1-A}{n(n-1)}\times 1+n\times\frac{A}{n}\times 0=1-A
$$

$$
q_j=\sum_i p_i P_{ji}=\frac{1}{n}\left[1\times n+(n-1)\times\frac{1-A}{n-1}\right]=\frac{1}{n}
$$

$$
\begin{aligned}
R(D)&=I(U;V)\big|_{D参量}=\left[H(q_j)-H(P_{ji})\right]\big|_{D参量} \\
&=H\left(\frac{1}{n}\cdots\frac{1}{n}\right)-H\left(1-D,\frac{D}{n-1}\cdots\frac{D}{n-1}\right) \\
&=\log n+(1-D)\log(1-D)+(n-1)\frac{D}{n-1}\log\frac{D}{n-1} \\
&=\log n-H(D,1-D)-D\log(n-1)
\end{aligned}
$$

取 $n=2,4,8$，则 $R(D)$ 曲线如图 4-4 所示。

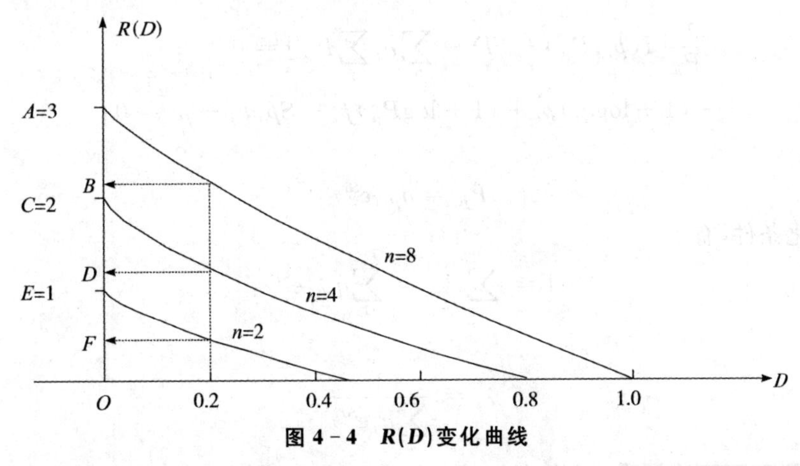

图 4-4　$R(D)$ 变化曲线

由图 4-4 可见，$D=0$，即无失真时，有

$$n=8, R(0)=H(p)=3\text{ 比特}$$
$$n=4, R(0)=H(p)=2\text{ 比特}$$
$$n=2, R(0)=H(p)=1\text{ 比特}$$

有失真，如 $D=0.2$ 时，有

$$n=8,\text{压缩比}: K_8=\frac{OA}{OB}$$

$$n=4,\text{压缩比}: K_4=\frac{OC}{OD}$$

$$n=2,\text{压缩比}: K_2=\frac{OE}{OF}$$

显然 $K_2>K_4>K_8$，进制 n 越小，压缩比 k 越大；$D\uparrow, K\uparrow$，但相对关系不变，允许失真 D 越大，压缩比亦越大。

现在求 $R(D)$ 的参量表达式。要讨论 $R(D)$ 的计算，由 $R(D)$ 函数定义，需要求下列约束条件下的互信息极值：

(1) $P_D=\{P_{ji}: \sum_i\sum_j p_i P_{ji} d_{ij}=\bar{d}\leqslant D\}$；

(2) $\sum_j P_{ji}=1, i=1,2\cdots,n$；

(3) $P_{ji}\geqslant 0,\ i=1,\cdots,n, j=1,\cdots,m$。

求解这类极值可采用变分法、拉氏乘子法、凸规划方法等。这里引用最简单的拉氏乘子法。但是它不能处理不等式约束关系，因此需对上述条件进行必要的修改，这时上述问题可归纳为在 $(n+1)$ 组约束条件

$$\begin{cases} D=\bar{d}=\sum_i\sum_j p_i P_{ji} d_{ij} \\ \sum_j P_{ji}=1, \quad i=1,2,\cdots,n \end{cases}$$

下，求互信息 $I(q_j;P_{ji})=\sum_i\sum_j p_i P_{ji}\log\frac{P_{ji}}{q_j}$ 的极小值。

引用拉格朗日乘数法，并设 S 与 $\mu_i(i=1,2,\cdots,n)$ 分别表示 $(n+1)$ 个约束条件的待定参数，则有

$$\left.\begin{aligned} &\frac{\partial}{\partial P_{ji}}[I(p_i;P_{ji})-SD-\sum_i\mu_i\sum_j P_{ji}]=0 \\ &-(1+\log q_j)p_i+(1+\log P_{ji})p_i-Sp_i d_{ij}-\mu_i=0 \end{aligned}\right\} \tag{4-17}$$

求得

$$P_{ji}=q_j\lambda_i \mathrm{e}^{Sd_{ij}} \tag{4-18}$$

由归一化条件，有

$$1=\sum_i P_{ji}=\sum_j q_j\lambda_i \mathrm{e}^{Sd_{ij}} \tag{4-19}$$

求得

$$\lambda_i=\frac{1}{\sum_j q_j \mathrm{e}^{Sd_{ij}}} \tag{4-20}$$

再将式(4-18)两边同乘 p_i 并对 i 求和，且设 $q_i>0$，则有

$$q_j = \sum_i p_i P_{ji} = \sum_i p_i P_j \lambda_i e^{Sd_{ij}}$$

$$\sum_i p_i \lambda_i e^{Sd_{ij}} = 1 \qquad (4-21)$$

将式(4-20)代入式(4-21),得

$$\sum_i p_i \frac{1}{\sum_j q_j e^{Sd_{ij}}} e^{Sd_{ij}} = 1$$

当信源给定 $p_i = p_i^0$,选定 S 与 d_{ij} 以后,它是一个求解 m 个 q_j 的方程组,则可按下列顺序求解:

$$q_j(j=1,2,\cdots,m) \longrightarrow \lambda_i(i=1,\cdots,n) \longrightarrow p_{ji} \rightarrow D(S) \rightarrow R(S)$$

最后求得参量方程为

$$\left.\begin{aligned} D(S) &= \sum_i \sum_j p_i q_j \lambda_i e^{Sd_{ij}} d_{ij} \\ R(S) &= \sum_i \sum_j p_i q_j \lambda_i e^{Sd_{ij}} \log \frac{q_j \lambda_i e^{Sd_{ij}}}{q_j} \end{aligned}\right\} \qquad (4-22)$$

$$R(S) = SD(S) + \sum_i p_i \log \lambda_i$$

这就是用参量 $S[R(D)$ 的斜率] 表达的 $R(D)$ 函数形式,又称为参量方程。

定理 4.2　$R'(D) = S$,即 $R(D)$ 斜率为参量 $p_2 = 1 - p$。证明从略。

例 4.4　引用上述参量方程求解一个二进不等概率离散信源:

$p_1 = p, p_2 = 1 - p$,且 $d_{ij} = \begin{cases} 0, i = j, \\ 1, i \neq j, \end{cases}$ 其中 $i,j = 1,2$,试求 $R(D)$。

解:首先求参量 λ_1 与 λ_2。

由式(4-21),有

$$\begin{cases} \lambda_1 p_1 \exp(Sd_{11}) + \lambda_2 p_2 \exp(Sd_{21}) = 1 \\ \lambda_1 p_1 \exp(Sd_{12}) + \lambda_2 p_2 \exp(Sd_{22}) = 1 \end{cases}$$

求得

$$\lambda_1 = \frac{1}{p[1+e^s]}$$

$$\lambda_2 = \frac{1}{(1-p)[1+e^s]}$$

将它带入式(4-20),有

$$\left.\begin{aligned} q_1 \exp(Sd_{11}) + q_2 \exp(Sd_{12}) &= \frac{1}{\lambda_1} \\ q_1 \exp(Sd_{21}) + q_2 \exp(Sd_{22}) &= \frac{1}{\lambda_2} \end{aligned}\right\} \qquad (4-23)$$

求得

$$q_1 = \frac{p-(1-p)e^S}{1-e^S}$$

$$q_2 = \frac{(1-p)-pe^S}{1-e^S}$$

再将 $\lambda_1, \lambda_2, q_1, q_2$ 带入式(4-22) $D(S)$ 中,有

$$
\begin{aligned}
D(S) &= \lambda_1 p_1 q_1 d_{11} \exp(Sd_{11}) + \lambda_1 p_1 q_2 d_{12} \exp(Sd_{12}) \\
&\quad + \lambda_2 p_2 q_1 d_{21} \exp(Sd_{21}) + \lambda_2 p_2 q_2 d_{22} \exp(Sd_{22}) \\
&= \frac{e^S}{1+e^S} \Rightarrow S = \log \frac{D}{1-D}
\end{aligned} \tag{4-24}
$$

再将它带入 $R(S)$，有

$$
\begin{aligned}
R(D) &= R(S)\big|_{S=\log\frac{D}{1-D}} = SD(S) + p\log\lambda_1 + (1-p)\lambda_2 \big|_{S=\log\frac{D}{1-D}} \\
&= -[p\log p + (1-p)\log(1-p)] + [D\log D + (1-D)\log(1-D)] \\
&= H[p,1-p] - H[D,1-D]
\end{aligned} \tag{4-25}
$$

取 $p = \frac{1}{2}, \frac{1}{4}, \frac{1}{8}$，则 $R(D)$ 曲线如图 4-5 所示。

由图 4-5 可见：

无失真：$D = 0, R_{\frac{1}{2}}(0) = 1$ 比特；$R_{\frac{1}{4}}(0) = 0.8$ 比特；$R_{\frac{1}{8}}(0) = 0.6$ 比特；

限失真，如 $D = 0.1$ 时，$K_{\frac{1}{2}} \approx \frac{1.0}{0.67} < K_{\frac{1}{4}} = \frac{0.8}{0.45} < K_{\frac{1}{8}} = \frac{0.6}{0.17}$。

可得，信源概率分布越不均匀，压缩比越大；D 越大，压缩比也越大。

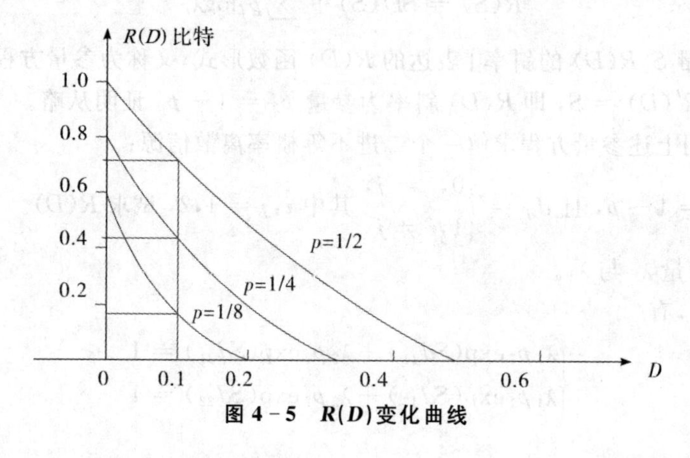

图 4-5 R(D) 变化曲线

4.3.2 $R(D)$ 函数的迭代算法

首先让从信道容量 C 与 $R(D)$ 函数定义与数学上的对偶性来分析：

$$
\left.
\begin{aligned}
& C = \max_{p_i} I(X;Y), R(D) = \max_{P_{ji} \in P_D} I(U;V) \\
& C(F) = \max_{\sum_i p_i f_i \leqslant F} I(X;Y)
\end{aligned}
\right\} \tag{4-26}
$$

可以利用求解信道容量的计算迭代公式的方法与思路求解 $R(D)$ 函数。其关键步骤为：寻求两个决定互信息的自变量对，这里选 $I(q_j;P_{ji})$，对互信息求条件极值(极小值)，可以引用拉格朗日乘数法求解。

具体求解步骤如下：

(1)两个自变量中首先固定 P_{ji} 值，则在满足 $\sum_j q_j = 1$ 和 $D = \sum_i \sum_j p_i P_{ji} d_{ij}$ 的约束条件下求 $I(q_j;P_{ji})$ 的极小值。引用拉格朗日乘数法，有

$$\frac{\partial}{\partial q_j}\left[I(q_j;P_{ji})-SD+\lambda\sum_j q_j\right]=0 \tag{4-27}$$

即 $-\sum_i p_i\frac{P_{ji}}{q_j}+\lambda=0$，求得 $q_j=\frac{1}{\lambda}\sum_i p_iP_{ji}$，再由归一化条件

$$1=\sum_j q_j=\frac{1}{\lambda}\sum_i\sum_j p_iP_{ji}=\frac{1}{\lambda}\Rightarrow\lambda=1$$

再代入原式，得

$$q_j{}^*=\sum_i p_iP_{ji} \tag{4-28}$$

(2)再固定 q_j 值，在满足 $\sum_j P_{ji}=1$（对所有 i 值）和 $D=\sum_i\sum_j p_iP_{ji}d_{ij}$ 的约束条件下求 $I(q_j;P_{ji})$ 极值：

$$\frac{\partial}{\partial P_{ji}}\left[I(q_j;P_{ji})-SD+\sum_i\lambda_i\sum_j P_{ji}\right]=0$$

$$p_i\left[1+\log\frac{P_{ji}}{q_j}\right]-Sp_id_{ij}+\lambda_i=0\Rightarrow P_{ji}=q_j\exp\left[Sd_{ij}-\left(\frac{\lambda_i}{p_i}+1\right)\right] \tag{4-29}$$

由归一化条件，有

$$1=\sum_j P_{ji}=\sum_j q_j\left[\mathrm{e}^{Sd_{ij}}\cdot\mathrm{e}^{-\left[\frac{\lambda_i}{p_i}+1\right]}\right] \tag{4-30}$$

求出

$$\mathrm{e}^{-\left[\frac{\lambda_i}{p_i}+1\right]}=\frac{1}{\sum_j q_j\mathrm{e}^{Sd_{ij}}}$$

再将它带入 P_{ji} 表达式，求得

$$q_{ji}{}^*=\frac{q_j\mathrm{e}^{Sd_{ij}}}{\sum_j q_j\mathrm{e}^{Sd_{ij}}} \tag{4-31}$$

式(4-28)与式(4-31)是两个基本迭代公式。

若假设一个 S 值，比如 $S=S_1$，通过式(4-28)与式(4-31)逐次迭代，求得 $q_j^*(S_1)$，$q_{ji}^*(S_1)$，代入互信息公式中，求得

$$R(S_1)=I[q_j^*(S_1);q_{ji}^*(S_1)] \tag{4-32}$$

再继续假设 $S=S_2,S_3,S_4,S_5\cdots$。求得相应的 $R(S_2),R(S_3),R(S_4),R(S_5)\cdots$。最后再将其值连成一个曲线，即为 $R(D)$ 函数曲线。为了迭代方便，可将式(4-28)与式(4-31)改写为

$$\left.\begin{aligned}q_j^n&=\sum_i p_iP_{ji}^n\\P_{ji}^{n+1}&=\frac{q_j\mathrm{e}^{Sd_{ij}}}{\sum_j q_j\mathrm{e}^{Sd_{ij}}}\end{aligned}\right\} \tag{4-33}$$

假设 $S=S_1$，则可按下列顺序迭代（当信源给定 $p_i=p_i^0$，选一初始分布 $p_{ji}^1=\frac{1}{m}$）：

$$P_{ji}^1=\frac{1}{m}\longrightarrow q_j^1\longrightarrow P_{ji}^2\longrightarrow\cdots\cdots\longrightarrow P_{ji}^r\longrightarrow q_j^r\longrightarrow P_{ji}^{r+1}$$

$$R(1,1)\geqslant R(1,2)\geqslant\cdots\cdots\geqslant R(r-1,r)\geqslant R(r,r)\geqslant R(r,r+1)$$

上述迭代至前后两值之间误差小于给定值 ε 为止。可求得

$$R(S_1)=\lim_{r\to\infty}\min_{P_{ji}q_j} I[q_j^r(S_1);q_{ji}^r(S_1)] \tag{4-34}$$

重新假设 $S=S_2,S_3,S_4,S_5\cdots$，分别求得 $R(S_2),R(S_3),R(S_4),R(S_5)\cdots$。最后连接各 $R(S_i)$ 值为一条曲线，即为所求的 $R(D)$ 函数曲线。

4.4 连续信源 $R(D)$ 函数

连续信源比离散信源更需要 $R(D)$ 函数。因为连续信源信息量为无限大(取值无限)，传送无穷大信息量既无必要，也不可能，所以连续信源都是属于限失真范畴。依照离散信源失真函数、平均失真函数和信息率失真函数 $R(D)$ 的定义和计算方法，可以对连续信源的失真函数、平均失真函数和信息率失真函数进行定义和计算。

当已知信源概率分布密度为 $p(u)$、条件密度为 $p\left(\frac{v}{u}\right)$、失真函数为 $d(u,v)$、信源平均失真为

$$\overline{d}(u,v)=\iint_{-\infty}^{\infty} p(u)p\left(\frac{v}{u}\right)d(u,v)\mathrm{d}u\mathrm{d}v$$

而

$$P_D=\left\{p\left(\frac{v}{u}\right):D\geqslant\overline{d}=\iint_{-\infty}^{\infty} p(u)p\left(\frac{v}{u}\right)d(u,v)\mathrm{d}u\mathrm{d}v\right\}$$

则有

$$R(D)=\inf_{p\left(\frac{v}{u}\right)} I(U;V)$$

同样，可以求出类似于离散的参量表达式，即在限制条件

$$\left.\begin{aligned}&D=\iint_{-\infty}^{\infty} p(u)p\left(\frac{v}{u}\right)d(u,v)\mathrm{d}u\mathrm{d}v\\&\int_{-\infty}^{\infty} p\left(\frac{v}{u}\right)\mathrm{d}v=1(\text{对所有 }u\text{ 值})\end{aligned}\right\} \tag{4-35}$$

下，求互信息的下确界。

$$\begin{aligned}I(U;V)=&\iint_{-\infty}^{\infty} p(u)p\left(\frac{v}{u}\right)\log p\left(\frac{v}{u}\right)\mathrm{d}u\mathrm{d}v\\&-\int_{-\infty}^{\infty} q(v)\log q(v)\mathrm{d}v\end{aligned} \tag{4-36}$$

引用变分，并引入待定常数 S 和任意函数 $\mu(u)$，再对 $p\left(\frac{v}{u}\right)$ 取变分，并置之为 0。

所谓变分是指求泛函的极值，即

$$\delta[I(U;V)]-SD-\int_{-\infty}^{\infty}\mu(u)\mathrm{d}u\int_{-\infty}^{\infty} p\left(\frac{v}{u}\right)\mathrm{d}v=0 \tag{4-37}$$

其求解顺序完全类似于离散情况，但需求解一个积分方程，其结果为

$$\left.\begin{aligned}&D=\iint_{-\infty}^{\infty} p(u)p(v)\mathrm{e}^{Sd(u,v)}\lambda(u)d(u,v)\mathrm{d}u\mathrm{d}v\\&R(S)=SD(S)+\int_{-\infty}^{\infty} P(u)\log\lambda(u)\mathrm{d}u\end{aligned}\right\} \tag{4-38}$$

连续信源能否有类似于离散信源的一些特殊情况，不需求解烦琐的积分方程呢？的确存在，在某些情况下，比如 $d(u,v)=d(u-v)$ 时，求解可大大简化。

若二元函数 $d(u,v)$ 仅与 u 与 v 差值有关，比如

$$d(u,v)=\begin{cases}(u-v)^2=\theta^2\\|u-v|=|\theta|\end{cases}\tag{4-39}$$

这时令参量 $\lambda(u)=\dfrac{k(S)}{p(u)}$，设 $p(u)>0$，其中 $k(S)=\dfrac{1}{\int_{-\infty}^{\infty}e^{Sd(\theta)}d\theta}$，且 $k(S)\mathrm{e}^{Sd(\theta)}=g_s(\theta)$，这时可求得 $p(u)=q_0(u)\otimes g_S(u)$。

可见，由上述卷积表达式，无须求解积分方程就可以求得分布密度 $q_0(u)$。

进一步，若令 $\Phi_p(z)$，$\Phi_{gs}(z)$ 和 $\Phi_{q_0}(z)$ 分别表示 $p(u)$，$g_s(u)$ 和 $q_0(u)$ 的特征函数，则由以上时域的卷积关系，求得下列特征函数间的关系式为

$$\left.\begin{aligned}\Phi_p(z)&=\Phi_{gs}(z)\cdot\Phi_{q_0}(z)\\\Phi_{q_0}(z)&=\frac{\Phi_p(z)}{\Phi_{gs}(z)}\end{aligned}\right\}\tag{4-40}$$

则

$$q_0(u)=\frac{1}{2\pi}\int_{-\infty}^{\infty}\Phi_{q_0}(z)\mathrm{e}^{-\mathrm{i}zu}\mathrm{d}z$$

再由 $q_0(u)\to\lambda(u)\to D(S)\to R(S)$ 的求解顺序进行求解。

例：若

$$\begin{cases}p(u)=\dfrac{1}{\sqrt{2\pi}\sigma}\mathrm{e}^{-\frac{(u-m)^2}{2\sigma^2}}\\d(u,v)=(u-v)^2=\theta^2\end{cases}$$

当 $S<0$ 时，求

$$k(S)=\frac{1}{\int_{-\infty}^{\infty}\mathrm{e}^{S\theta^2}\mathrm{d}\theta}=\sqrt{\frac{-S}{\pi}}$$

则有

$$g_s(\theta)=k(S)\mathrm{e}^{Sd(\theta)}=\sqrt{\frac{-S}{\pi}}\mathrm{e}^{S\theta^2}=\frac{1}{\sqrt{2\pi}\sqrt{\frac{-1}{2S}}}\mathrm{e}^{-\frac{1}{2\times\frac{-1}{2S}}\theta^2}$$

即

$$g_s(\theta)\sim N\left(0,\frac{-1}{2S}\right)$$

故

$$\Phi_{g_s}(z)=\mathrm{e}^{-\frac{1}{2}\sigma_{g_s}^2z^2}=\mathrm{e}^{-\frac{1}{2}(\frac{-1}{2S})z^2}=\mathrm{e}^{\frac{z^2}{4S}}\tag{4-41}$$

而信源 $p(u)$ 的特征函数为

$$\Phi_p(z)=\mathrm{e}^{\mathrm{i}mz-\frac{1}{2}\sigma^2z^2}$$

则有

$$\Phi_{q_0}(z)=\frac{\Phi_p(z)}{\Phi_{g_s}(z)}=\frac{\mathrm{e}^{\mathrm{i}mz-\frac{1}{2}\sigma^2z^2}}{\mathrm{e}^{\frac{z^2}{4S}}}=\mathrm{e}^{\mathrm{i}mz-\frac{1}{2}(\sigma^2+\frac{1}{4S})z^2}\tag{4-42}$$

故得

$$q_0\sim N\left[m,\left(\sigma^2+\frac{1}{4S}\right)\right]$$

再由 $q_0 \to \lambda_0 \to D(S) \to R(S)$，最后求得

$$\left.\begin{aligned} D(S) &= \iint_{-\infty}^{\infty} k(S) q_0(v) \mathrm{e}^{S\theta^2} \mathrm{d}v \cdot \theta^2 \mathrm{d}\theta = \int_{-\infty}^{\infty} g_s(\theta) \theta^2 \mathrm{d}\theta = -\frac{1}{2S} \\ R(S) &= SD(S) + \int_{-\infty}^{\infty} p(u) \log\lambda(u) \mathrm{d}u = \frac{1}{2}\log\frac{\sigma^2}{D} \end{aligned}\right\} \tag{4-43}$$

当 $\sigma = 1$ 时，$R(D) = \frac{1}{2}\log\frac{1}{D}$。$R(D)$ 变化曲线如图 4-6 所示。

定理 4.3　对任一连续非正态信源，若已知其方差为 σ^2，熵为 $H_c(U)$，并规定失真函数为 $d(u,v) = (u-v)^2$，则其 $R(D)$ 满足不等式：

$$H(U) - \frac{1}{2}\log 2\pi\mathrm{e}D \leqslant R(D) \leqslant \frac{1}{2}\log\frac{\sigma^2}{D}$$

可见，在平均功率 σ^2 受限条件下，正态分布 $R(D)$ 函数值最大，它是其他一切分布的上限值，也是信源压缩比中最小的。所以人们往往将它作为连续信源压缩比中最保守的估计值。

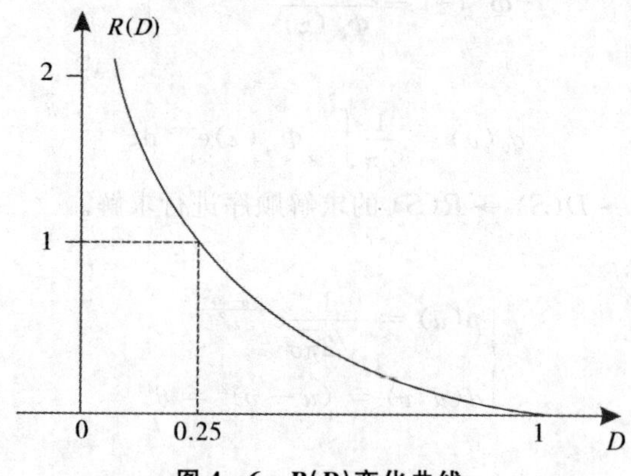

图 4-6　$R(D)$变化曲线

例 4.5　对连续有记忆信源，$R(D)$ 函数计算相当复杂，下面考虑一个简单的特例：对一个广义平稳遍历马氏链信源，且有 $R(\tau) = \sigma^2\rho^{|\tau|}$，其中 $0 < \rho < 1$。现求其 $R(D)$ 函数。

现在仅给出结果：

$$R(D) = \frac{1}{2}\log\frac{\sigma^2(1-\rho^2)}{D},\ D \leqslant \frac{\sigma^2(1-\rho)}{1+\rho}$$

ρ 取不同值时的 $R(D)$ 曲线如图 4-7 所示。

由图 4-7 可知：

(1) ρ 取值越大，$R(D)$ 越小，压缩比越大；

(2) $\frac{D}{\sigma^2}$ 越大，$R(D)$ 越小，压缩比越大。

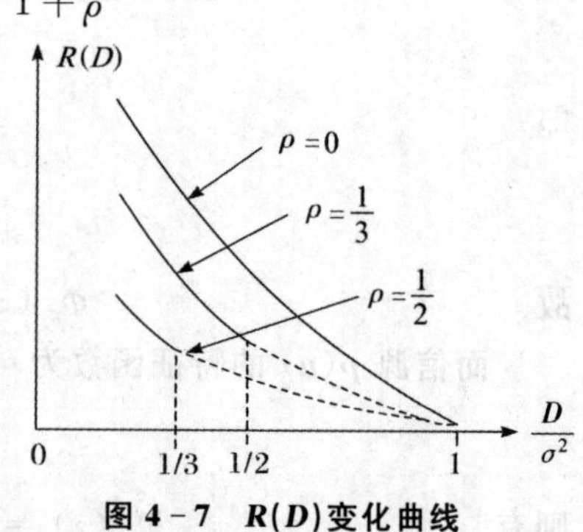

图 4-7　$R(D)$变化曲线

下面利用连续信源的 $R(D)$ 函数，进一步分析语音的波形编码。为了分析方便，假设语音遵从平稳正态分布。

例 4.6　分析 PCM 编码及其压缩潜力：

现有 PCM 编码是 8kH 采样率，8 位编码，8×8＝64kb/s，样点间独立，且每个样点 8b，这

时信噪比可达到入公用网 26dB 的要求，在语音编码中信噪比是 $\zeta=\frac{\sigma^2}{D}\approx 26\text{dB}\Rightarrow\frac{\sigma^2}{D}=$ 400(倍)，其中 D 为噪声(允许失真)功率，由正态分布的信息率失真函数的公式，有

$$R(D)=\frac{1}{2}\log_2\frac{\sigma^2}{D}=\frac{1}{2}\log_2 400=4.3\ \text{比特} \tag{4-44}$$

实际语音的 $R(D)$ 值要小于 4.3b，因为语音不遵从正态分布，而是近似遵从 Laplace 分布(一级近似)、gamma 分布(二级近似)。它们的 $R(D)$ 函数值均小于正态分布的 $R(D)$ 值。可见，4.3b 至 PCM 8b，大约有一倍差距。

例 4.7　若对语音编码进一步计入相关性，则其 $R(D)$ 函数为：$R(D)=\frac{1}{2}\log\sigma^2(1-\rho^2)/D$，则可算出其 $R(D)$ 值，即对应压缩比(相对于 PCM 编码 64kb/s)，如表 4-1 所示。

表 4-1　语音编码的 $R(D)$ 值

信噪比/db	35	32	28	25	23	20	17
$R(D/\text{b}$	4	3.5	2.5	2.34	2	1.5	1
压缩倍数	2	2.28	3.2	3.42	4	5.3	8

若计入语音分布 $R(D)$ 值小于正态分布值，以及 $R(D)$ 的主观特征，在 25～26dB 要求下，实际 $R(D)$ 值大约等于 2 左右，可以获得大约 4 倍的压缩比。

例 4.8　参量编码：以英语为例，其音素大约为 128～256 个，按照通常讲话速率，每秒大约平均发出 10 个音素，这时语音信源给出的信息率为

$$\left.\begin{aligned} I_{\text{上限}}&=\log_2(^256)\,10=80\text{b/s}\\ I_{\text{下限}}&=\log_2(^128)\,10=70\text{b/s}\\ K_{\text{上限}}&=\frac{64\text{kb}}{70\text{b}}=914(\text{倍})\\ K_{\text{下限}}&=\frac{64\text{kb}}{80\text{b}}\approx 800(\text{倍})\end{aligned}\right\} \tag{4-45}$$

习　题　4

4.1　一个四元对称信源 $\begin{bmatrix}X\\P(X)\end{bmatrix}=\begin{bmatrix}0 & 1 & 2 & 3\\1/4 & 1/4 & 1/4 & 1/4\end{bmatrix}$，接收符号 $Y=\{0,1,2,3\}$，其失真矩阵为 $\begin{bmatrix}0&1&1&1\\1&0&1&1\\1&1&0&1\\1&1&1&0\end{bmatrix}$，求 $D_{\max}$ 和 $D_{\min}$ 及信源的 $R(D)$ 函数，并画出其曲线(取 4 至 5 个点)。

4.2　若某无记忆信源 $\begin{bmatrix}X\\P(X)\end{bmatrix}=\begin{bmatrix}0 & 1\\1/2 & 1/2\end{bmatrix}$，接收符号 $Y=\left\{-\frac{1}{2},\frac{1}{2}\right\}$，其失真矩阵

$D=\begin{bmatrix}1 & 2\\ 1 & 1\\ 2 & 1\end{bmatrix}$ 求信源的最大失真度和最小失真度，并求选择何种信道可达到该 D_{max} 和 D_{min} 的失真度。

4.3　某二元信源 $\begin{bmatrix}X\\ P(X)\end{bmatrix}=\begin{bmatrix}0 & 1\\ 1/2 & 1/2\end{bmatrix}$，其失真矩阵为 $\begin{bmatrix}a & 0\\ 0 & a\end{bmatrix}$ 求这信源的 D_{max}，D_{min} 和 $R(D)$ 函数。

4.4　已知信源 $X=\{0,1\}$，信宿 $Y=\{0,1,2\}$。设信源输入符号为等概率分布，而且失真函数 $D=\begin{bmatrix}0 & \infty & 1\\ \infty & 0 & 1\end{bmatrix}$，求信源的率失真函数 $R(D)$。

4.5　设信源 $X=\{0,1,2\}$，相应概率分布 $p(0)=p(1)=0.4$，$p(2)=0.2$，且失真函数为

$$d(x_i,y_j)=\begin{cases}0 & i=j\\ 1 & i\neq j\end{cases}(i,j=0,1,2)$$

(1)求此信源的 $R(D)$；

(2)若此信源用容量为 C 的信道传递，画出信道容量 C 和其最小误码率 P_k 之间的曲线关系。

4.6　某二元信源 $\begin{bmatrix}X\\ P(X)\end{bmatrix}=\begin{bmatrix}0 & 1\\ 1/2 & 1/2\end{bmatrix}$，其失真矩阵为 $\begin{bmatrix}a & 0\\ 0 & a\end{bmatrix}$，求该信源的 D_{max} 和 D_{min}。

4.7　设离散无记忆信源 $\begin{bmatrix}X\\ P(X)\end{bmatrix}=\begin{bmatrix}a_1 & a_2 & a_3\\ 1/3 & 1/3 & 1/3\end{bmatrix}$，其失真度为汉明失真度。

(1)求 D_{min}，$R(D_{min})$，并写出相应试验信道的信道矩阵；

(2)求 D_{max}，$R(D_{max})$，并写出相应试验信道的信道矩阵；

(3)若允许平均失真度 $D=1/3$，试问信源的每一个信源符号平均最少由几个二进制码符号表示？

第5章　信源编码

在通信系统中，为了尽可能不失真地将信息从信源通过信道传送给信宿，需要进行编码。信源编码将解决在不失真或者允许一定失真的条件下，如何用尽可能少的符号来传递信源信息，以提高信息传输率的问题；而信道编码则解决如何增强信道的抗干扰能力，在提高信道可靠性的同时又使得信息传输速率满足通信要求的问题。

一般地，在通信过程中，提高信息传输率与增强抗干扰能力往往是相互矛盾的，幸而信息论编码理论已经证明，至少存在某种最佳的信息编码与处理方法，能够解决这种矛盾，做到既可靠又有效地传输信息。

本章主要介绍信源编码的基本概念、常见的三类信源编码技术（统计编码、变换编码和预测编码）、定长码及其信源编码定理、变长码及其信源编码定理及限失真信源编码定理。

5.1　信源编码概念及常见格式

5.1.1　信源编码的基本概念

信源编码是对信源的原始符号按照一定的数学规则进行某种变换，实际上，就是把信源输出的随机序列

$$X=(X_1,X_2,\cdots,X_l,\cdots,X_L)$$
$$X_l\in\{a_1,a_2,\cdots,a_i,\cdots,a_n\}$$

变换成码序列

$$Y=(Y_1,Y_2,\cdots,Y_k,\cdots,Y_K)$$
$$Y_k\in\{b_1,b_2,\cdots,b_j,\cdots,b_m\}$$

变换的要求是能够无失真或无差错地从 Y 恢复 X，也就是能正确地进行反变换或译码，同时希望传送 Y 时所需要的信息率最小。由于 Y_K 可以取 m 种可能值，因而其最大信息量是 $\log m$。就是说送出一个信源符号所需要的信息率平均为 $R=\frac{K}{L}\log m=\frac{1}{L}\log M$，其中 $M=m^K$ 是 Y 所能编成的码字的个数。所谓信息率最小，就是找到一种编码方式使 $\frac{K}{L}\log m$ 最小。然而，上述最小信息率为多少时，才能得到无失真的译码？若小于这个信息率是否还能无失真地译码？这就是信源编码定理要研究的内容。

研究信源编码定理有定长编码和变长编码两种方法，前者的 K 是定值，相应的编码定理称为定长编码定理，我们寻求最小 K 值的编码方法；后者的 K 是变值，相应的编码定理称为变长编码定理。此时 K 值最小意味着它的数学期望为最小。

对给定的码字的全体集合 K 来说，可以用码树来描述它。

r 元码树的构造：对一棵树，给每个节点所伸出的分枝分别标上码元符号 $0,1,\cdots,r-1$，这样，叶节点所对应的码字就是由从根出发到叶节点经过的路径所对应的码元符号组成。

按树图法构成的码字一定满足非续长码的充要条件，因为从根到叶所走的路径各不相同，而且中间节点不安排为码字，所以一定满足对前缀的限制。

一个二元码树的例子如图 5-1 所示。

该树的 5 个叶节点 S_1，S_2，S_3，S_4，S_5 分别表示 5 个二进制码字 0,100,111,1010,1011。

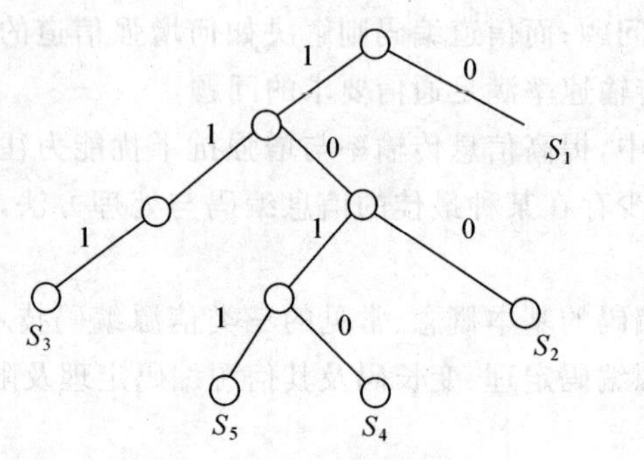

图 5-1　二元码树示例

符号约定与概念说明：

(1)信源符号：信源输入 $S=\{S_1, S_2, \cdots, S_q\}$；

(2)码符号(码元)：r 元编码，$X=\{X_1, X_2, \cdots, X_r\}$；

(3)码字：W_i，由 $x_j(j=1,2,\cdots,r)$ 组成的长度为 l_i 的序列，W_i 与 S_i 一一对应；

(4)码字长度(码长)：W_i 的长度 l_i；

(5)码(码书)：码字 W_i 的集合 $C=\{W_1,W_2,\cdots,W_q\}$。

5.1.2　常用编码格式

1. 二元码

若码元符号集为 $X=\{0,1\}$，所得码字都是一些二元序列，则称为二元码。

若将信源通过一个二元信道进行传输，为使信源适合信道传输，就必须把信源符号变换成 0,1 符号组成的码元符号序列(二元序列)，这种编码所得的码为二元码。二元码是数字通信和计算机系统中最常用的一种码。

2. 同价码

若码符号集 $X:\{x_1,x_2,\cdots,x_r\}$ 中每个码符号 x_i 所占的传输时间都相同，则所得的码 C 为同价码。

一般二元码是同价码。对同价码来说，定长码中每个码字的传输时间都相同；而变长码中每个码字的传输时间就不一定相同。电报中常用的莫尔斯码是非同价码，其码符号点(·)和划(—)所占的传输时间不相同。

3. 定长码

若一组码(共有 q 个码字)中所有码字的码长都相同，记第 i 个码元的长度为 l_i，

$l_i = l\ (i = 1,2,\cdots,q)$，则称为定长码。

定长码在一些文献或教材中也称为等长码、固定长度码。

4. 变长码

若一组码中所有码字的码长各不相同，即任意码字由不同长度 l_i 的码符号序列组成，即不满足定长码条件的码组，称为变长码。

5. 奇异码

若一组码 C 中有相同的码字，即

$$s_i \neq s_j \Rightarrow W_i = W_j, \quad s_i, s_j \in S, \quad W_i, W_j \in C$$

则称码 C 为奇异码。

6. 非奇异码

若一组码 C 中所有码字都不同，即所有信源符号映射到不同的码符号序列，不同信源符号可分辨，即

$$s_i \neq s_j \Rightarrow W_i \neq W_j, \quad s_i, s_j \in S, \quad W_i, W_j \in C$$

则称码 C 为非奇异码。

7. N 次扩展码

假定某码 C，它把信源 S 中的符号一一变换成码 C 中的码字 W_i，则码 C 的 N 次扩展码是所有 N 个码字组成的码字序列的集合。

若码 $C \in \{W_1, W_2, \cdots, W_q\}$，其中

$$s_i \in S \leftrightarrow W_i = (x_{i_1}, x_{i_2}, \cdots, x_{i_{l_i}})\ x_{i_{l_i}} \in X$$

则 N 次扩展码

$$B = \{B_i = (W_{i_1}, W_{i_2}, \cdots, W_{i_N})\ i_1, i_2, \cdots, i_N = 1,2,\cdots,q \quad i = 1,2,\cdots,q^N\}$$

可见，N 次扩展码 B 中，每个码字 $B_i (i = 1,2,\cdots,q^N)$ 与 N 次扩展信源 S 中每个信源符号序列 $S_i = (s_{i_1}, s_{i_2}, \cdots, s_{i_N})$ 一一对应。

例 5.1　设信源 S 的概率空间为

$$\begin{bmatrix} S \\ P(s) \end{bmatrix} = \begin{bmatrix} s_1 & s_2 & \cdots & s_q \\ P(s_1) & P(s_2) & \cdots & P(s_q) \end{bmatrix}$$

$$\sum_{i=1}^{q} P(s_i) = 1$$

若把它通过一个二元信道进行传输，为使信源适合信道传输，就必须把信源符号 s_i 变换成 0,1 符号组成的码符号序列(二元序列)。可采用不同的二元序列使其与信源符号 s_i 相对应，这样就可得到不同的二元码，见表 5-1。

表 5-1　不同的二元码示例

信源符号 s_i	符号出现概率 $P(s_i)$	码 1	码 2
s_1	$P(s_1)$	00	0
s_2	$P(s_2)$	01	01
s_3	$P(s_3)$	10	001
s_4	$P(s_4)$	11	111

表 5-1 中,码 1 是等长非奇异码,码 2 是变长非奇异码。可计算码 1 和码 2 的任意 N 次扩展码。例如求码 2 的二次扩展码。

因为信源 S 的二次扩展信源为

$$S^2 = [a_1 = s_1 s_1, a_2 = s_1 s_2, a_3 = s_1 s_3, \cdots, a_{16} = s_4 s_4]$$

所以码 2 的二次扩展码为如表 5-2 所示。

表 5-2　二次扩展码

信源符号	码　字	信源符号	码　字
a_1	$B_1 = W_1 W_1 = 00$	a_5	$B_5 = W_2 W_1 = 010$
a_2	$B_2 = W_1 W_2 = 001$	$\vdots$	$\vdots$
a_3	$B_3 = W_1 W_3 = 0001$	$\vdots$	$\vdots$
a_4	$B_4 = W_1 W_4 = 0111$	a_{16}	$B_{16} = W_4 W_4 = 111111$

8. 唯一可译码

若码的任意一串有限长的码符号序列只能被唯一地译成所对应的信源符号序列,则此码称为唯一可译码,或单义可译码。否则,就称为非唯一可译码或非单义可译码。

若要所编的码是唯一可译码,不但要求编码时不同的信源符号变换成不同的码字,而且还必须要求任意有限长的信源序列所对应的码符号序列各不相同,即要求码的任意有限长 N 次扩展码都是非奇异码。因为只有任意有限长的信源序列所对应的码符号序列各不相同,才能把该码符号序列唯一地分割成一个个对应的信源符号,从而实现唯一地译码。

例如,表 5-1 中码 1 是唯一可译码,而码 2 是非唯一可译码。因为对于码 2,其有限长的码符号序列能译成不同的信源符号序列。如码符号序列为 0010,可译成 $s_1 s_2 s_1$ 或 $s_3 s_1$,就不唯一了。

通常将信源分为无失真信源和限失真信源,下边分别对两者进行讨论。5.2 节和 5.3 节分别讨论定长码和变长码的最佳编码问题,即是否存在一种唯一可译编码方法,使平均每个信源符号所需的码符号最短,也就是寻找无失真信源压缩的极限值;5.4 节则简要讨论限失真信源的编码定理。

5.2　定长码及其编码定理

5.2.1　定长码

一般说来,若要实现无失真的编码,这不但要求信源符号 $s_i(i = 1,2,\cdots,q)$ 与码字 $W_i(i = 1,2,\cdots,q)$ 是一一对应的,而且要求码符号序列的反变换也是唯一的。也就是说,所编的码必须是唯一可译码。否则,编码不具有唯一可译码性,就会引起译码带来错误与失真。

对于定长码来说,若定长码是非奇异码,则它的任意有限长 N 次扩展码一定也是非奇异码。因此定长非奇异码一定是唯一可译码。两种定长码示例见表 5-3。在表 5-3 中,码 2 显然不是唯一可译码。因为信源符号 s_2 和 s_4 都对应于同一码字 11,当接收到码符号 11 后,既可

译成 s_2，也可译成 s_4，所以不能唯一地译码。而码 1 是定长非奇异码，因此是一个唯一可译码。

表 5-3　两种定长码示例

信源符号	码 1	码 2
s_1	00	11
s_2	01	11
s_3	10	00
s_4	11	11

若对信源 S 进行定长编码，则必须满足

$$q \leqslant r^l \tag{5-1}$$

其中 l 是定长码的码长，r 是码符号集中的码元数。显然 $r > 1$，因此式(5-1)等价于

$$l \geqslant \log_r q \tag{5-2}$$

在表 5-2 中，信源 S 共有 $q = 4$ 个信源符号，现进行二元定长编码，其中码符号个数为 $r = 2$。根据式(5-2)可知，信源 S 存在唯一可译定长码的条件是码长 l 必须不小于 2。

如果对信源 S 的 N 次扩展信源进行定长编码。设信源 $S = \{s_1, s_2, \ldots, s_q\}$，有 q 个符号，那么它的 N 次扩展信源 $S^N = \{\alpha_1, \alpha_2, \cdots, \alpha_{q^N}\}$ 共有了 q^N 个符号，其中 $\alpha_i = \{s_{i_1}, s_{i_2}, \cdots, s_{i_q}\}$，($s_{ij} \in S, j = 1,2,\cdots,N$) 是长度为 N 的信源符号序列。又设码符号集 $X = \{x_1, x_2, \cdots, x_r\}$。现在需要把这些长为 N 的信源符号序列 $\alpha_i (i = 1,2,\cdots,q^N)$ 变换成长度为 l 的码符号序列 $W_i = \{x_{i_1}, x_{i_2}, \cdots, x_{i_l}\}$，$x_{i_k} \in X (k = 1,2,\cdots,l)$。根据前面的分析，如果要求编得的定长码是唯一可译码，则必须满足：

$$q^N \leqslant r^l \tag{5-3}$$

式(5-3)表明，只有当 l 长的码符号序列数(r^l)大于或等于 N 次扩展信源的符号数(q^N)时，才可能存在定长非奇异码。

对于式(5-3)，采用与式(5-2)相同的推导方法，得

$$l \geqslant N \log_r q \tag{5-4}$$

或

$$\frac{l}{N} \geqslant \log_r q \tag{5-5}$$

如果 $N = 1$，则式(5-5)退化为式(5-2)。

可见式(5-5)与式(5-2)是一致的。式(5-5)中 $\frac{l}{N}$ 是平均每个信源符号所需要的码符号个数。所以，对于定长唯一可译码，式(5-5)表示：每个信源符号至少需要用 $\log_r q$ 个码符号来变换。也就是，每个信源符号所需最短码长为 $\log_r q$ 个。

当采用二元码进行编码，即 $r=2$ 时，则式(5-5)成为

$$\frac{l}{N} \geqslant \log q \tag{5-6}$$

其中 log 表示以 2 为底的对数。式(5-6)表明：对于二元定长唯一可译码，每个信源符号至少需要用 $\log q$ 个二元符号来变换。这也表明，对信源进行二元定长不失真编码时，每个信源符号所需码长的极限值为 $\log q$ 个。

例如,英文电报有 32 个符号(26 个英文字母加上 6 个标点符号),即 $q = 32$。若 $r = 2$, $N = 1$,即对信源的逐个符号进行二元编码,则由式(5-6),得

$$l \geqslant \log 32 = 5 \tag{5-7}$$

这就是说,每个英文电报符号至少要用 5 位二元符号编码才行。

由前几章知识可知,英文电报符号信源,在考虑了符号出现的概率以及符号之间的依赖性后,实际上,平均每个英文电报符号所提供的信息量约等于 1.4 比特,远小于 5 比特。因此,定长编码后,每个码字只载荷约 1.4 比特信息量,也就是编码后 5 个二元符号只携带约 1.4 比特信息量。

已知对于无噪无损二元信道,每 5 个二元码符号最大能载荷 5 比特的信息量。因此,定长编码的信息传输效率极低。那么,是否可以使每个信源符号所需的码符号个数减少,也就是说是否可以提高传输效率呢?答案是可以的。这一点与式(5-5)或式(5-6)并不矛盾。因为前面讨论的定长码中没有考虑符号出现的概率,以及符号之间的依赖关系,也就是没有考虑信源的剩余度,当考虑信源符号的概率关系后,在定长编码中每个信源符号平均所需的码长就可以减少。现举例如下。

例 5.2 设信源

$$\begin{bmatrix} S \\ P(s) \end{bmatrix} = \begin{bmatrix} s_1 & s_2 & s_3 & s_4 \\ P(s_1) & P(s_2) & P(s_3) & P(s_4) \end{bmatrix}, \sum_{i=1}^{4} P(s_i) = 1 \tag{5-8}$$

其依赖关系为 $P(s_1 \mid s_2) = P(s_2 \mid s_1) = P(s_3 \mid s_4) = P(s_4 \mid s_3) = 1$,其余 $P(s_i \mid s_j) = 1$。

若不考虑符号间依赖关系,此信源 $q = 4$,进行二元码定长编码时,由式(5-6)知 $l = 2$。而如果考虑符号间的依赖关系,此特殊信源的二次扩展信源为

$$\begin{bmatrix} S^2 \\ P(s_i s_j) \end{bmatrix} = \begin{bmatrix} s_1 s_2 & s_2 s_1 & s_3 s_4 & s_4 s_3 \\ P(s_1 s_2) & P(s_2 s_1) & P(s_3 s_4) & P(s_4 s_3) \end{bmatrix}, \sum_{i,j} P(s_i s_j) = 1 \tag{5-9}$$

由上述依赖关系可知,除 $P(s_1 s_2)$,$P(s_2 s_1)$,$P(s_3 s_4)$ 和 $P(s_4 s_3)$ 不等于零外,其余 $s_i s_j$ 出现的概率皆为 0。因此,二次扩展信源 S^2 由 $4^2 = 16$ 个符号缩减到只有 4 个符号。此时,对二次扩展信源 S^2 进行定长编码,所需码长仍为 $l' = 2$,但平均每个信源符号所需码符号为 $\dfrac{l'}{N} = 1 < l$。由此可见,当考虑符号之间的依赖关系后,有些信源符号序列不会出现,这样信源符号序列个数会减少,再进行编码时,所需平均码长就可以缩短。

仍以英文电报为例,在考虑了英文字母之间的依赖关系后,每个英文电报所需的二元码符号可以少于 5 个。因为英文字母之间有很强的关联性,当用字母组合成不同的英文字母序列时,并不是所有的字母组合都是有意义的单字,若再把单字组合成更长的字母序列时,也不是任意的单字组合都是有意义的句子。因此,考虑了这种关联性后,在 N 为足够长的英文字母序列中,就有许多是无用和无意义的序列,也就是说,这些信源序列出现的概率为零或任意小。

那么,当对长为 N 的英文字母序列进行编码时,对于那些无用的字母组合,无意义的句子都可以不编码。也就是相当于在 N 次扩展信源中去掉一些字母序列(这些字母序列出现的概率为零或任意小)。使扩展信源中的符号总数小于 q^N,这样使编码所需的码字个数大大减少,因此平均每个信源符号所需的码符号个数就可以大大减少,从而使传输效率提高。当然,这就会引入一定的误差。但是,当 N 足够大时,这种误差概率可以任意小,即可做到几乎无失真地编码。

5.2.2　定长信源编码定理

定长编码定理给出了信源进行定长编码所需码长的理论极限值。为了严格证明定长编码定理，需引进 N 长信源序列集的渐近等分割性和 ε 典型序列。在信息论的定理证明中，它是一种重要的数学工具。

定理 5.1(定长信源编码定理)　一个熵为 $H(S)$ 的离散无记忆信源，若对信源长为 N 的符号序列进行等长编码，设码字是从 r 个字母的码符号集中，选取 l 个码元组成。对于任意小的正整数 $\varepsilon > 0$，只要满足

$$\frac{l}{N} \geqslant \frac{H(S)+\varepsilon}{\log r} \tag{5-10}$$

则当 N 足够大时，可实现几乎无失真编码，即译码错误概率能为任意小。反之，若

$$\frac{l}{N} \leqslant \frac{H(S)-2\varepsilon}{\log r} \tag{5-11}$$

则不可能实现无失真编码，而当 N 足够大时，译码错误概率近似等于 1。

证明：离散无记忆信源的 N 次扩展信源可以划分成互补的两类，ε 典型序列集出现的概率接近于 1，而 ε 典型序列个数 $\| G_{\varepsilon N} \| \approx 2^{N[H(S)+\varepsilon]}$。当 N 足够大时，ε 典型序列在全部 N 长信源序列中占有很少的比例。为此，只对少数的高概率 ε 典型序列进行一一对应的定长编码。这就要求码字的总数不小于 $\| G_{\varepsilon N} \|$，即

$$r^l \geqslant \| G_{\varepsilon N} \|$$

得

$$r^l \geqslant 2^{N(H(S)+\varepsilon)} > \| G_{\varepsilon N} \|$$

取对数，有

$$l \log r \geqslant N(H(S)+\varepsilon)$$

故得

$$\frac{l}{N} \geqslant \frac{H(S)+\varepsilon}{\log r}$$

因此，当选取定长码的码字长度 l 满足式(5－10)时，就能使集 $G_{\varepsilon N}$ 中所有的 ε 典型序列 a_i 都有不同的码字与其对应。但是，在这种编码下，集 $\overline{G}_{\varepsilon N}$ 中的非典型序列 a_i 却被舍弃，集 $\overline{G}_{\varepsilon N}$ 中非典型序列 a_i 的总概率是很小的，但这些非典型信源序列仍可能出现，因而会造成译码错误，其错误概率就是集 $\overline{G}_{\varepsilon N}$ 出现的概率，因此得

$$P_E = P(\overline{G}_{\varepsilon N}) \leqslant \delta(N,\varepsilon) = \frac{D[I(s_i)]}{N\varepsilon^2} \tag{5-12}$$

所以，在满足式(5－10)的条件下，当 $N \to \infty$ 时译码错误概率 $P_E \to 0$。

反之，如果 l 满足式(5－11)，即

$$r^l \leqslant 2^{N(H(S)-2\varepsilon)}$$

根据 $\| \overline{G}_{\varepsilon N} \|$ 的下限可知，此时选取的码字总数小于集 $\overline{G}_{\varepsilon N}$ 中可能有的信源序列数，因而集 $\overline{G}_{\varepsilon N}$ 中将有一些信源序列不能用长为 l 的不同码字来对应。将那些可以给予不同码字对应的信源序列的概率和记作 $P(G_{\varepsilon N}$ 中 r^l 个 $\alpha_i)$，它必然满足

$$P(G_{\varepsilon N} r^l \alpha_i) \leqslant r^l \cdot \max_{\alpha_i \in G_{\varepsilon N}} P(\alpha)$$

上式给出了在已知方差和信源熵的条件下，信源序列长度 N 与最佳编码效率和允许错误概率的关系。显然，容许错误概率越小，编码效率要越高，则信源序列长度 N 必须越长。在实际情况下，要实现几乎无失真的等长编码，N 要大到难以实现的程度，下面举例说明。

例 5.3 设离散无记忆信源

$$\begin{bmatrix} S \\ P(s) \end{bmatrix} = \begin{bmatrix} s_1 & s_2 \\ \frac{3}{4} & \frac{1}{4} \end{bmatrix}$$

其信息熵为

$$H(S) = \frac{3}{4}\log\frac{4}{3} + \frac{1}{4}\log 4 = 0.811\ (\text{比特 / 信源符号})$$

其自信息的方差为

$$\begin{aligned} D[I(s_i)] &= \sum_{i=1}^{2} p_i (\log p_i)^2 - [H(S)]^2 \\ &= \frac{3}{4}\left(\log\frac{3}{4}\right)^2 + \frac{1}{4}\left(\log\frac{1}{4}\right)^2 - (0.811)^2 \\ &= 0.4715 \end{aligned}$$

若对信源 S 采取等长二元编码时，要求编码效率 $\eta = 0.96$，允许错误概率 $\delta \leqslant 10^{-5}$，则得

$$N \geqslant \frac{0.4715}{(0.811)^2} \frac{(0.96)^2}{0.04^2 \times 10^{-5}} = 4.13 \times 10^7$$

即信源序列长度需长达 4130 万以上，才能实现给定的要求，这在实际中是很难实现的。因此，一般来说，当 N 有限时，高传输效率的定长码通常要引入一定的失真和错误，它不能像变长码那样可以实现无失真编码。

5.3 变长码及其编码定理

5.3.1 变长码

本节对信源进行变长编码问题的讨论，变长码往往在 N 不很大时就可编出效率很高而且无失真的码。

与定长码一样，变长码也必须是唯一可译码，才能实现无失真编码。对于变长码，要满足唯一可译性，不但码本身必须是非奇异的，而且其任意有限长 N 次扩展码也都必须是非奇异的。

现在针对表 5-4 所示的几种编码进行分析。

对于码 1，显然它不是唯一可译的，因为信源符号 s_2 和 s_4 对应于同一个码字 11，码 1 本身是一个奇异码。而对于码 2，虽然它本身是一个非奇异码，但它仍然不是唯一可译码。因为当接收到一串码符号序列时无法唯一地译出对应的信源符号。例如，当我们接收到一串码符号 01000 时，可将它译成信源符号 $s_4s_3s_1$，也可译成 $s_4s_1s_3$，$s_1s_2s_3$ 或者 $s_1s_2s_1s_1$ 等，因此译成的信源符号不是唯一的，所以不是唯一可译码。

表 5-4　四种编码示例

信源符号 s_i	符号出现概率 $P(s_i)$	码 1	码 2	码 3	码 4
s_1	1/2	0	0	1	1
s_2	1/4	11	10	10	01
s_3	1/8	00	00	100	001
s_4	1/8	11	01	1000	0001

事实上，此类编码虽然从单个码字来看不是奇异的，但从有限长的码符号序列来看仍然是一个奇异码。例如，只要把码 2 的二次扩展码写出来就可以看清楚，见表 5-5。

表 5-5　码 2 的二次扩展码表

信源符号	码字	信源符号	码字
s_1s_1	00	s_3s_1	000
s_1s_2	010	s_3s_2	0010
s_1s_3	000	s_3s_3	0000
s_1s_4	001	s_3s_4	0001
s_2s_1	100	s_4s_1	010
s_2s_2	1010	s_4s_2	0110
s_2s_3	1000	s_4s_3	0100
s_2s_4	1001	s_4s_4	0101

表 5-4 中码 3 和码 4 都是唯一可译码。因此它们本身是非奇异码，而且对于有限长 N 次扩展码都是非奇异码。

码 3 和码 4 虽然都是唯一可译码，但它们还有不同之处。比较码 3 和码 4 发现，码 4 的每个码字都以符号 1 为结束，在接收码符号序列过程中，只要一出现 1，就知道一个码字已经终结，新的码字就要开始，所以当出现符号 1 后，就可立即将接收到的码符号序列译成对应的信源符号。可见码字中的符号 1 起了逗点的作用，故称为逗点码。

而对于码 3 这一类码，当收到一个或几个码符号后，不能即时判断码字是否已经终结，必须等待下一个或几个码符号收到后才能做出判断。例如，当已经收到二个码符号“10”时，我们不能判断码字是否终结，必须等下一个码符号到达后才能决定。如果下一个码符号是 1，则表示前面已经收到的码符号“10”为一码字，把它译成信源符号 s_2。如果下一个符号仍是“0”，则表示前面收到的码符号“10”并不代表一个码字。这时真正的码字可能是“100”，也可能是“1000”，到底是什么码字，还须等待下一个符号到达后才能做出决定，因此码 3 不能即时进行译码。

即时码定义 1：在唯一可译变长码中，有一种特殊的码元，它的出现使得在译码时无须参考后续的码符号就能立即作出判断，译成对应的信源符号的一类码，称为即时码。

逗点码（如码 4）就是一种即时码。

分析码 3 和码 4 的结构可以发现，这两类码之间有一个重要的结构上的不同点。在码 3 中，码字 $W_1=1$ 是码字 $W_3=100$ 的前缀，而码字 $W_3=100$ 又是码字 $W_4=1000$ 的前缀，以此类推。或者说码字 $W_2=10$ 是码字 $W_1=1$ 的延长（加一个 0），而码字 $W_3=100$ 又是码字

$W_2=10$ 的延长(再加一个 0)。但是在码 4 中找不到任何一个码字是另外一个码字的前缀,当然也就没有一个码字是其他码字的延长。因此,即时码也可如下定义:

即时码定义 2:如果码 C 中没有任何完整的码字是其他码字的前缀,即设 $W_i=(x_{i_1}x_{i_2}\cdots x_{i_m})$ 是码 C 中的任一码字,而它不是其他码字

$$W_k=(x_{k_1}x_{k_2}\cdots x_{k_m}\cdots x_{k_n})\qquad n>m$$

的前缀,则称码 C 为即时码,也称非延长码或前缀条件码。

上述即时码的两个定义是一致的。事实上,如果没有一个码字是其他码字的前缀,则在译码过程中,当收到一个完整码字的码符号序列时,就能直接把它译成对应的信源符号,无须等待下一个符号到达后才作判断,这就是即时码。

反之,如果码 C 中有一些码字,例如码字 W_k 是另一码字 W_k 的前缀。当收到的码符号序列正好是 W_k 时,它可能是码字 W_k,也可能是码字 W_k 的前级部分,因此不能即刻作出判断,译出相应的信源符号来。必须等待以后一些符号的到达,才能作出正确判断,所以这就不是即时码。

即时码(非延长码)是唯一可译码的一类子码,所以即时码一定是唯一可译码,反之唯一可译码不一定是即时码。因为有些非即时码(延长码)具有唯一可译性,但不满足前缀条件(如码 3)。

5.3.2 变长信源编码定理

由 5.3.1 讨论可知,对于已知信源 5 可用码符号 x 进行变长编码,而且对同一信源编成同一码符号的即时码或唯一可译码可有许多种。究竟哪一种最好呢?从高速传输信息的观点来考虑,当然希望选择由短的码符号组成的码字,就是用码长作为选择准则,为此引进码的平均长度。

设信源为

$$\begin{bmatrix}S\\P(s)\end{bmatrix}=\begin{bmatrix}s_1 & s_2 & \cdots & s_q\\P(s_1) & P(s_2) & \cdots & P(s_q)\end{bmatrix}$$

$$\sum_{i=i}^{q}P(s_i)=1$$

编码后的码字为

$$W_1,W_2,\cdots,W_q$$

其码长分别为

$$l_1,l_2,\cdots,l_q$$

因为对唯一可译码来说,信源符号与码字是一一对应的,则有

$$P(W_i)=P(s_i),\ i=1,2,\cdots,q$$

则这个码的平均长度为

$$\bar{L}=\sum_{i=1}^{q}P(s_i)l_i$$

$\bar{L}$ 的单位是码符号/信源符号,它是每个信源符号平均需用的码元数。从工程观点来看,总希望通信设备经济、简单,并且单位时间内传输的信息量越大越好。当信源给定时,信源的

熵就确定了，而编码后每个信源符号平均用 $\bar{L}$ 个码元来变换。那么平均每个码元携带的信息量即编码后信道的信息传输率为

$$R = H(X) = \frac{H(S)}{\bar{L}} \quad (\text{比特 / 码符号})$$

若传输一个码符号平均需要 t 秒钟，则编码后信道每秒钟传输的信息量为

$$R_t = \frac{H(S)}{t\bar{L}} \quad (\text{比特})$$

由此可见 $\bar{L}$ 越短、R_t 越大，信息传输效率就越高。为此，我们感兴趣的码是使平均码长 $\bar{L}$ 为最短的码。

对于某一信源和某一码符号集来说，若有一个唯一可译码，其平均长度 $\bar{L}$ 小于所有其他唯一可译码的平均长度，则该码称为最佳码。无失真信源编码的基本问题就是要找最佳码。

下面介绍最佳码的平均码长可能达到的理论极限。

定理 5.2　若一个离散无记忆信源 S 具有熵为 $H(S)$，并有 r 个码元的码符号 $X=\{x_1, x_2,\cdots,x_r\}$，则总可找到一种无失真编码方法，构成唯一可译码，使其平均码长满足

$$\frac{H(S)}{\log r} \leqslant \bar{L} < 1 + \frac{H(S)}{\log r}$$

定理 5.2 告诉我们码字的平均长度 $\bar{L}$ 不能小于极限值 $\frac{H(S)}{\log r}$，否则唯一可译码不存在。

定理 5.2 又给出了平均码长的上界，但并不是说大于这上界不能构成唯一可译码，而是因为我们希望 $\bar{L}$ 尽可能短。定理说明当平均码长小于上界时，唯一可译码也存在。因此定理 5.2给出了最佳码的最短平均码长，并指出这个最短的平均码长 $\bar{L}$ 与信源熵是有关的。

另外还可以看到这个极限值与等长信源编码定理 5.1 中的极限值是一致的。

定理的证明分为两部分，首先证明下界，然后证明上界。

下界证明：

$$\bar{L} \geqslant \frac{H(S)}{\log r}$$

即证明

$$H(S) - \bar{L}\log r \leqslant 0$$

根据公式及熵的定义，得

$$\begin{aligned}
H(S) - \bar{L}\log r &= -\sum_{i=1}^{q} P(s_i)\log P(s_i) - \log r\sum_{i=1}^{q} P(s_i) l_i \\
&= -\sum_{i=1}^{q} P(s_i)\log P(s_i) + \sum_{i=1}^{q} P(s_i)\log r^{-l_i} \\
&= P(s_i)\frac{\log r^{-l_i}}{\log P(s_i)} \leqslant \log\sum_{i=1}^{q} P(s_i) = \log\sum_{i=1}^{q} r^{-l_i}
\end{aligned}$$

推导中的不等式是根据詹森不等式(Jensen's Inequality)得出的。因为总可找到一种唯一可译码，它的码长满足克拉夫特不等式(Kraft Inequality)，所以

$$H(S) - \bar{L}\log r \leqslant \log\sum_{i=0}^{q} r^{-l_i} \leqslant 0$$

于是证得

$$\overline{L} \geqslant \frac{H(S)}{\log r}$$

由证明过程知，上述等式成立的充要条件是

$$\frac{r^{-l_i}}{P(s_i)} = 1 \qquad (\text{对所有 } i)$$

即

$$P(s_i) = r^{-l_i} \qquad (\text{对所有 } i)$$

取对数，得

$$l_i = \frac{-\log P(s_i)}{\log r} = -\log_r P(s_i) \qquad (\text{对所有 } i)$$

可见，只有当我们能够选择每个码长 l_i 等于 $\log_r \dfrac{1}{P(s_i)}$ 时，$\overline{L}$ 才能达到这个下界值。由于 l_i 必须是正整数，所以 $\log_r \dfrac{1}{P(s_i)}$ 也必须是正整数。这就是说，当等式成立时，每个信源符号的概率 $P(s_i)$ 必须呈现 $\left(\dfrac{1}{r}\right)^{a_i}$ 的形式（a_i 是正整数）。如果这个条件满足，则只要选择 l_i 等于 $a_i(i=1,2,\cdots,q)$，然后根据这些码长，就可以按照树图法构造出一种唯一可译码，而且所得的码一定是最佳码。

上界证明：这里只需证明可以选择一种唯一可译码满足式中右边的不等式。

首先，令 $a_i = \log_r \dfrac{1}{P(s_i)} = \dfrac{-\log P(s_i)}{\log r}(i=1,2,\cdots,q)$，然后选取每个码字的长度 l_i 的原则是，若 a_i 是整数，取 $l_i = a_i$，若 a_i 不是整数，选取 l_i 满足 $a_i < l_i < a_i + 1$ 的整数，即选择码长满足 $l_i = \left\lceil \log_r \dfrac{1}{P(s_i)} \right\rceil (i=1,2,\cdots,q)$，式中符号「$x$⌉代表不小于 x 的整数。因此，得码长满足

$$a_i \leqslant l_i < a_i + 1 \qquad (\text{对所有 } i) \tag{5-13}$$

对式(5-13)所有的 i 求和，左边的不等式即是克拉夫特不等式。因此，用这样选择的码长 l_i 可构造唯一可译码。但所得码并不一定是最佳码。

将式(5-13)右边的不等式两边都乘以 $P(s_i)$，再对 i 求和，得

$$\sum_{i=1}^{q} P(s_i) l_i < \frac{-\sum_{i=1}^{q} P(s_i) \log P(s_i)}{\log r} + 1$$

故得

$$\overline{L} < \frac{H(S)}{\log r} + 1 \tag{5-14}$$

由此证明得到，平均码长小于上界的唯一可译码存在。

［证毕］

式(5-14)中，熵 $H(S)$ 与 $\log r$ 的信息量单位必须一致。若熵以 $\lim\limits_{x\to\infty} \dfrac{\overline{L_N}}{N} = H_r(S)$ 进制为单位，则式(5-13)可写成 $H_r(S) \leqslant \overline{L} < H_r(S)+1, H_r(S) = -\sum\limits_{i=1}^{q} P(s_i) \log_r p(s_i)$。从单位来看，在式(5-14)中 $H(S)/\log r$ 的单位是码符号/信源符号，它与平均码长 L 的单位是一致的。

在式中似乎 $H_r(S)$ 单位应是 r 进制单位/信源符号，但因为现在每个 r 元码符号携带1个 r 进制单位信息量，所以实际上，式(5-14)中 $H_r(S)$ 的单位仍是码符号/信源符号，与平均码长的单位仍是一致的。

定理5.3(无失真变长信源编码定理(即香农第一定理)　离散无记忆信源 S 的 N 次扩展信源 $S_N=\{a_1,a_2,\cdots,a_{q^N}\}$，其熵为 $H(S^N)$，并有码符号 $X=\{x_1,x_2,\cdots,x_r\}$。对信源 S^N 进行编码，总可以找到一种编码方法，构成唯一可译码，使信源 S 中每个信源符号所需的平均码长满足

$$\frac{H(S)}{\log r}+\frac{1}{n}>\frac{\overline{L_N}}{N}\geqslant\frac{H(S)}{\log r}$$

或者

$$H_r(S)+\frac{1}{n}>\frac{\overline{L_N}}{N}\geqslant H_r(S)$$

当 $n\to\infty$ 时，则得

$$\lim_{x\to\infty}\frac{\overline{L_N}}{N}=H_r(S)$$

式中

$$\overline{L_N}=\sum_{i=1}^{q^N}P(a_i)\lambda_i$$

其中，λ_i 是 a_i 所对应的码字长度，因此，$\overline{L_N}$ 是无记忆扩展信源 S^N 中每个符号 a_i 的平均码长，可见 $\overline{L_N}/N$ 仍是信源 S 中每一单个信源符号所需的平均码长。这里要注意 $\overline{L_N}/N$ 和 $\overline{L_N}$ 的区别，它们两者都是每个信源符号所需的码符号的平均数，但是，$\overline{L_N}/N$ 的含义是，为了得到这个平均值，不是对单个信源 s_i 进行编码，而是对 N 个信源符号的序列 a_i 进行编码。

定理5.2可以包括在定理5.3之中。

5.4　限失真编码定理

香农第一定理和香农第二定理指明，无论是无噪声信道还是有噪声信道，只要信道的信息传输率 R 小于信道容量 C，总能找到一种编码，在信道上以任意小的错误概率和任意接近信道容量的信息传输率传输信息。反之，若信道信息传输率 R 大于信道容量 C，一定不能使传输错误概率任意小，传输必然失真。

实际上，人们并不需要完全无失真地恢复信息，只是要求在一定保真度下，近似恢复信源输出的信息。比如，人类主要是通过视觉和听觉获取信息，人的视觉大多数情况下对于25帧以上的图像就认为是连续的，通常人们只需传送每秒25帧的图像就能满足通过视觉感知信息的要求，而不必占用更大的信息传输率。而大多数人只能听到几千赫兹到十几千赫兹，即便是训练有素的音乐家，一般也不过能听到20kHz的声音。所以，在实际生活中，通常只是要求在保证一定质量的前提下在信宿近似地再现信源输出的信息，或者说在保真度准则下，允许信源输出的信息到达信宿时有一定的失真。

对于给定的信源，在允许的失真条件下，信源熵所能压缩的极限理论值是多少？香农

(Shannon)的重要论文《保真度准则下的离散信源编码定理》论述了在限定范围内的信源编码定理。限失真信源编码的信息率失真理论是信号量化、模/数转换、频带压缩和数据压缩的理论基础，在图像处理、数字通信等领域得到广泛的应用。

所谓信道产生的失真 $d(x_n, y_m)$ 是指：当信道输入为 x_n 时，输出得到的是 y_m，其差异或损失，称为译码失真，可描述为

$$d(x_n, y_m) = \begin{cases} 0 & x_n = y_m \\ a > 0 & x_n \neq y_m \end{cases}$$

而平均译码失真则是

$$\bar{d} = \sum_{n=1}^{N}\sum_{m=1}^{M} P(x_n)P(y_m \mid x_n)d(x_n, y_m)$$

如果要求平均译码失真小于某个给定值 D，即

$$\bar{d} = \sum_{n=1}^{N}\sum_{m=1}^{M} P(x_n)P(y_m \mid x_n)d(x_n, y_m) \leqslant D$$

也就是对 $P(Y \mid X)$ 施加一定的限制。把满足上式的那些 $P(Y \mid X)$ 记为 P_D，在集合 P_D 中寻找一个 $P(Y \mid X)$ 使 $I(Y \mid X)$ 极小，把这个极小值称为在 $\bar{d} \leqslant D$ 的条件下所必须传送的信息速率，并记为 $R(D)$，即

$$R(D) = \min_{P(Y|X) \in P_D} I(X;Y)$$

称 $R(D)$ 为信息率失真函数。它表示信息率与失真量之间的关系。上式表明，在集合 $R(D)$ 中，任意一个 $I(Y \mid X)$ 值所对应的平均失真都小于或等于 D。也就是说，在集合 P_D 内，只要 $I(Y \mid X) \geqslant R(D)$，就可以达到 $\bar{d} \leqslant D$；但是如果 $I(Y \mid X) < R(D)$，就意味着 $P(Y \mid X)$ 不在集合 P_D 内，因而不能满足 $\bar{d} \leqslant D$。

定理 5.4（离散无记忆信源的限失真编码定理（香农第三定理）） 设 $R(D)$ 是某离散无记忆信源的信息率失真函数，只要满足信息率 $R > R(D)$，对于任意小的 $\varepsilon > 0$，允许失真值 $D \geqslant 0$，以及任意足够长的码字长度 N，则一定存在一种编码方法，使其平均译码失真 $\bar{d} \leqslant D + \varepsilon$；反之，若 $R < R(D)$，则无论采用什么样的编码方法，都不可能使译码的失真小于或等于 $D + \varepsilon$。

离散无记忆信源的限失真编码定理也称为香农第三编码定理，它表明：在允许失真值 D 给定后，总存在一种编码方法，使编码后的信源输出信息率 R 大于 $R(D)$，但可任意地接近于 $R(D)$，而平均失真 $\bar{d}$ 小于或无限接近于允许失真值 D；反之，若 $R > R(D)$，则编码后的平均失真 $\bar{d}$ 将大于 D。

如果用二进制码符号来进行编码的话，那么在允许失真为 D 的情况下，平均每个信源符号所需二进制码符号数的下限值在数量上等于 $R(D)$。在不允许失真的情况下，平均每个信源符号所需二进制码符号数的下限值在数量上等于 $H(S)$。一般情况下，有 $R(D) < H(S)$，因此，在满足保真度准则 $\bar{d} \leqslant D$ 的条件下，信源所需输出数据就可以达到压缩。

信息传输的目标是高效率、高质量地传输信息，而高效率和高质量又常常相矛盾。本章分析的几个编码定理表明：通过适当的编码可以把高效率（传输信息的速率无限接近于信道容量）和高质量（传输信息的差错无限接近于零或者失真低于规定的允许值）完美地结合起来。

5.5　信源编码技术

信源编码的实质是对信源的原始符号按一定的数学规则进行变换。而编码的目的在于提高信息传输的有效性(信源编码);并提高信息传输的可靠性(信道编码),香农第一定理指出了平均码长与信源熵之间的关系,同时也指出了通过编码可使平均码长达到极限值。费诺(Fano)码、香农-费诺-埃利斯(Shannon - Fano - Elias)码、霍夫曼(Huffman)码和游程编码等都是常用的编码方法。

信源编码通常分为统计编码、变换编码和预测编码,其中统计编码按其编码效率可分为最优编码和次最优编码,变换编码按其采用的技术可以分为离散余弦变换编码、小波变换编码及多分辨分析编码等,预测编码则可以进一步分为无损编码和有损编码。主要信源编码技术分类如图 5 - 2 所示。

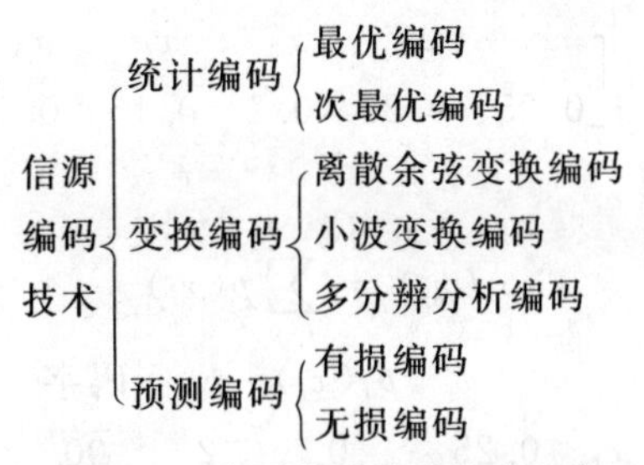

图 5 - 2　主要信源编码技术分类

统计编码中最优编码的代表有香农码、香农-费诺码和霍夫曼码等,而霍夫曼码又分为二元码、m 元码和相同概率码;典型的次最优编码有 B 码、移位码、平移码和次最优霍夫曼码等,其中次最优霍夫曼码又可分为截断霍夫曼码和霍夫曼平移码两种。统计编码的分类与关系如图 5 - 3 所示。

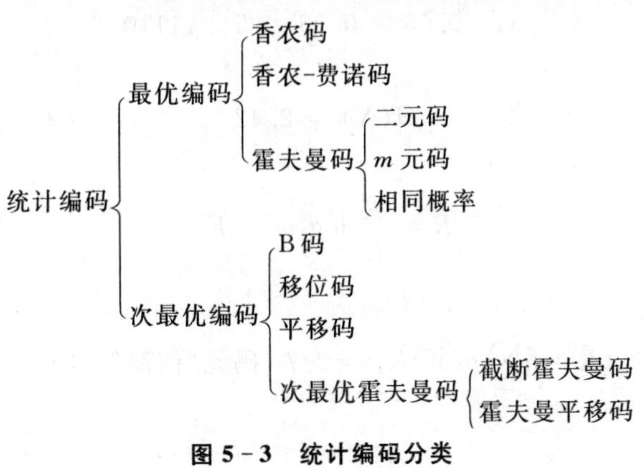

图 5 - 3　统计编码分类

5.5.1　霍夫曼等统计编码方法

香农第一定理指出了平均码长与信源熵之间的关系,同时也指出可通过编码使平均码长达到极限值,这是一个很重要的极限定理。定理 5.2 的证明过程告诉了我们一种编码方法,这种编码方法即为香农编码。

设有离散无记忆信源：

$$\begin{bmatrix} x_1 & x_2 & \cdots & x_n \\ p(x_1) & p(x_2) & \cdots & p(x_n) \end{bmatrix}, \sum_{i=1}^{n} p(x_i) = 1$$

香农编码方法的步骤：

(1)按信源符号的概率从大到小的顺序排队，不妨设

$$p(x_1) \geqslant p(x_2) \geqslant \cdots \geqslant p(x_n)$$

(2)令 $p(x_0) = 0$，用 $p_a(x_j)(j = i+1)$ 表示第 i 个码字的累加概率

$$p_a(x_j) = \sum_{i=1}^{j-1} p(x_i)$$

(3) $-\log_2 p(x_i) \leqslant k_i \leqslant 1 - \log_2 p(x_i)$；

(4)把 $p_a(x_j)$ 用二进制表示，用小数点后的 k 位作为 x_i 的码字。

例 5.4 设有一单符号离散无记忆信源如下，试对该信源编二进制香农码：

$$\begin{bmatrix} X \\ P(X) \end{bmatrix} = \begin{bmatrix} x_1 & x_2 & x_3 & x_4 & x_5 & x_6 \\ 0.25 & 0.25 & 0.2 & 0.15 & 0.1 & 0.05 \end{bmatrix}$$

编码过程：

$$p_a(x_j) = \sum_{i=0}^{j-1} p(x_i)$$

		$p_a(x_j)$	k_i	码字
x_1	0.25	0	2	00
x_2	0.25	0.25	2	01
x_3	0.2	0.5	3	100
x_4	0.15	0.7	3	101
x_5	0.1	0.85	4	1101
x_6	0.05	0.95	5	11110

信源熵：

$$H(X) = 2.42$$

信息率：

$$R = \frac{\overline{K}}{L} \log_2 m = \overline{K}$$

平均码长：

$$\overline{K} = \sum_{i=1}^{6} p(x_i) K_i = 2.7 \text{（码元/信源符号）}$$

编码效率：

$$\eta = \frac{H(X)}{R} = 0.896\,3$$

香农编码方法是选择每个码字长度 l_i 满足

$$l_i = \left\lceil \log \frac{1}{P(s_i)} \right\rceil (i = 1, 2, \cdots, q)$$

由定理可知，这样选择的码长一定满足克拉夫特不等式，所以一定存在唯一可译码。然

后，按照这个码长 l_i，用树图法就可编出得到相应的一组码(即时码)。

按照香农编码方法编出来的码，可以使其平均码长 $\bar{L}$ 不超过上界，即

$$\bar{L} < H_r(S) + 1$$

只有当信源符号的概率分布呈现 $\left(\frac{1}{r}\right)^{a_r}$ (a_r 为整数)形式时，$\bar{L}$ 才能达到极限值 $H_s(S)$。一般情况，香农编码的 $\bar{L}$ 不是最短，即编出来的不是最佳码。

例 5.5　单符号离散无记忆信源 X 见表 5-6。

表 5-6　无记忆信源示例

x_i	x_1	x_2	x_3	x_4	x_5	x_6	x_7
$p(x_i)$	0.20	0.19	0.18	0.17	0.15	0.10	0.01

信源熵

$$H(X) = 2.61\ (\text{比特/符号})$$

香农编码过程如表 5-7。

表 5-7　示例信源的香农编码过程

X_i	$p(x_i)$	$I(x_i)$	K_i	P_i	P_i(二进制)	码字
x_1	0.20	2.32	3	0	0.0000	000
x_2	0.19	2.40	3	0.20	0.0011	001
x_3	0.18	2.47	3	0.39	0.0110	011
x_4	0.17	2.56	3	0.57	0.1001	100
x_5	0.15	2.74	3	0.74	0.1011	101
x_6	0.10	3.32	4	0.89	0.11100	1110
x_7	0.01	6.64	7	0.99	0.11111101	1111110

平均码长：

$$\bar{K} = \sum_{i=1}^{7} p(x_i)K_i = 3.14\quad (\text{码元 / 信源符号})$$

编码效率：

$$\eta = \frac{H(X)}{\bar{K}} = \frac{2.61}{3.14} = 0.831$$

1. 霍夫曼码

1952 年霍夫曼提出了一种构造最佳码的方法。它是一种最佳的逐个符号的编码方法。

对于二元系统，霍夫曼码的编码步骤如下：

(1)将 q 个信源符号按概率递减的方式排列起来。

(2)用“0”“1”码符号分别表示概率最小的两个信源符号，并将这两个概率最小的信源符号合并成一个符号，从而得到只包含 $q-1$ 个符号的新信源，称之为 S 信源的缩减信源 S_1。

(3)将缩减信源 S_1 的符号仍按概率大小以递减次序排列，再将其最后两个概率最小的符号合并成一个符号，并分别用“0”“1”码符号表示，这样又形成了 $q-2$ 个符号的缩减信源 S_2。

(4)依次继续下去，直到信源最后只剩下两个符号为止，将这最后两个符号分别用“0”“1”码符号表示，然后从最后一级缩减信源开始，向前返回，得出各信源符号所对应的码符号序列，

即得出对应的码字。

对于例 5.5 的信源 X,其霍夫曼码编码过程如图 5-4 所示。

x
p(x_i)
编码过程
码字
x1 0.20 0.20 0.26 0.35 0.39 0.61 0 10
x2 0.19 0.19 0.20 0.26 0.35 0 0.39 1 11
x3 0.18 0.18 0.19 0.20 0 0.26 1 000
x4 0.17 0.17 0.18 0 0.19 1 001
x5 0.15 0.15 0.17 1 010
x6 0.10 0 0.11 0110
x7 0.01 1 0111

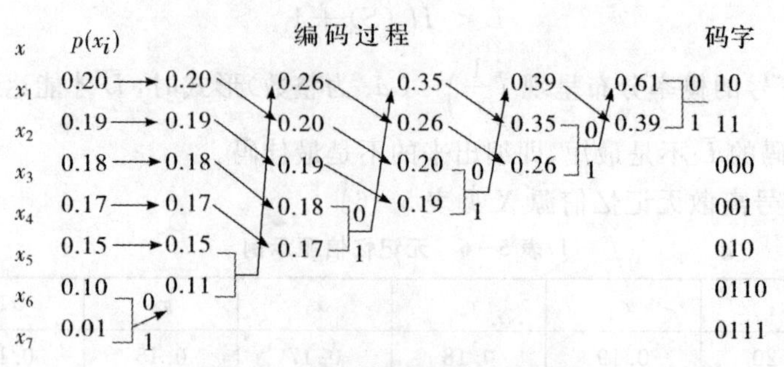

图 5-4　霍夫曼码编码过程示例

平均码长：

$$\overline{K} = \sum_{i=1}^{7} p(x_i)K_i = 2.72(\text{码元}/\text{信源符号})$$

编码效率：

$$\eta = \frac{H(X)}{\overline{K}} = 0.960$$

霍夫曼码是一种即时码,可用码树形式来表示。

每次对缩减信源最后两个概率最小的符号,用“0”和“1”码是可以任意的,所以可得到不同的码,码长 l_i 不变,平均码长也不变。

若当缩减信源中缩减合并后的符号的概率与其他信源符号概率相同时,从编码方法上来说,它们概率次序的排列没有限制,因此可得到不同的码。如下例所示。

例 5.6　一单符号离散信源 X 的两种霍夫曼编码方式,如图 5-5 所示。

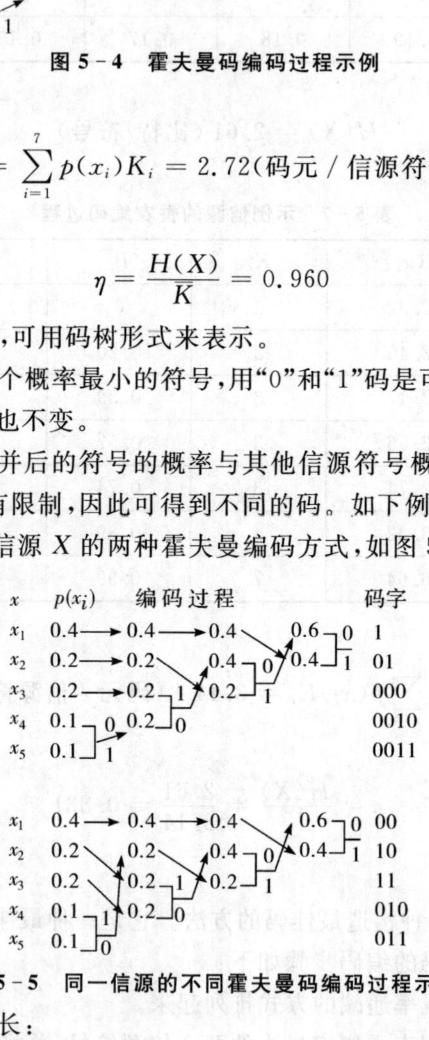

x
p(x_i)
编码过程
码字
x1 0.4 0.4 0.4 0.6 0 1
x2 0.2 0.2 0.4 0 0.4 1 01
x3 0.2 0.2 1 0.2 1 000
x4 0.1 0 0.2 0 0010
x5 0.1 1 0011
x1 0.4 0.4 0.4 0.6 0 00
x2 0.2 0.2 0.4 0 0.4 1 10
x3 0.2 0.2 1 0.2 1 11
x4 0.1 1 0.2 0 010
x5 0.1 0 011

图 5-5　同一信源的不同霍夫曼码编码过程示例

两种编码方法的平均码长：

$$\overline{K} = \sum_{i=1}^{7} p(x_i)K_i = 2.2(\text{码元}/\text{信源符号})$$

编码效率：

$$\eta = \frac{H(X)}{\overline{K}} = 0.965$$

两种编码方法比较,树结构如图 5-6 所示。

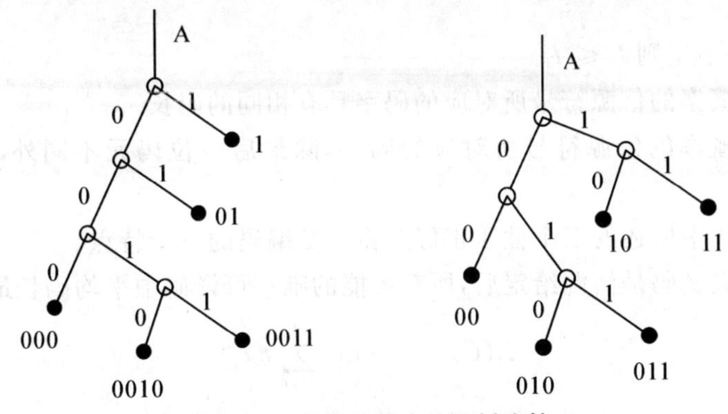

图 5-6 两种编码方法码树比较

由此可见,对于对给定信源,霍夫曼编码方法得到的码并非是唯一的,但平均码长不变。平均码长相同意味着两种编码的编码效率相同,但每个信源符号的码长却不相同。

霍夫曼码是一种块(组)码,因为各个信源符号都被映射成一组固定次序的码符号;霍夫曼码是一种即时码,因为一串码符号中的每个码字都可不考虑其后的符号解出来;霍夫曼码是一种可唯一解开的码,因为任何码符号串只能以一种方式解。

霍夫曼码的特点:

(1)霍夫曼码编码方法保证了概率大的符号对应于短码,概率小的符号对应于长码,即如果 $p_j > p_k$,则 $l_j \leqslant l_k$,而且短码得到充分利用。

(2)每次缩减信源的最后二个码字总是最后一位码元不同,前面各位码元相同(二元编码情况)。

(3)每次缩减信源的最长两个码字有相同的码长。

这三个特点保证了所得的霍夫曼码一定是最佳码。

另外,霍夫曼编码方法得到的编码不是唯一的:一是每次对信源缩减时,赋予信源最后两个概率最小的符号,用0和1可以是任意的,但这不会影响码字的长度;二是对信源进行缩减时,若两个概率最小的符号合并后的概率与其他信源符号的概率相同时,这两者在缩减信源中进行概率排序,其位置次序可以是任意的。

霍夫曼编码方法保证了概率大的符号对应于短码,概率小的符号对应于长码,充分利用了短码;霍夫曼编码方法缩减信源的最后两个码字总是最后一位不同,从而保证了编码结果是非续长码。

编码选择依据码方差,即码长 l_i 偏离平均长度 $\bar{L}$ 的方差:

$$\delta^2 = E[(l_i - \bar{L})^2] = \sum_{i=1}^{q} P(s_i)(l_i - \bar{L})^2$$

对信源进行缩减时,若两个概率最小的符号合并后的概率与其他信源符号的概率相同,则这两者在缩减信源中进行概率排序,其位置次序可以是任意的,这种情况将影响码字的长度。

在进行编码时,为了得到码方差最小的码,应使合并的信源符号位于缩减信源序列尽可能高的位置上,以减少再次合并的次数,充分利用短码。

对于例5.6中两种不同的编码方式,其平均码长和编码效率相同,但它们的码方差不同。对于方法1,$\delta^2 = 1.36$,对于方法2,$\delta^2 = 0.16$。可见方法2的码方差小,因此编码质量好。

定理5.4 对于给定分布的任何信源,存在一个最佳即时码(其平均码长最短),此码满足以下性质：

(1)若果 $p_j > p_k$，则 $l_j \leqslant l_k$。

(2)两个最小概率的信源符号所对应的码字具有相同的码长。

(3)两个最小概率的信源符号所对应的码字，除最后一位码元不同外，前面各位码元都相同。

说明：定理 5.4 中所述的三个性质正好是霍夫曼编码的三个特点。

由此可见，霍夫曼码是信源给定后，所有可能的唯一可译码中平均码长最短的码，即

$$\overline{L}(C) = \min_{\sum_{i=1}^{q} r^{-l_i} \leqslant 1} \sum_{i=1}^{q} p_i l_i$$

定理 5.4 证明思路：

若 $p_j > p_k$，则 $l_j \leqslant l_k$；否则有 $p_j > p_k$，且 $l_j > l_k$，则因为

$$(p_j l_j + p_k l_k) - (p_j l_k + p_k l_j) = (p_j - p_k)(l_j - l_k) > 0$$

所以可以交换码字 w_j 和 w_k 使平均码长缩短。

两最小概率符号码长相同：否则从非续长码条件可知，可以去掉最长码的后几位使两码同长。

上述两码字只有最后一位码元不同：等长就可以安排为同一中间节点伸出的两个终端节点。

定理 5.5　二元霍夫曼码一定是最佳即时码。即若 C 是霍夫曼码，C' 是任意其他即时码，则有

$$\overline{L}(C) \leqslant \overline{L}(C')$$

证明思路：设信源中两个概率最小的符号为 a_{q-1} 和 a_q，其概率分别为 p_{q-1} 和 p_q，合并为符号 a 后相应长度为 l_a，缩减信源与前一缩减信源平均长度的差为

$$p_{q-1}(l_a + 1) + p_q(l_a + 1)l_a - (p_{q-1} + p_q)l_a = p_{q-1} + p_q$$

霍夫曼码是在信源给定情况下的最佳码，所以其平均码长的界限为

$$H_r(S) \leqslant \overline{L}(C) \leqslant H_r(S) + 1$$

对信源的 N 次扩展信源同样可以采取霍夫曼编码方法。因为霍夫曼码是最佳码，所以编码后单个信源符号所编得的平均码长随 N 的增加很快接近于极限值——信源的熵。

2. 费诺码

费诺码不是最佳的编码方法，但有时也可得到最佳码的性能。费诺码的编码步骤如下：

(1)将信源符号消息按其出现概率的大小依次排列：

$$p(x_1) \geqslant p(x_2) \geqslant \cdots \geqslant p(x_n)$$

(2)将依次排列的信源符号按其概率分为两大组，使两个组的概率之和近似相等，并对各组赋予一个码元 0 和 1；

(3)按(2)方法将每一大组再分为两组，各组再赋予一个码元 0 和 1；

(4)如此重复，直至每个组只剩一个信源符号为止；

(5)信源符号所对应的码字即为费诺码。

这样，信源符号所对应的码符号序列就是编得的码字。

对于例 5.5 的信源 X，其费诺码编码过程见表 5－8。

表 5 - 8　示例的费诺编码过程

x_i	$p(x_i)$	第 1 次	第 2 次	第 3 次	第 4 次	码字	码长
x_1	0.20	0	0			00	2
x_2	0.19	0	1	0		010	3
x_3	0.18	0	1	1		011	3
x_4	0.17	1	0			10	2
x_5	0.15	1	1	0		1103	
x_6	0.10	1	1	1	0	1110	4
x_7	0.01	1	1	1	1	1111	4

平均码长：

$$\overline{K} = \sum_{i=1}^{7} p(x_i)K_i = 2.74(\text{码元 / 信源符号})$$

编码效率：

$$\eta = \frac{H(X)}{\overline{K}} = 0.953$$

费诺码的编码方法实际上是一种构造码树的方法，所以费诺码是即时码。费诺码考虑了信源的统计特性，使概率大的信源符号能对应码长较短的码字，从而有效地提高了编码效率。

费诺码编码方法不一定能使短码得到充分利用，尤其当信源符号较多时，若有一些符号概率分布很接近，分两大组的组合方法就会很多，可能某种分大组的结果，会使后面小组的“概率和”相差较远，从而使平均码长增加。

费诺码不一定是最佳码，一般地，费诺码的平均码长 $\overline{l} \leqslant H_r(S) + 2$。

对 r 元费诺码，只需每次分成 r 组即可。

3. 香农-费诺-埃利斯码

香农-费诺-埃利斯编码方法，是采用信源符号的累积分布函数来分配码字的。香农-费诺编码示例见表 5 - 9。

表 5 - 9　香农-费诺编码示例

<table>
<tr><th colspan="2">初始信源</th><th colspan="5">对信源符号逐步赋值</th><th rowspan="2">得到的码字</th></tr>
<tr><th>符号</th><th>概率</th><th>1</th><th>2</th><th>3</th><th>4</th><th>5</th></tr>
<tr><td>a_2</td><td>0.4</td><td>0</td><td colspan="4"></td><td>0</td></tr>
<tr><td>a_6</td><td>0.3</td><td rowspan="5">1</td><td colspan="4">0</td><td>10</td></tr>
<tr><td>a_1</td><td>0.1</td><td rowspan="4">1</td><td colspan="3">0</td><td>110</td></tr>
<tr><td>a_4</td><td>0.1</td><td rowspan="3">1</td><td colspan="2">0</td><td>1110</td></tr>
<tr><td>a_3</td><td>0.06</td><td rowspan="2">1</td><td>0</td><td>11110</td></tr>
<tr><td>a_5</td><td>0.04</td><td>1</td><td>11111</td></tr>
</table>

香农-费诺-埃利斯码的性质：

$$F(a_k) \Leftrightarrow a_k$$

可采用 $F(a_k)$ 的数值作为符号 a_k 的码字。

每个信源符号 a_k 所编得的码字对应的区域都没有重叠,码组满足前缀条件,为即时码。

用二进数表示 $F(a_k)$,一般为无限位二进数。取小数后 $l(a_k)$ 位,即截去后面的位数,得 $F(a_k)$ 的近似值 $\lfloor F(a_k) \rfloor_{l(a_k)}$,并用这 $l(a_k)$ 位二进制数作为 a_k 的码字。其中 $\lfloor x \rfloor_l$ 表示取 l 位使值小于等于 x 的数。

根据二进制小数截去位数的影响,可知 $F(a_k)$ 与它近似值 $\lfloor F(a_k) \rfloor_{l(a_k)}$ 之差是小于该差数的一半。

在香农-费诺-埃利斯码的编码方法中,没有要求信源符号的概率按大小次序排列。

5.5.2 常用次最优编码方法

1. B 码

B 码是单义码,但是是续长码,译码时要向前看一位延续比特。

B 码编码时也是将出现概率最大的消息安排最少长度的码字,然后依次排列下来。它的优点就是编码、译码方法比较简单,易于硬件实现,对误码的抗干扰能力也较强。对于某信息,其 B 码编码示例见表 5-10。

表 5-10 B 码编码示例

	B_1 码	B_2 码
W_1	C0	C00
W_2	C1	C01
W_3	C0C0	C10
W_4	C0C1	C11
W_5	C1C0	C00C00
W_6	C1C1	C00C01
W_7	C0C0C0	C00C10
W_8	C0C0C1	C00C11

2. 移位(S_n)码

移位码只采用两种字长的码字,例如当 $n=2$ 时,S_2 有四种不同的码字,见表 5-11。码字中的 C_1,C_2 和 C_3 分别赋予前三个消息,而后续的消息则用 C_4 和 C_1,C_2,C_3 的组合,或 C_4 的多次重复与 C_1,C_2,C_3 的组合来表示,C_4 的个数用来表示该符号的序数超过 3 的次数,见表 5-12。

表 5-11 S_2 的四个码字

C_1	C_2	C_3	C_4
00	01	10	11

表 5-12　S_2编码示例

符号	出现概率	码字
A_1	0.4	00
A_2	0.3	01
A_3	0.1	10
A_4	0.1	1100
A_5	0.06	1101
A_6	0.04	1110

移位码的优点在于易于实现，且对于具有单调减小概率的输入信号相当有效。

3. 截断霍夫曼码

霍夫曼码虽然编码效率高，但当信源数目较多时，其计算复杂度大大增加，而且其码字缺乏构造性。为了解决这个问题，又提出了截断霍夫曼码和霍夫曼平移码。

截断霍夫曼码的编码思想是仅对一部分占概率较大的信源进行霍夫曼编码，剩下的信源用前缀加自然码表示。

4. 霍夫曼平移码

霍夫曼平移码的编码思想是将所有信源符号按概率分布递减排列，将其分块，仅对第一块占概率较大的信源进行霍夫曼编码，剩下的信源用前缀加第一块的霍夫曼编码表示，前缀重复的次数即为块号减 1。

现在对前面讨论的几种经典编码方法通过实例进行对比分析，表 5-13 给出了某给定信源和对应的几种信源编码。

表 5-13　几种不同编码方式比较

信源	概率符号	二元码	霍夫曼码	B_2码	截断霍夫曼码	二元平移码	霍夫曼平移码
a_1	0.2	0.000	10	C00	10	000	10
a_2	0.1	0.001	110	C01	011	001	11
a_3	0.1	00010	111	C10	0000	010	110
a_4	0.06	00011	0101	C11	0101	011	100
a_5	0.05	00100	00000	C00C00	00010	100	101
a_6	0.05	00101	00001	C00C01	00011	101	1110
a_7	0.05	00110	00010	C00C10	00100	110	1111
a_8	0.04	00111	00011	C00C11	00101	111000	0010
a_9	0.04	01000	00110	C01C00	00110	111001	0011
a_{10}	0.04	01001	00111	C01C01	00111	111010	00110
a_{11}	0.04	01010	00100	C01C10	01000	111011	00100
a_{12}	0.03	01011	01001	C01C11	01001	111100	00101
a_{13}	0.03	01100	01110	C10C00	100000	111101	001110

续表

信源	概率符号	二元码	霍夫曼码	B_2 码	截断霍夫曼码	二元平移码	霍夫曼平移码
a_{14}	0.03	01101	01111	C10C01	100001	111110	001111
a_{15}	0.03	01110	01100	C10C10	100010	111111000	000010
a_{16}	0.02	01111	010000	C10C11	100011	111111001	000011
a_{17}	0.02	10000	010001	C11C00	100100	111111010	0000110
a_{18}	0.02	10001	001010	C11C01	100101	111111011	0000100
a_{19}	0.02	10010	001011	C11C10	100110	111111100	0000101
a_{20}	0.02	10011	011010	C11C11	100111	111111101	00001110
a_{21}	0.01	10100	011011	C00C00C00	101000	111111110	00001111
熵:4.0							
平均长度		5.0	4.05	4.65	4.24	4.59	4.13

从上述讨论可以看出,统计编码是一种高效编码方法。但是,它也有下述缺点:

(1)码长不同,需要用数据缓冲单元收集可变比特率的代码,使用不便;

(2)代码缺乏构造性,即不能用数学方法建立一一对应的关系,只能通过查表方法实现对应关系,如果消息数目太多,表就会很大,设备就会复杂;

(3)统计编码在编码过程中需要知道每个消息的出现概率,实际使用时,这些概率是很难事先确切得到的。

5.5.3 变换编码

所谓变换编码,就是引入某种变换,通常是正交变换,将时间相关的信号序列变换为另一个域上彼此独立或者相关程度较低的序列,将能量集中在部分样值上。然后,对这个新序列进行编码,给能量较大的分量分配较多的比特,给能量较小的分量分配较少的比特,从而提高编码整体效率。

变换编码的关键是找到一种合适的变换,使时间相关的信号序列成为变换域上彼此独立或者相关程度较低的序列,同时将能量集中在部分样值上。满足这样条件的变换有傅里叶变换、余弦变换、小波变换、哈达玛变换等。

变换编码常用于图像数据压缩编码,例如 JPEG 国际压缩标准中就用到了基于离散余弦变换的变换编码。变换编码是从频域的角度减小图像信号的空间相关性,它在降低数码率等方面取得了和预测编码相近的效果。进入 20 世纪 80 年代后,逐渐形成了一套运动补偿和变换编码相结合的混合编码方案,大大推动了数字视频编码技术的发展。90 年代初,ITU 提出了著名的针对会议电视应用的视频编码建议 H.261,这是第一个得到广泛使用的混合编码方案。之后,随着不断改进的视频编码标准和建议如 H.264,MPEG1/MPEG2/MPEG4 的推出,混合编码技术逐渐趋于成熟,成为一种应用最广泛的数字视频编码技术。

变换编码的一般步骤如图 5-7 所示。

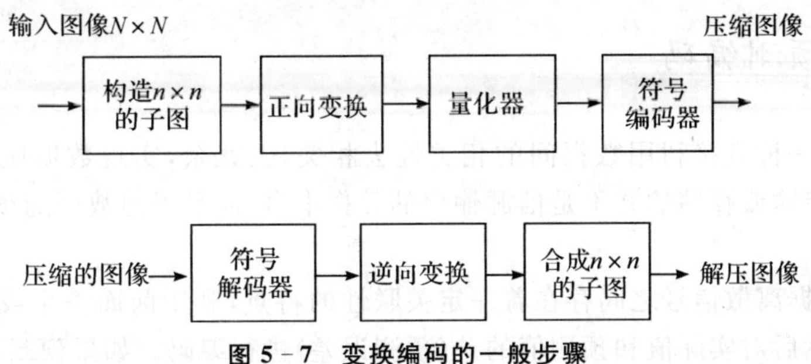

图5-7　变换编码的一般步骤

变换编码不是直接对空域图像信号进行编码，而是首先将空域图像信号映射变换到另一个正交矢量空间（变换域或频域），产生一批变换系数，然后对这些变换系数进行编码处理。变换编码是一种间接编码方法，其中关键问题是在时域或空域描述时，数据之间相关性大，数据冗余度大，经过变换在变换域中描述，数据相关性大大减少，数据冗余量减少，参数独立，数据量少，这样再进行量化，编码就能得到较大的压缩比。典型的准最佳变换有DCT（离散余弦变换）、DFT（离散傅里叶变换）、WHT（Walsh Hadama变换）、HrT（Haar变换）等。其中，最常用的是DCT。

在变换编码的比特分配中，分区编码是基于最大方差准则，阈值编码是基于最大幅度准则。变换编码是失真编码的一种重要的编码类型。

一般来说，信号压缩是指将信号进行换基处理后，在某个正交基下变换为展开系数按一定量级呈指数衰减，具有非常少的大系数和许多小系数的信号，这种通过变换时限压缩的方法称为变换编码。

变换是变换编码的核心。理论上最理想的变换应使信号在变换域中的样本相互统计独立。实际上一般不可能找到能产生统计独立样本的可逆变换，人们只能退而要求信号在变换域中的样本相互线性无关。满足这一要求的变换称为最佳变换。“卡洛变换”是一种符合这一要求的线性正交变换，并将其性能作为一种标准，用以比较其他变换的性能。卡洛变换中的基函数是由信号的相关函数决定的。对平稳过程，当变换的区间 T 趋于无穷时，它趋于复指数函数。

变换编码中实用的变换，不但希望能有最佳变换的性能，而且要有快速的算法。而卡洛变换不存在快速算法，所以在实际的变换编码中不得不大量使用各种性能上接近最佳变换，同时又有快速算法的正交变换。正交变换可分为非正弦类和正弦类。非正弦类变换以沃尔什变换、哈尔变换、斜变换等为代表，其优点是实现时计算量小，但它们的基矢量很少能反映物理信号的机理和结构本质，变换的效果不甚理想。而正弦类变换以离散傅里叶变换、离散正弦变换、离散余弦变换等为代表，其最大优点是具有趋于最佳变换的渐近性质。例如，离散正弦变换和离散余弦变换已被证明是在一阶马氏过程下卡洛变换的几种特例。由于这一原因，正弦类变换已日益受到人们的重视。

变换编码虽然实现时比较复杂，但在分组编码中还是比较简单的，所以在语音和图像信号的压缩中都有应用。国际上已经提出的静止图像压缩和运动图像压缩的标准中都使用了离散余弦变换编码技术。

5.5.4 预测编码

预测编码是一种直接利用数据间的相关性去相关，去冗余，实现数据压缩的信源编码技术。此时，编码传输或存储的并不是信源输出的数据本身，而是当前数据的预测值与实际值之间的差值。

预测编码根据离散信号之间存在着一定关联性的特点，利用前面一个或多个信号预测下一个信号进行，然后对实际值和预测值的差(预测误差)进行编码。如果预测比较准确，误差就会很小。在同等精度要求的条件下，就可以用比较少的比特进行编码，达到压缩数据的目的。

设信源输出的数据 $f(n)$ 之间具有某种程度的相关性，利用这些相关性可以根据该时刻前面的某些数据做出当前数据 $f(n)$ 的预测值 $\hat{f}(n)$，定义两者之间的误差：

$$e(n) = f(n) - \hat{f}(n)$$

并将 $e(n)$ 称为预测误差或差值信号。

由于 $\hat{f}(n)$ 是利用 $f(n)$ 与相邻数据之间的相关性进行估计(预测)得到的，因此，当前数据 $f(n)$ 与预测值 $\hat{f}(n)$ 之间的预测误差所构成的差值信号序列 $\{e(n)\}$ 中，数据之间的相关性将减小，$\{e(n)\}$ 中的信息冗余将降低。

无损预测编码编码思想：

(1)相邻信号的信息有冗余，当前信号值可以用以前的信号值获得。

(2)用当前信号值 $f(n)$，通过预测器得到一个预测值 $\hat{f}(n)$，对当前值和预测值求差，对差编码，作为压缩数据流中的下一个元素。由于差比原数据要小，因而编码要小，可用变长编码。大多数情况下，$f(n)$ 的预测是通过 m 个以前信号的线性组合来生成的，即

$$\hat{f}_n = \text{round}\left[\sum_{i=1}^{m} a_i f_{n-i}\right]$$

在一维线性(行预测)预测编码中，预测器为

$$\hat{f}_n(x,y) = \text{round}\left[\sum_{i=1}^{m} a_i f(x, y-i)\right]$$

round 为取最近整数，α_i 为预测系数(可为 $1/m$)，y 是行变量。

(3)前 m 个信号不能用此法编码，可用霍夫曼编码。例如：

$$\hat{f}_n = \text{round}\left[\sum_{i=1}^{m} a_i f_{n-i}\right]$$

$F = \{154,159,151,149,139,121,112,109,129\}$，$m = 2$，$\alpha = \frac{1}{2}$

预测值为

$$f_2 = \frac{1}{2} \times (154 + 159) \approx 156, e_2 = 151 - 156 = -5$$

$$f_3 = \frac{1}{2} \times (159 + 151) = 155, e_3 = 149 - 155 = -6$$

$$f_4 = \frac{1}{2} \times (151 + 149) = 150, e_4 = 139 - 150 = -11$$

$$f_5 = \frac{1}{2} \times (149 + 139) = 144, e_5 = 121 - 144 = -23$$

$$f_6 = \frac{1}{2} \times (139 + 121) = 130, e_6 = 112 - 130 = -18$$

$$f_7 = \frac{1}{2} \times (121 + 112) \approx 116, e_7 = 109 - 116 = -7$$

$$f_8 = \frac{1}{2} \times (112 + 109) \approx 110, e_8 = 129 - 110 = 19$$

无损预测编码的编码过程如下：

第一步：压缩头处理；

第二步：对每一个符号 $f_n(x,y)$，由前面的值，通过预测器(见图 5-8)，求出预测值 $\hat{f}_n(x,y)$；

第三步：求出预测误差 $e_n = f_n - \hat{f}_n$；

第四步：对误差 $e(x, y)$编码，作为压缩值。

重复第二、三、四步。

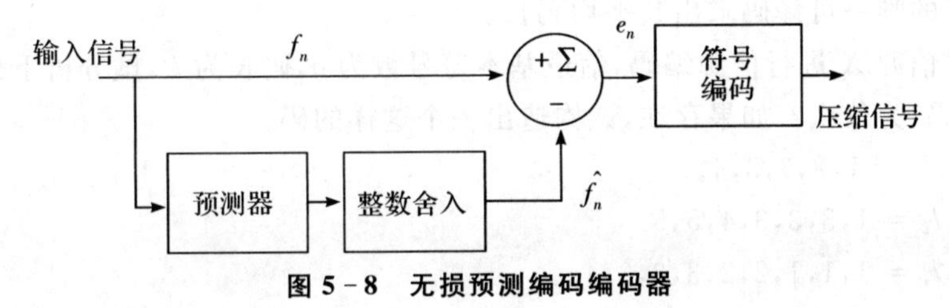

图 5-8　无损预测编码编码器

无损预测编码的解码过程如下：

第一步：对编码头解压缩；

第二步：对每一个预测误差的编码通过解码器(见图 5-9)解码，得到预测误差 $e(x, y)$；

第三步：由前面的值，得到预测值 $\hat{f}(x,y)$；

第四步：误差 $e(x, y)$与预测值 $\hat{f}(x,y)$ 相加，得到解码 $f(x,y)$。

重复第二、三、四步。

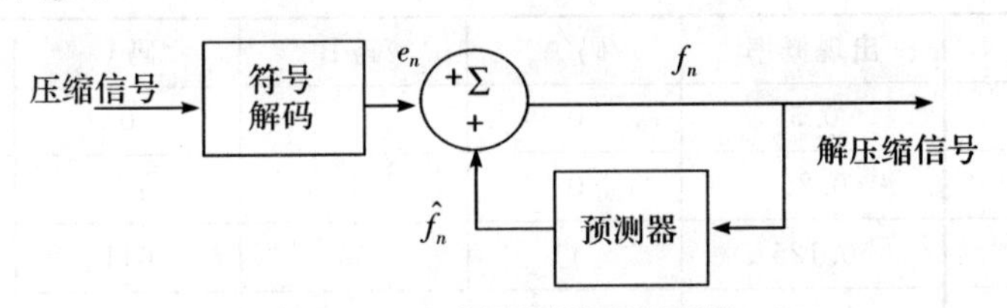

图 5-9　无损预测编码解码器

根据是否存在量化模块，预测编码又可分为有损预测编码和无损预测编码。有损预测的基本思想是对无损预测压缩的误差进行量化，通过消除视觉心理冗余，达到对信号进一步压缩的目的。相关细节可以查阅参考相关文献资料，本书从略。

差值脉冲编码调制(Differential Pulse Code Modulation，DPCM)是一种最典型的限失真预测编码方法。预测模型可以是一维的，也可以是二维或多维的；可以是线性的，也可是非线性的。

习　题　5

5.1　某信源有 6 个可能消息输出 $X = \{x_1, x_2, x_3, x_4, x_5, x_6\}$，对应概率为 $P(x_i)$，$i = 1, 2, \cdots, 6$。对此信源消息采用 6 种不同编码，分别用 $C_1, C_2, \cdots, C_6$ 表示，见表 5-14。

表 5-14

消息	概率 $P(x_i)$	C_1	C_2	C_3	C_4	C_5	C_6
x_1	1/2	000	0	0	0	0	0
x_2	1/4	001	01	10	10	10	100
x_3	1/16	010	011	110	110	1100	101
x_4	1/16	011	0111	1110	1110	1101	110
x_5	1/16	100	01111	11110	1011	1110	111
x_6	1/16	101	011111	111110	1101	1111	011

(1)这 6 种编码方式中哪些是唯一可译码？

(2)这 6 种编码方式中哪些是即时码？

(3)对所有的唯一可译码求出其平均码长。

5.2　设对信源 X 进行信源编码，信道基本符号数为 q，码长为 l_i，试分析下列各种条件下是否存在即时码，为什么？如果存在，试构造出一个这样的码。

(1) $q=2, l_i=1,2,3,3,4$。

(2) $q=3, l_i=1,3,3,3,4,5,5$。

(3) $q=4, l_i=1,1,1,2,2,3,3,3,4$。

(4) $q=5, l_i=1,1,1,1,1,3,4$。

5.3　试说明最佳编码、唯一可译码、非奇异码、即时码的关系。

5.4　霍夫曼码中，缩减信源符号时，如果合并后的新符号概率与其他符号概率相等，如何排序？

5.5　分析表 5-15 所示编码方式的唯一可译性和即时性。

表　5-15

信源消息	出现概率	码 A	码 B	码 C	码 D
x_1	0.5	0	0	0	0
x_2	0.25	0	1	01	10
x_3	0.125	1	00	011	110
x_4	0.125	10	11	0111	1110

5.6　已知信源符号集见表 5-16。

表　5-16

a_1	a_2	a_3	a_4	a_5	a_6	a_7
0.2	0.19	0.18	0.17	0.15	0.1	0.01

(1)计算信源熵。

(2)编二进制香农费诺码。

(3)编二进制霍夫曼码。

(4)比较两种编码方法的平均码长和编码效率。

信道编码篇

第6章 信道与信道容量

信道是传送信息的载体，即信号所通过的通道。信息是抽象的，信道则是具体的。比如：甲、乙两人对话，两人之间的空气就是信道；打电话，电话线就是信道；看电视，听收音机，收、发间的空间就是信道。信道是构成信息流通系统的重要部分，其任务是以信号形式传输和存储信息。在物理信道一定的情况下，人们总是希望能够传输的信息越多越好。这不仅与物理信道本身的特性有关，还与载荷信息的信号形式和信源输出信号的统计特性有关。本章主要讨论在什么条件下，通过信道的信息量最大，即所谓的信道与信道容量问题。

6.1 信道的分类与数学模型

6.1.1 信道分类

信道可以从不同角度加以分类，归纳起来有以下几种分类方法。

1. 按输入、输出信号类型分类

根据输入、输出随机信号的特点，可将信道分成离散信道、连续信道、半离散或半连续信道。离散信道是指输入、输出随机变量都取离散值的信道。连续信道是指输入、输出随机变量都取连续值的信道。输入变量取连续值而输出变量取离散值，或反之，称为半连续或半离散信道。

根据信道输入、输出随机变量个数的多少，信道又可分为单符号信道和多符号信道。单符号信道的输入和输出端都只用一个随机变量来表示，多符号信道的输入和输出端则用随机变量序列或随机矢量来表示。

根据信道有无记忆特性，信道还可分为有记忆信道和无记忆信道。输出仅与信道当前输入有关，而与过去输入无关的信道称为无记忆信道。信道输出不仅与当前输入有关，还与过去输入或过去输出有关的信道称为无记忆信道。

2. 按传输媒介类型分类

传输媒介类型按介质的存在状态可分为固体介质、空气介质、混合介质。固体介质有明线、电缆(如对称平衡电缆(市内)、小同轴(长途)、中同轴(远途))；空气介质按波长可分为长波、中波、短波、超短波、微波、光波，其中微波有移动、视距接力、散射（对流层、电离层）、卫星；混合介质有光缆和波导。

3. 按干扰类型分类

无干扰的信道实际存在较少，可忽略不计。干扰分为线性叠加干扰和乘性干扰。线性叠加干扰常见的是无源热噪声、有源散弹噪声、脉冲噪声。乘性干扰常见的有交调、衰落、码间干扰等。

4. 按输入和输出的个数分类

根据输入和输出的个数，信道又可分为单用户信道和多用户信道。单用户信道是只有一个输入和一个输出的信道。有多个输入和多个输出的信道称为多用户信道。单用户信道即点对点通信，多用户信道即通信网。

一个实际信道可同时具有多种属性，最简单的信道是离散单符号信道。

6.1.2 信道的数学模型

信息必须先转换成能在信道中传输或存储的信息后才能通过信道传送给收信者。在信息传输过程中，噪声或干扰主要是从信道引入的，它使信息通过信道传输后产生错误和失真。因此信道的输入和输出之间一般不是确定的函数关系，而是统计依赖的关系。只要知道信道的输入信号、输出信号以及它们之间的统计依赖关系，就可以确定信道的全部特性。

信道的种类很多，这里只研究无反馈、固定参数的单用户离散信道。

1. 离散信道的数学模型

离散信道的数学模型一般如图 6-1 所示。图中输入和输出信号用随机矢量表示，输入信号为 $X=(X_1,X_2,\cdots,X_N)$，输出信号为 $Y=(Y_1,Y_2,\cdots,Y_N)$；每个随机变量 X_i 和 Y_i 又分别取值于符号集 $A=a_1,a_2,\cdots,a_r$ 和 $B=b_1,b_2,\cdots,b_s$，其中 r 不一定等于 s；条件概率 $P(y\mid x)$，描述了输入信号和输出信号之间的统计依赖关系，反映了信道的统计特性。

$X \longrightarrow$ 信道 $\longrightarrow Y$

$X=(X_1,X_2,\cdots,X_N)\quad P(y\mid x)\quad Y=(Y_1,Y_2,\cdots,Y_N)$

$$\sum P(y\mid x)=1$$

图 6-1 离散信道模型

根据信道的统计特性即条件概率 $P(y\mid x)$ 的不同，离散信道可以分为三种情况：

(1)无干扰信道。信道中没有随机干扰或干扰很小，输出信号 Y 与输入信号 X 之间有确定的一一对应的关系。

(2)有干扰无记忆信道。实际信道中常有干扰，即输出符号与输入符号之间没有确定的对应关系。若信道任一时刻的输出符号只统计依赖于对应时刻的输入符号，而与非对应时刻的输入符号及其他任何时刻的输出符号无关，则这种信道称为有干扰无记忆信道。

(3)有干扰有记忆信道。这是更一般的情况，既有干扰又有记忆，实际信道往往是这种类型。在这一类信道中某一瞬间的输出符号不但与对应时刻的输入符号有关，而且与此前其他时刻信道的输入符号及输出符号有关，这样的信道称为有干扰有记忆信道。

2. 单符号离散信道的数学模型

单符号离散信道的输入变量为 $\sum_{j=1}^{s} P(b_j \mid a_i) = 1 (i = 1,2,\cdots,r)$，取值于 $\{a_1, a_2, \cdots, a_r\}$，输出变量为 Y，取值于 $\{b_1, b_2, \cdots, b_s\}$，并有条件概率：

$$P(y \mid x) = P(y = b_j \mid x = a_i) = P(b_j \mid a_i) \quad (i = 1,2,\cdots,r; j = 1,2,\cdots,s)$$

这一组条件概率称为信道的传递概率或转移概率。

因为信道中有干扰(噪声)存在，信道输入为 $x = a_i$ 时，输出是哪一个符号 y，事先无法确定。但信道输出一定是 $b_1, b_2, \cdots, b_s$ 中的一个，即

$$\sum_{j=1}^{s} P(b_j \mid a_i) = 1 \quad (i = 1,2,\cdots,r) \tag{6-1}$$

由于信道的干扰使输入符号 x 在传输中发生错误，所以可以用传递概率 $P(b_j \mid a_i)(i = 1, 2,\cdots,r; j = 1,2,\cdots,s)$ 来描述干扰影响的大小。因此，一般简单的单符号离散信道的数学模型可以用概率空间 $[X, P(y \mid x), Y]$ 加以描述。另外，也可用图 6-2 描述。

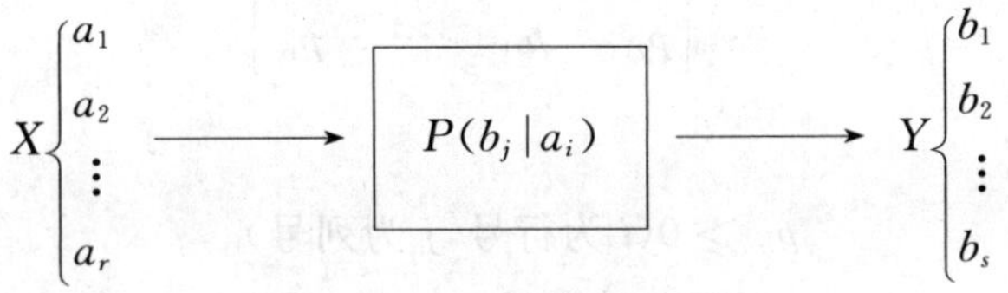

$$X\begin{cases} a_1 \\ a_2 \\ \vdots \\ a_r \end{cases} \longrightarrow \boxed{P(b_j \mid a_i)} \longrightarrow Y\begin{cases} b_1 \\ b_2 \\ \vdots \\ b_s \end{cases}$$

图 6-2　单符号离散信道

例 6.1　二元对称信道。这是很重要的一种特殊信道(简记为 BSC)，如图 6-3 所示。它的输入符号 X 取值于$\{0,1\}$，输出符号 Y 取值于$\{0,1\}$，$r = s = 2, a_1 = b_1 = 0, a_2 = b_2 = 1$，传递概率为

$$P(b_1 \mid a_1) = P(0 \mid 0) = 1 - p = \bar{p}, \; P(b_2 \mid a_2) = P(1 \mid 1) = 1 - p = \bar{p}$$

$$P(b_1 \mid a_2) = P(0 \mid 1) = p, \; P(b_2 \mid a_1) = P(1 \mid 0) = p$$

其中，$P(1 \mid 0)$ 表示信道输入符号为 0 而接收到的符号为 1 的概率，$P(0 \mid 1)$ 表示信道输入符号为 1 而接收到的符号为 0 的概率，它们都是单个符号传输发生错误的概率，通常用 p 表示。而 $P(0 \mid 0)$ 和 $P(1 \mid 1)$ 是无错误传输的概率，通常用 $1 - p = \bar{p}$ 表示。

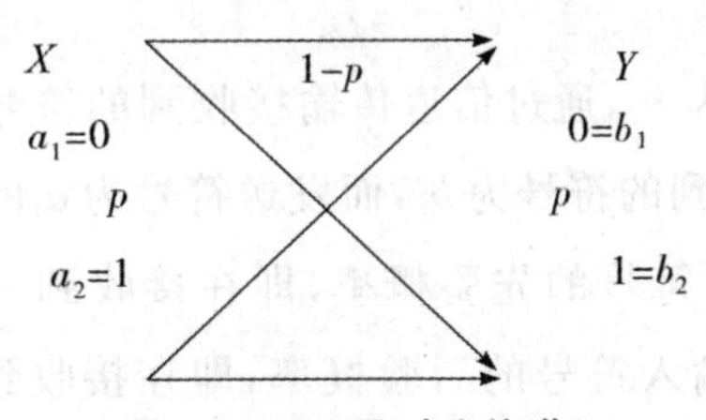

图 6-3　二元对称信道 I

显然，这些传递概率满足式(6-1)，即

$$\sum_{j=1}^{2} P(b_j \mid a_1) = \sum_{j=1}^{2} P(b_j \mid a_2) = 1$$

用矩阵来表示，即得二元对称信道的传递矩阵为

$$\begin{array}{c} \\ 0 \\ 1 \end{array}\begin{array}{c} \begin{array}{cc} 0 & \quad 1 \end{array} \\ \begin{bmatrix} 1-p & p \\ p & 1-p \end{bmatrix} \end{array}$$

依此类推,一般离散单符号信道的传递概率可用以下形式的矩阵来表示,即

$$\begin{array}{c} \\ a_1 \\ a_2 \\ \vdots \\ a_r \end{array}\begin{array}{c} \begin{array}{ccc} b_1 & b_2\ \cdots & b_s \end{array} \\ \begin{bmatrix} P(b_1 \mid a_1) & P(b_2 \mid a_1)\cdots & P(b_s \mid a_1) \\ P(b_1 \mid a_2) & P(b_2 \mid a_2)\cdots & P(b_s \mid a_2) \\ \vdots & \vdots & \vdots \\ P(b_1 \mid a_r) & P(b_2 \mid a_r)\cdots & P(b_s \mid a_r) \end{bmatrix} \end{array}$$

并满足式 $\sum_{j=1}^{s} P(b_j \mid a_i) = 1(i = 1,2,\cdots,r)$。

为了表述简便,记 $P(b_j \mid a_i) = p_{ij}$,信道的传递矩阵表示为

$$\boldsymbol{P} = \begin{bmatrix} p_{11} & p_{21} & \cdots & p_{1s} \\ p_{21} & p_{22} & \cdots & p_{2s} \\ \vdots & \vdots & & \vdots \\ p_{r1} & p_{r1} & \cdots & p_{rs} \end{bmatrix}$$

而且满足

$$p_{ij} > 0(i\ \text{为行号}, j\ \text{为列号})$$

且

$$\sum_{j=1}^{s} p_{ij} = 1(i = 1,2,\cdots,r) \tag{6-2}$$

式(6-2)表示传递矩阵中的每一行之和等于1。

这个矩阵完全描述了信道的统计特征,又称为信道矩阵,其中有些概率是信道干扰引起的错误概率,有些概率是信道正确传输的概率。可以看到,信道矩阵 $\boldsymbol{P}$ 既表达了输入符号集 $A=\{a_1,\cdots,a_r\}$,又表达了输出符号集 $B=\{b_1,\cdots,b_s\}$,同时还表达了输入与输出之间的传递概率关系,故信道矩阵 $\boldsymbol{P}$ 能完整地描述给定的信道。因此,信道矩阵 $\boldsymbol{P}$ 也可以作为离散单符号信道的另一种数学模型的形式。

定义6.1　已知发送符号为 a_i,通过信道传输接收到的符号为 b_j 的概率 $P(b_j|a_i)$ 称为前向概率。已知信道输出端接收到的符号为 b_j,而发送符号为 a_i 的概率 $P(a_i|b_j)$ 称为后向概率。

有时,也把 $P(a_i)$ 称为输入符号的先验概率,即在接收到一个输出符号前输入符号的概率,而对应地把 $P(a_i|b_j)$ 称为输入符号的后验概率,即在接收到一个输出符号后输入符号的概率。

为了讨论方便,下面列出本章讨论中常用的一些关于联合概率和条件概率的关系:

(1)设输入和输出符号的联合概率为 $P(x=a_i, y=b_j)=P(a_i b_j)$,则有

$$P(a_i b_j) = P(a_i)P(b_j \mid a_i) = P(b_i)P(a_i \mid b_j)$$

(2) $P(b_j) = \sum_{i=1}^{r} P(a_i)P(b_j \mid a_i)(j = 1,\cdots,s)$。

(3)根据贝叶斯定律,可得后验概率与先验概率之间的关系式为

$$P(a_i \mid b_j) = \frac{P(a_ib_j)}{P(b_j)}(P(b_j) \neq 0)$$

$$= \frac{P(a_i)P(b_j \mid a_i)}{\sum_{i=1}^{r} P(a_i)P(b_j \mid a_i)}(i = 1,\cdots,r;j = 1,\cdots,s)$$

6.2　离散单符号信道及其容量

首先来讨论单符号离散信道的信道容量问题,再逐步将其推广至多符号信道以及多用户信道。

6.2.1　信道容量定义

$$\underset{[X,p(x)]}{\text{输入}} \rightarrow \boldsymbol{P}(/) \rightarrow \underset{[Y,q(y)]}{\text{输出}}$$

下面,首先将互信息表达成概率的函数:

$$I(X;Y) = H(X) - H(X \mid Y)$$

$$= -\sum_i \sum_j r_{ij} \log \frac{p_i}{Q_{ji}} = -\sum_i \sum_j q_j Q_{ij} \log \frac{\sum_j q_j Q_{ij}}{Q_{ij}} = I(q_j;Q_{ij})$$

$$I(X;Y) = H(X) - H(X \mid Y)$$

$$= -\sum_i \sum_j r_{ij} \log \frac{q_j}{p_{ji}} = -\sum_i \sum_j p_i P_{ji} \log \frac{\sum_i p_i P_{ji}}{P_{ji}} = I(p_i;P_{ji})$$

两种表达式中,这里选用 $I(X;Y) = I(p_i;P_{ji})$。

一般当信道给定以后,$P_{ji} = P_{ji}^0$(已知),则

$$I(X;Y) = I(p_i;P_{ji}) = I(p_i,P_{ji}^0) = I(p_i)$$

即,这时互信息仅决定于信源的先验分布 p_i,我们可以进一步调整 p_i 值使 $I(p_i)$ 达到最大值,由互信息的性质 $I(p_i)$ 是 p_i 的上凸函数,这时最大值一定存在,我们定义它为信道中传送的最大信息率,即信道容量 C,则

$$C = \max_{p_i} I(X;Y) = \max_{p_i} I(p_i)$$

即通过改变信道输入的概率分布 p_i 求得互信息 $I(p_i)$ 的极值,称它为给定信道 $P_{ji} = P_{ji}^0$ 的信道容量值。

6.2.2　强对称信道的信道容量

强对称信道如图 6 - 4 所示。

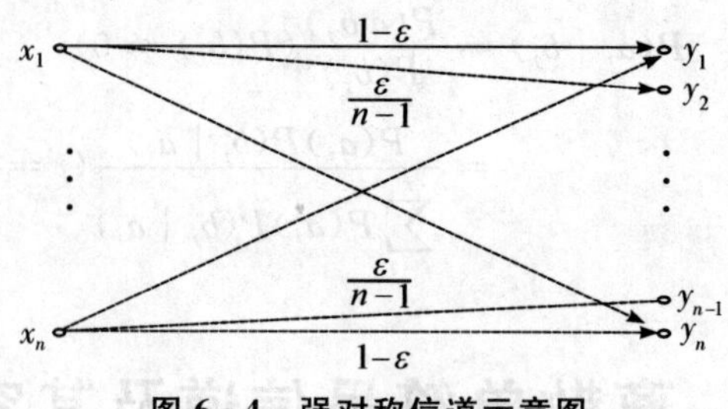

图 6-4 强对称信道示意图

其中：

$$P=\begin{bmatrix}1-\varepsilon & \frac{\varepsilon}{n-1} & \cdots & \frac{\varepsilon}{n-1}\\ \frac{\varepsilon}{n-1} & 1-\varepsilon & \cdots & \frac{\varepsilon}{n-1}\\ \vdots & \vdots & & \vdots\\ \frac{\varepsilon}{n-1} & \frac{\varepsilon}{n-1} & \cdots & 1-\varepsilon\end{bmatrix}$$

它具备以下三个特征：

(1)矩阵中的每一行都是第一行的重排列，矩阵中的每一列都是第一列的重排列；

(2)错误分布是均匀的，为 $\frac{\varepsilon}{n-1}$；

(3)信道输入与输出消息(符号)数相等，即 $m=n$。

显然，对称性基本条件是(1)，而(2)(3)是加强条件。下面，我们放松对信道的约束，仅满足条件(1)，就构成一般性对称信道。

定理 6.1 对于单个消息离散对称信道，当且仅当信道输入、输出均为等概率分布时，信道达到容量值，即

$$C=\log m-H(P_{ji}^{0})$$

6.2.3 准对称信道的信道容量

再进一步放松条件，若 $\boldsymbol{P}$ 不满足对称条件，但是 $\boldsymbol{P}=(P_1\cdots P_r\cdots P_s)$，其中 $r=1,2,\cdots,s$。且所有 P_r 满足对称性条件，则称 $\boldsymbol{P}$ 为准对称信道。对准对称信道有下列定理。

定理 6.2 对于单消息、离散、准对称信道，当且仅当信道输入为等概率分布时，信道达容量值：

$$C=[I(X;Y)]_{p_i=\frac{1}{n}}$$

且

$$C=\log n+\sum_{j=1}^{m}P_{ji}^{0}\log\frac{P_{ji}^{0}}{\sum_{k=1}^{n}P_{jk}^{0}}$$

具有可逆矩阵信道及其容量，其特点是：$\boldsymbol{P}$ 一定为方阵且存在逆阵，有

$$C=\log\sum_j\exp\Big[\sum_i\sum_j R_{ik}P_{ji}\log P_{ji}\Big]\quad \boldsymbol{P}=(P_{ij}),\boldsymbol{P}^{-1}=(R_{ik})$$

离散单消息(或无记忆)信道,容量 C 的计算机迭代算法的基本思路:

(1)求 C 即求互信息极值,可以采用拉氏乘子求条件极值方法求解;

(2)实现迭代关键在于寻求两个互为因果关系并决定互信息的自变量,即从

$$I(X;Y)=I(p_i;P_{ji})=I(q_j;Q_{ij})=I(p_j;Q_{ij})=I(q_j;P_{ji})$$

中选用 $I(p_j;Q_{ij})$,其原因:

1)求某类信道容量时,信道特性是给定的,即 $P_{ji}=P_{ij}^0$,它已不是自变量;

2)由容量 C 的定义,极值是对 p_i 而言,因而只能选取 p_i 与 Q_{ij} 且

$$Q_{ij}=\frac{p_iP_{ji}}{q_j}=\frac{p_iP_{ji}^0}{\sum_i p_iP_{ji}^0}$$

6.2.4 离散信道容量的一般计算方法

对一般离散信道而言,求信道容量,就是在固定信道的条件下,对所有可能的输入概率分布$\{p(x_i)\}$,求平均互信息的极大值。采用拉各朗日乘子法来计算。具体过程如下:引入一个新函数,设

$$\phi=I(X;Y)-\lambda\Big[\sum_i^n P(a_i)-1\Big]$$

令 $\dfrac{\partial\phi}{\partial p(a_i)}=0$,则有

$$\frac{\partial}{\partial p(a_i)}\Big\{-\sum_{j=1}^m p(b_j)\log p(b_j)+\sum_{i=1}^n\sum_{j=1}^m p(a_i)p(b_j/a_i)\log p(b_j/a_i)-\lambda\Big[\sum_{i=1}^n p(a_i)-1\Big]\Big\}=0 \tag{6-3}$$

因为

$$p(b_i)=\sum_i^n p(a_i)p(b_j/a_i)$$

则有

$$\frac{\mathrm{d}p(b_j)}{\mathrm{d}p(a_i)}=p(b_j/a_i)$$

将 $I(X;Y)$ 的表达式代入式(6-3),注意 $\log x=\ln x\log e$,可得

$$\frac{\partial\phi}{\partial p(a_i)}=-\Big\{\sum_j^m p(b_j/a_i)\log p(b_j)+p(b_j/a_i)\log e\Big\}+\sum_j^m p(b_j/a_i)\log p(b_j/a_i)-\lambda=0$$

整理得 $$\Big[\sum_{j=1}^m p(b_j/a_i)\log p(b_j/a_i)-\sum_{j=1}^m p(b_j/a_i)\log p(b_j)\Big]-\log e-\lambda=0$$

可得 $$\sum_{j=1}^m p(b_j/a_i)\log p(b_j/a_i)-\sum_{j=1}^m p(b_j/a_i)\log p(b_j)=\log e+\lambda \tag{6-4}$$

两边乘 $p(a_i)$,并求和,则有

$$\sum_{i=1}^{n}\sum_{j=1}^{m}p(a_i)p(b_j/a_i)\log p(b_j/a_i)-\sum_{i=1}^{n}\sum_{j=1}^{m}p(a_i)p(b_j/a_i)\log p(b_j)$$
$$=\log e+\lambda$$

故

$$C=\log e+\lambda \tag{6-5}$$

将式(6-5)代入式(6-4),则有

$$\sum_{j}^{m}p(b_j/a_i)\log p(b_j/a_i)$$
$$=\sum_{j}^{m}p(b_j/a_i)\log p(b_j)+C$$
$$=\sum_{j}^{m}p(b_j/a_i)[\log p(b_j)+C]$$

令 $\beta_j=\log p(b_j)+C$,则上式变为

$$\sum_{j}^{m}p(b_j/a_i)\log p(b_j/a_i)=\sum_{j}^{m}p(b_j/a_i)\beta_j \tag{6-6}$$

由式(6-6)求出 β_j,有

$$\log p(b_j)=\beta_j-C$$
$$\sum_{j}^{m}p(b_j)=\sum_{j}^{m}2^{\beta_j-C}=1$$
$$2^C=\sum_{j}^{m}2^{\beta_j}$$

求出信道容量,有

$$C=\log\sum_{j}^{m}2^{\beta_j}$$

再根据式(6-3)求出对应的输入概率分布 $p(a_i)$,即

$$p(b_j)=2^{\beta_j-C}$$

由 $p(b_j)=\sum_{i=1}^{n}p(a_i)p(b_j/a_i)$,求出 $p(a_i)$。

总结信道容量 C 的求法,过程如下:

(1)由 $\sum_{j=1}^{m}p(b_j/a_i)\beta=\sum_{j=1}^{m}p(b_j/a_i)\log p(b_j/a_i)$,求 β_j;

(2)由 $C=\log\sum_{j=1}^{m}2^{\beta_j}$,求 C;

(3)由 $p(b_j)=2^{\beta_j-C}$,求 $p(b_j)$;

(4)由 $p(b_j)=\sum_{i=1}^{n}p(a_i)p(b_j/a_i)$,求 $p(a_i)$ 并验证。

6.3　离散多符号信道及其容量

离散消息序列信道分为无记忆信道和有记忆信道，其中无记忆信道又分为一般无记忆信道和平稳无记忆信道，有记忆信道即平稳、有限状态有记忆信道。

6.3.1　离散平稳无记忆信道的信道容量

$$p\left(\frac{\underline{y}}{\underline{x}}\right) \xlongequal{\text{无记忆}} \prod_{k=1}^{K} P\left(\frac{y_k}{x_k}\right)$$

$$\xlongequal{\text{平稳}} P^k\left(\frac{y}{x}\right)$$

由消息序列互信息 $I(\underline{X};\underline{Y})$ 性质对离散无记忆信道，有 $I(\underline{X};\underline{Y}) \leqslant \sum_{k=1}^{K} I(X_k;Y_k)$，则

$$c = \max_{p(\underline{x})} I(\underline{X};\underline{Y}) \leqslant \max_{p(x)} \sum_{k=1}^{K} I(X_k;Y_k)$$

$$= \sum_{k=1}^{K} \max_{p_i} I(X_k;Y_k) = \sum_{k=1}^{K} C_k \xrightarrow{\text{平稳}} KC_k$$

当且仅当信源（信道入）无记忆时，等号成立。

6.3.2　离散平稳有记忆信道的信道容量

设 S_l 为 l 瞬间信道状态，X_l, Y_l 为 l 瞬间信道输入和输出值，信道转移概率可表示为 $P(y_l s_l / x_l s_{l-1})$，且

$$P(y_l, s_l / x_l, s_{l-1}) = P(s_l / x_l, s_{l-1}) \cdot P(y_l / x_l, s_{l-1} s_l)$$

式中，$P(s_l / x_l, s_{l-1})$ 表示状态间干扰，比如码间干扰、衰落等等。$P(s_l / x_l, s_{l-1})$ 表示不同状态下，信道输入与输出间的噪声，比如内部噪声、外部噪声。现在进一步研究消息序列的转移概率：

$$P_k(\underline{y_k} s_k / \underline{x_k} s_0) = \sum_{s_{k-1}} P_k(\underline{y_k} s_k / \underline{x_k} s_{k-1}) \cdot P_k(\underline{y_{k-1}} s_{k-1} / \underline{x_{k-1}} s_0)$$

$$= \cdots = \sum_{s_1} \sum_{s_2} \cdots \sum_{s_{k-1}} P_k(\underline{y_k} s_k / \underline{x_k} s_{k-1}) \cdot P_k(\underline{y_{k-1}} s_{k-1} / \underline{x_{k-1}} s_{k-2}) \cdots P_k(\underline{y_1} s_1 / \underline{x_1} s_0)$$

其中，$\sum_{s_{k-1}}$ 表示对 s_{k-1} 中所有元素求和，而 s_0 表示起始状态值。由互信息定义，有

$$I[P_k(x_k), s_0] = \sum_{x_k} \sum_{y_k} p_k(\underline{x_k}) p_k(\underline{y_k} / \underline{x_k} s_0) \log \frac{p_k(\underline{y_k} / \underline{x_k} s)}{\sum_{x_k} p_k(\underline{x_k}) p_k(\underline{y_k} / \underline{x_k} s_0)}$$

其中

$$P_k(\underline{y_k}/\underline{x_k}s_0)=\sum_{s_k}P(\underline{y_k}s_k/\underline{x_k}s_0)$$

可见互信息与起始状态 s_0 有关，当 s_0 已定但未知时，每个消息的平均信道容量 C 的上、下界为

$$\overline{C_k}=\frac{1}{k}\max_{p_k(\underline{x_k})}\max_{s_0}I[(p_k(\underline{x_k}s_0))]$$

$$\underline{C_k}=\frac{1}{k}\max_{p_k(\underline{x_k})}\min_{s_0}I[(p_k(\underline{x_k}s_0))]$$

若进一步已知 s_0 状态个数为 A，则有

$$\overline{C}=\operatorname*{Inf}_{k}\left[\overline{c_k}+\frac{\log A}{K}\right]$$

$$\underline{C}=\operatorname*{Sup}_{k}\left[\overline{c_k}-\frac{\log A}{K}\right]$$

其中，$\frac{\log A}{K}$ 为引入 s_0 状态个数为 A 时，对单个消息的影响。

若 $k\to\infty$，互信息与 s_0 无关，则 $\overline{C}=\underline{C}=C$（信道容量值）。

在一般情况下：$\underline{C}<C<\overline{C}$。

6.4 连续信道及其容量

此处的连续单符号信道及其容量讨论三类情况，即高斯信道、线性叠加干扰信道和广义平稳限频限时限功率白色高斯信道及其信道容量。

6.4.1 高斯信道

高斯信道如图 6-5 所示。

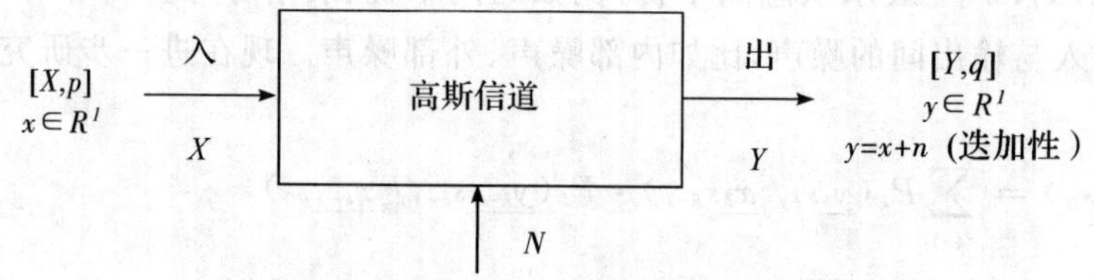

$[X,p]$ $x\in R^1$ —入 X→ 高斯信道 —出 Y→ $[Y,q]$ $y\in R^1$ $y=x+n$（迭加性）

N ↑

图 6-5 高斯信道

其中：

$$\begin{aligned}I(X;Y)&=H_C(Y)-H_C(Y/X)\\&=H_C(Y)+\int_{R^1}p(x)\int_{R^1}P_N(y/x)\log P_N(y/x)\mathrm{d}x\mathrm{d}y\\&=H_C(Y)-H_N(y/x)=H_C(Y)-\frac{1}{2}\log e2\pi e\sigma^2\end{aligned}$$

故 $$C=\max_{p(x)}I(X;Y)=\max H_c(Y)-\frac{1}{2}\log e2\pi e\sigma^2$$
$$=\frac{1}{2}\log 2\pi e-\frac{1}{2}\log 2\pi e\sigma^2=\frac{1}{2}\log\frac{P}{\sigma^2}$$
$$=\frac{1}{2}\log\left(1+\frac{S}{\sigma^2}\right)$$

其中：$P=S+\sigma^2$（叠加性）。

6.4.2　广义平稳信道的信道容量

在此，讨论广义平稳限频、限时、限功率白色高斯噪声信道及其信道容量，对限频（F）、限时（T）的连续过程信源可展成下列取样函数序列：

$$X(t,w)=\sum_{k=-FT}^{FT}\frac{1}{2F}X\left(\frac{k}{2F}\right)\frac{\sin 2\pi F\left(t-\frac{k}{2F}\right)}{\pi\left(t-\frac{k}{2F}\right)} \tag{6-7}$$

现将这 $2FT$ 个样值序列通过一个功率受限（P）的白色高斯信道并求其容量值 C。

定理 6.3　满足限频（F）、限时（T）的广义平稳随机过程信源 $X(t,w)$，当它通过一个功率受限（P）的白色高斯信道，其容量为

$$C=FT\log\left(1+\frac{S}{\sigma^2}\right)$$

这就是著名的香农公式。则单位时间 $T=1$ 时的容量为

$$C=F\log\left(1+\frac{S}{\sigma^2}\right)$$

证明：前面已求得单个连续消息（第 k 个）通过高斯信道以后的容量值为

$$C_k=\frac{1}{2}\log\left(1+\frac{S}{\sigma^2}\right)$$

同时，在消息序列的互信息中已证明当信源、信道满足无记忆时，下列结论成立：

$$I(\underline{X};\underline{Y})=\sum_{k=1}^{K}I(X_k;Y_k)$$

由信道容量定义，有

$$C=\max_{p(\underline{x})}I(\underline{X},\underline{Y})=\sum_{k=1}^{K}\max_{p(x)}I(X_k,Y_k)$$
$$=\sum_{k=1}^{K}C_k\xlongequal{\text{平衡}}KC_k$$
$$=2FT\times\frac{1}{2}\log\left(1+\frac{S}{\sigma^2}\right)$$
$$=FT\log\left(1+\frac{S}{\sigma^2}\right)$$

当信源、信道均满足广义平稳、限频、限时并具有白色谱特征，则时域相关函数样点值是不相关的。

对于高斯分布,不相关与统计独立是等效的,即满足:

信源无记忆:$p(\underline{x})=\prod_{k=1}^{K}p(x_k)C_k$。

信道无记忆:$p(\underline{y}/\underline{x})=\prod_{k=1}^{K}p(y_k/x_k)$

现在,讨论香农公式的物理意义与用途,图 6-6 所示为信道容量物理参量关系图。

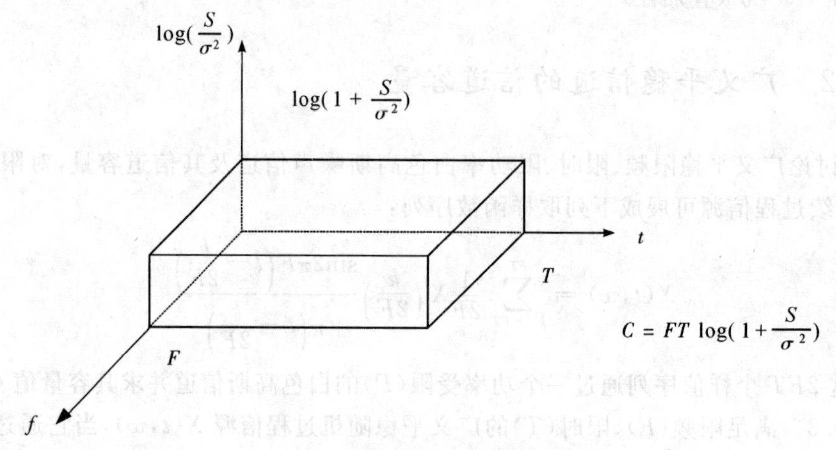

图 6-6 信道容量物理参量关系图

图 6-6 给出了决定信道容量 C 的是三个信号物理参量 $F, T, \log\left(1+\frac{S}{\sigma^2}\right)$ 之间的辩证关系。

三者的乘积是一个"可塑"性体积(三维),三者间可以互换。

1. 用频带换取信噪比(扩频通信原理)

在模拟通信中,调频优于调幅,且频带越宽,抗干扰性就越强。在数字通信中,伪码 PN 直接扩频、跳频与时频编码等,带宽越宽,扩频增益越大,抗干扰性就越强。

2. 用信噪比换取频带

卫星、数字微波中常采用多电平调制、多相调制、高维星座调制等等。它利用高质量信道中富余的信噪比换取频带,以提高传输有效性。

3. 用时间换取信噪比

弱信号累积接收基于这一原理。信号功率 S 有规律随时间线性增长,噪声功率 σ^2 无规律,随时间呈均方根增长。

香农公式另一种形式为

$$
\begin{aligned}
C &= FT\log\left(1+\frac{S}{\sigma^2}\right) \\
&= FT\log\left(1+\frac{EF}{N_0F}\right) \\
&= FT\log\left(1+\frac{E}{N}\right)
\end{aligned}
\tag{6-8}
$$

其中,N_0 为噪声密度,即单位带宽的噪声强度,$\sigma^2 = N_0F$;E 表示单位符号信号的能量,

$E=ST=S/F$；E/N_0 称为归一化信噪比，也称为能量信噪比。当 $E/N_0 \ll 1$ 时，有

$$C = FT\log\left(1+\frac{E}{N_0}\right) \approx E/N_0\text{（奈特）} = \frac{1}{\ln 2}E/N_0\text{（比特）} \tag{6-9}$$

4. 有公共约束的连续消息序列信道

上面研究了平稳无记忆消息序列信道，这里进一步研究非平稳无记忆消息序列信道。但仍受到一定的公共条件约束，即

$$E_{X_k^2} = S_k \text{ 且 } E_{X_k^2=}\sum_{k=1}^{K} S_k \leqslant S\text{（受限）}$$

$$E_{n_k} = \sigma_k^2$$

这时

$$C = \sum_{k=1}^{K} C_k = \sum_{k=1}^{K} \frac{1}{2}\log\left(1+\frac{s_k}{\sigma_k^2}\right), \sum_{k=1}^{K} S_k = S$$

对这类信道，主要问题是如何分配功率 S_k，才能使其达到真正的容量值 C。这仍是一个求条件极值的问题。引用拉格朗日乘数法，有

$$\frac{\partial}{\partial S_k}\left[C = \sum_{k=1}^{K} \frac{1}{2}\log\left(1+\frac{s_k}{\sigma_k^2}\right) + \lambda\sum_{k=1}^{K} S_k\right] = 0$$

$$\Rightarrow \frac{1}{2(1+S_k/\sigma_k^2)\sigma_k^2} + \lambda = 0$$

$$\Rightarrow \frac{1}{2(S_k+\sigma_k^2)} + \lambda = 0$$

$$\Rightarrow S_k + \sigma_k^2 = \frac{-1}{2\lambda}\text{（常数）}$$

只有当输出序列中各分量相等时（为常量），信道才达到 C 值。这就是著名的水库（注水）定理。即择优选取原理，而不是扶贫。噪声小分配信号功率大，噪声大分配信号功率小。对于满足叠加性、连续高斯非白噪声限频信道以及频率特性不理想，或者频率选择性的高斯信道，也可以类似地用上述方法求解其容量值。在接入网的不对称数字用户线 ADSL 以及宽带无线数据的频率选择性信道中将会遇到这类情况。

令 $N(f)$ 为高斯噪声功率谱，总噪声功率为

$$\int_0^F N(f)\mathrm{d}f = \sigma^2$$

且受限于

$$P = \int_0^F G(f)\mathrm{d}f \leqslant S$$

式中 $G(f)$ 为信号功率谱，F 为带宽。由于频率特性非白，则可将 F 分割为很多子频段 Δf，在 Δf 中可近似认为其频谱是白色的。则可引用前面的香农公式，有

$$\Delta C = \Delta f\log\left[1+\frac{G(f)}{N(f)}\right]$$

则

$$C = \max_{G(f)} \int_0^F \log\left[1+\frac{G(f)}{N(f)}\right]\mathrm{d}f$$

且

$$\int_0^F G(F)\mathrm{d}f = S\text{(受限)}$$

引用拉格朗日乘数法,有

$$\frac{\partial}{\partial G(f)}\left[C+\lambda\int_0^F G(f)\mathrm{d}f\right]=0$$

$$\Rightarrow \frac{1}{1+\dfrac{G(f)}{N(f)}}\times\frac{1}{N(f)}+\lambda=0$$

$$\Rightarrow \frac{1}{G(f)+N(f)}+\lambda=0$$

$$\Rightarrow G(f)+N(f)=\frac{-1}{\lambda}\text{(常数)}$$

为了保证上式中的 $G(f)>0$,还必须将一切 $G(f)<0$ 的频段弃之不用。它一般只能采用数值解法,求得可用频段 F_1 为

$$F\left\{\Delta f: N(f)\leqslant\frac{S+\sigma^2}{m(F_1)}\right\}$$

其中

$$\sigma_1^2=\int_{F_1}N(f)\mathrm{d}f$$

$m(F_1)$是 F_1的勒贝格(L)测度,这是由于 F_1可能不是一个连续区间。最后,求得

$$C=\int_{F_1}\log\frac{S+\sigma_1^2}{m(F_1)N(f)}\mathrm{d}f \qquad (6-10)$$

6.5 多用户信道的信道容量

前面讨论的都是单用户信道,它是建立在点对点通信的基础上,然而对于现代的移动通信、卫星通信、通信网、信息网,实际上都是多点对多点的多用户信道。单用户信道实际上可分为两类:单用户信源单用户信道和多用户信源单用户信道。

6.5.1 多用户信源单用户信道的信道容量

多用户信源单用户信道如图 6-7 所示。

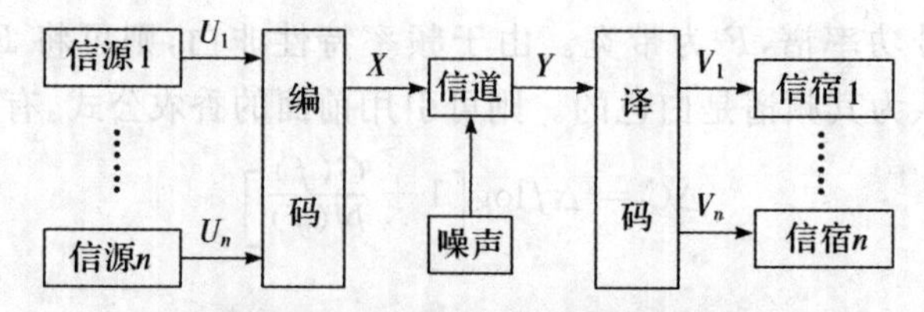

图 6-7 多用户信源单用户信道

将多个用户信源合并为一个单用户信道的技术称为信号复用技术,又称为信号设计技术。目前的信号复用基本上都属于线性正交复用,它可划分为三类,如图 6-8 所示。

显然，信号的正交性主要体现在信号参量（时间 T_i、频带 F_i）的正交性上，可见信号设计就是要寻找一组正交或准正交信号参量 λ_i，$i=1,2\cdots,n$。在发端，设计：

$$X(t)=\sum_{i=1}^{N}\lambda_i x_i(t)\text{，且 }\lambda_i\lambda_j=\begin{cases}1,i=j\\0,i\neq j\end{cases}$$

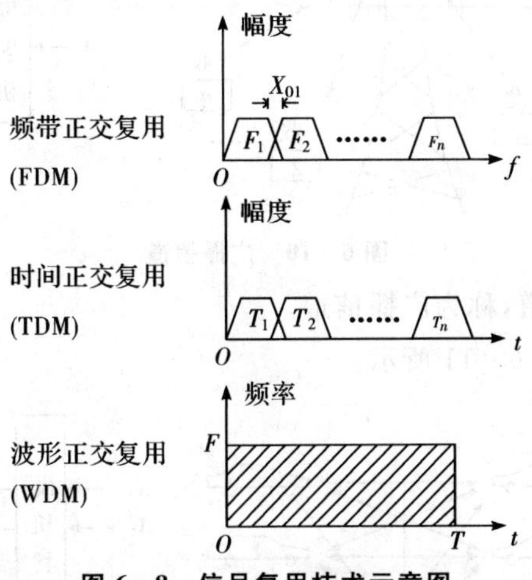

图 6-8　信号复用技术示意图

若考虑实际因素，则有

$$X(t)=\sum_{i=1}^{N}x_{0i}+\sum_{i=1}^{N}\lambda_i x_i(t),\quad x_0=\sum_{i=1}^{N}x_{0i}$$

称 x_0 为保护区间，x_{0i} 为子保护区间。在收端，可设计：

$\sum_{i=1}^{N}\lambda_i X_i(t)$ → 识别器（输入 λ_j）→ $X_i(t)$，当 $i=j$；0，当 $i\neq j$

当 $\lambda_i=F_i$，称它为频分，它就是载波通信的基本原理；

当 $\lambda_i=T_i$，称它为时分，它就是时分 PCM 多路通信的基本原理；

当 $\lambda_i=C_i$，称它为码分，它就是码分多路通信的基本原理。

而 F_{0i} 为保护频带，T_{0i} 为保护时隙，C_{0i} 为禁用码组。若将这一在基带或中频上实现的正交复用技术推广至射频，就形成了多用户信道的多址正交技术。

现在研究多用户信道物理背景：

(1)多址信道，如图 6-9 所示。

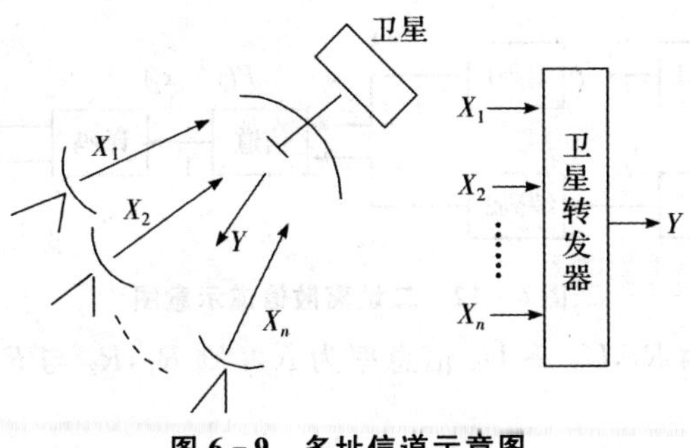

图 6-9　多址信道示意图

多输入、单输出信道，称为多址信道。

(2)广播信道，如图 6-10 所示。

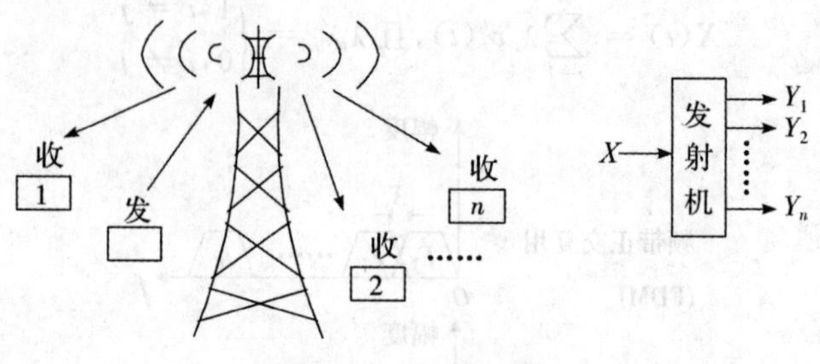

图 6-10　广播信道

单个输入、多个输出信道，称为广播信道。

(3)随机接入信道，如图 6-11 所示。

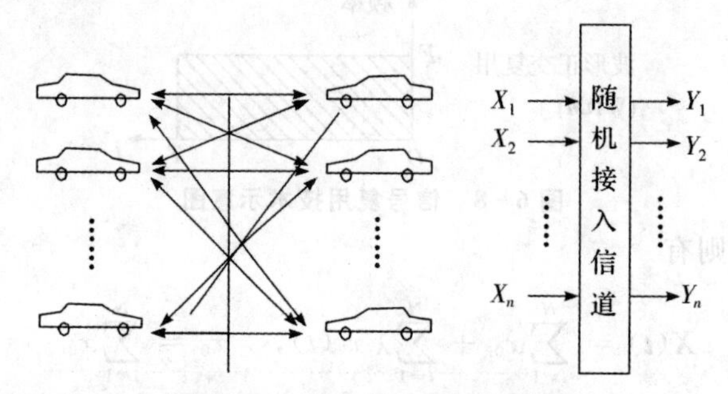

图 6-11　随机接入信道示意图

可见第(1)(2)为(3)的特例：

当 $i=j=1$ 时，退化为单用户信道；

当 $i=1,\cdots,n,\ j=1$ 时，为多址信道；

当 $i=1,j=1,\cdots,n$ 时，为广播信道；

当 $i=1,\cdots,n,\ j=1,\cdots,n$ 时，为一般随机接入信道。

6.5.2　多址信道的信道容量

多用户信道容量是多维空间中一个凸域的外凸包络。下面以两用户接入信道为例分析，二址信道如图 6-12 所示。

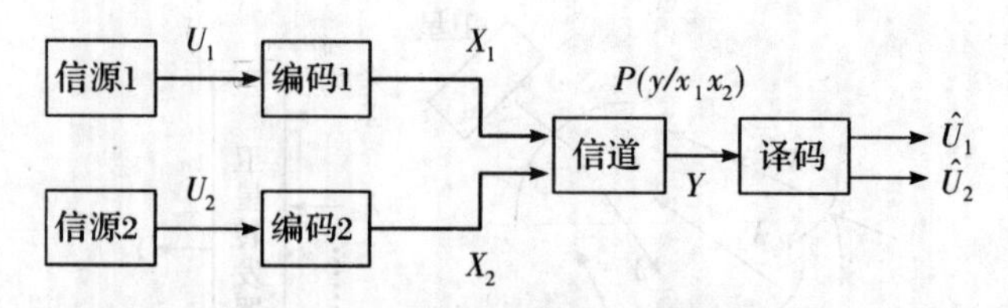

图 6-12　二址离散信道示意图

设 $U_1 \to \hat{U}_1$ 信息率为 R_1，$U_2 \to \hat{U}_2$ 信息率为 R_2，则 R_1，R_2 与 R_1+R_2 应满足：

$$\left.\begin{aligned}
R_1 &\leqslant C_1 = \max_{p'(x_1)p'(x_2)} I(X_1;Y/X_2) = \max_{p'(x_1)p'(x_2)} [H(Y/X_2) - H(Y/X_1X_2)] \\
R_2 &\leqslant C_2 = \max_{p''(x_2)p''(x_1)} I(X_2;Y/X_1) = \max_{p''(x_2)p''(x_1)} [H(Y/X_1) - H(Y/X_1X_2)] \\
R_1 + R_2 &\leqslant C_{12} = \max_{p'''(x_1)p'''(x_2)} I(X_1X_2;Y) = \max_{p'''(x_1)p'''(x_2)} [H(Y) - H(Y/X_1X_2)]
\end{aligned}\right\} \quad (6-11)$$

改变 $p(x_1)$和 $p(x_2)$可以增大 Y 与 X_1 和 X_2 的互信息，但其最大值不可能超过所定义的凸域的外包络，即信道容量的界限，如图 6-13 所示。

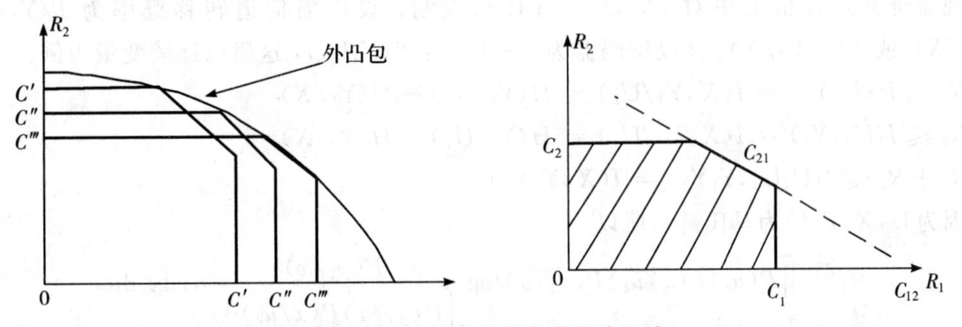

图 6-13　多址信道信息率可达区域

信道容量概念的推广：单用户容量为一个实数值 $R_1 \to C_1, R_2 \to C_2$；多用户容量为一截角边界线 $C_2 \to C_{12} \to C_1$。

容量区域：单用户为一区间 $0 \to C_1$；多用户为一区域：截角多边形面积。

定理 6.4　当输入的两用户 X_1, X_2 相互独立时，其容量 C_1, C_2 与 X_{12}之间存在关系式

$$\max[C_1, C_2] \leqslant C_{12} \ll C_2 + C_1$$

下面将二址推广到 N 址接入信道：

若给定信道转移概率为 $P(Y/X_1 \cdots X_N)$，则可分别规定各信源信息率的限制为

$$\begin{cases}
R_r \leqslant C_r = \max\limits_{p(x_1)\cdots p(x_n)} I(X_r, Y/X_1 \cdots X_{r-1} X_{r+1} \cdots X_n) \\
\qquad \text{——分别各自的限制，其中} r=1,2,\cdots,N \\
\sum\limits_{r \in A} R_r \leqslant C_A = \max\limits_{p(x_1)\cdots p(x_n)} I(X_r, Y/X_s), r \in A, s \notin A \\
\qquad \text{—— 各种联合限制，对任一个} \{1,2,\cdots,n\} \text{ 中子集}
\end{cases}$$

类似可证明：当各信源相互独立时，有

$$\sum_{r \in A} C_r \geqslant C_A \geqslant \max_r [C_r]$$

这一结果表明，多址信道的容量区域是一个 N 维空间的体积，是满足所有限制条件下的截角多面体凸包。

6.5.3　广播信道的信道容量

广播信道即单输入多输出信道，以最简单二输出为例，如图 6-14 所示。

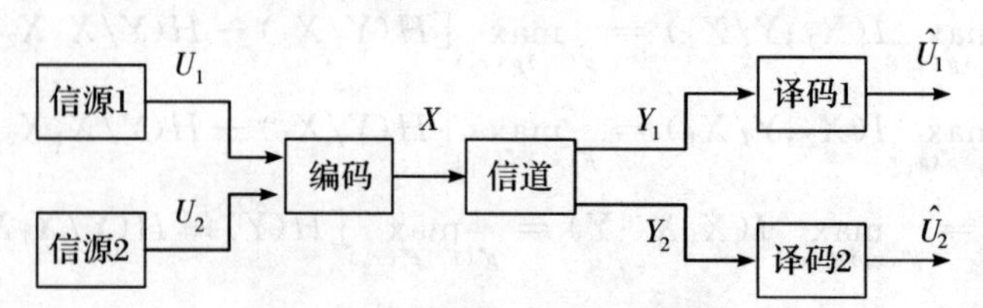

图 6-14　单输入二输出信道

其中 U_1,U_2 为两独立信源，且 $U_1 \to \hat{U}_1$，信息率为 R_1，$U_2 \to \hat{U}_2$，信息率为 R_2。

现需研究这样信道中对 (R_1,R_2) 有什么限制。设广播信道转移概率为 $P(Y_1/X)$，$P(Y_2/X)$，或 $P(Y_1Y_2/X)$。又设编码器为一一对应：$X(U_1U_2)$，这里以连续变量为例：

$R_1 \leqslant I(U_1,Y_1) = I(X,Y_1/U_2) = H(Y_1/U_2) - H(Y_1/X)$

$R_2 \leqslant I(U_2,Y_2) = I(X,Y_2/U_1) = H(Y_2/U_1) - H(Y_2/X)$

$R_1 + R_2 \leqslant I(U_1U_2,Y_1Y_2) = I(X,Y_1Y_2)$

因为 $U,X,Y,\hat{U}$ 为马氏链)，所以

$$R_1 \leqslant \iint_{R^2} P(u_2)P(x/u_2)P(y_1/x)\log\frac{P(y_1/x)}{\int_{R'}P(y_1/x)P(x/u_2)\mathrm{d}x}\mathrm{d}x\mathrm{d}y_1\mathrm{d}u_2$$

$$R_1 + R_2 \leqslant \iint_{R^2} P(x)P(y_1y_2/x)\log\frac{P(y_1y_2/x)}{\int_{R'}P(x)P(y_1y_2/x)\mathrm{d}x}\mathrm{d}x\mathrm{d}y_1\mathrm{d}y_2$$

$$R_2 \leqslant \iint_{R^2} P(u_1)P(x/u_1)P(y_2/x)\log\frac{P(y_2/x)}{\int_{R'}P(y_2/x)P(x/u_1)\mathrm{d}x}\mathrm{d}x\mathrm{d}y_1\mathrm{d}u_1$$

$$\int_{R'}P(y_1y_2/x)\mathrm{d}y_2 = P(y_1/x)$$

其中，$P(Y_1Y_2/X)$ 应满足

$$\int_{R'}P(y_1y_2/x)\mathrm{d}y_1 = P(y_2/x)$$

这样可求得关于 R_1，R_2 与 $R_1+\mathrm{R}_2$ 界限区为 $J[p_1\ p_2\ \ X\,P]$，则

$$C = \bigcup_{p_1 p_2 X P} J[p_1\ p_2\ X\,P]$$

即包含所有这些区域的外凸包。一般求解这个外凸包很困难，至今没有找到确切求解方法。能够求解的仅是一些特例。比如降阶的退化广播信道，这时信道转移概率满足：

$$\int_{Y_1}P_2(y_2/y_1)P_1(y_1/x)\mathrm{d}y_1 = P_3(y_2/x)$$

即若有 $P_2(y_2/y_1)$ 存在，则称该信道为降价或退化型广播信道。有很多实际信道可满足上述退化条件，例如图 6-15 所示的马氏链信道。

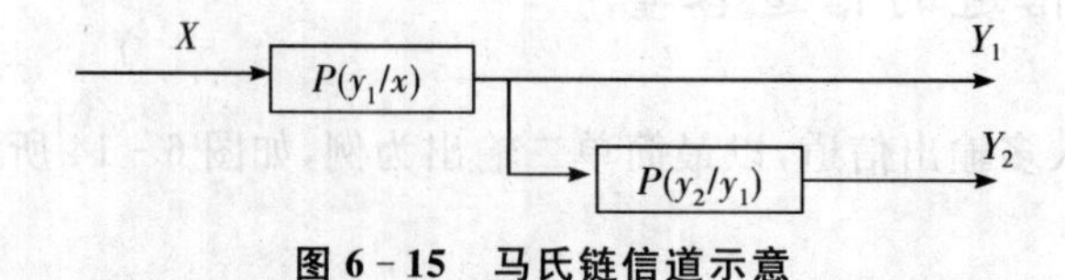

图 6-15　马氏链信道示意

由概率论：

$$P(y_2/x)=\int_{Y_1}P(y_2/y_1x)P_1(y_1/x)\mathrm{d}y_1$$

与上述退化条件对比，得

$$P(y_2/y_1x)=P(y_2/y_1)$$

它要求 y_2 与 x 无关，即 X,Y_1,Y_2 组成马氏链。

$$\begin{aligned}I(X;Y_1Y_2)&=H(Y_1Y_2)-H(Y_1Y_2/X)\\&=H(Y_1)+H(Y_2/Y_1)-[H(Y_1/X)+H(Y_2/Y_1X)]\\&\xlongequal{\text{马氏链}}H(Y_1)-H(Y_1/X)=I(X;Y_1)\\C&=\max_{p(x)}I(X;Y_1Y_2)=\max_{p(x)}I(X;Y_1)\end{aligned}$$

6.5.4　多用户信源的信道容量

在研究多用户信道时，均设信源是相互独立的，若信源不独立，是否可以利用信源间的相关性压缩信道容量？下面仍以最简单的二用户为例，它可以分为两类，如图 6－16 和图 6－18 所示。

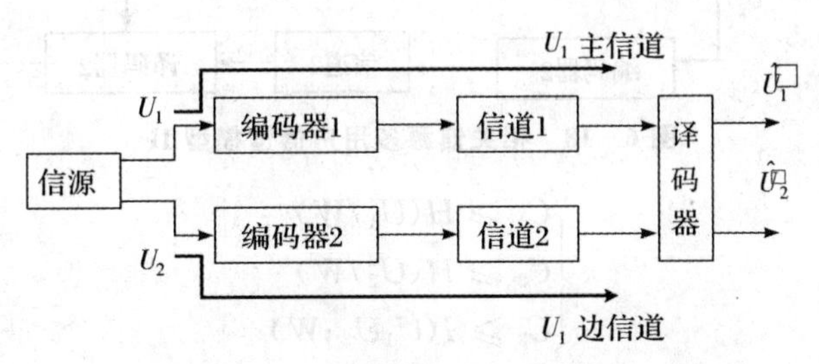

图 6－16　相关信源多用户信道模型 I

由信源相关性，有

$$\begin{cases}H(U_1)\geqslant H(U_1/U_2)\\H(U_2)\geqslant H(U_2/U_1)\\H(U_1+U_2)\geqslant H(U_1U_2)\end{cases}$$

为了无差错恢复 U_1,U_2，其充要条件为

$$\begin{cases}C_1\geqslant(H(U_1)\geqslant)H(U_1/U_2)\\C_1+C_2\geqslant(H(U_1)+H(U_2)\geqslant)H(U_1U_2)\\C_2\geqslant(H(U_2)\geqslant)H(U_2/U_1)\end{cases}$$

由图 6－17 可见，两信道可互相调剂：

R_1 大时，R_2 可小些；反之，R_1 小时，R_2 可大些。图 6－17 中的上半部为 U_1 主信道，下半部为 U_1 边信道；对于 U_2 也一样，下半部为 U_2 主信道，上半部则为 U_2 边信道。

图 6－18 所示的三个信道中，中间的信道 3 是公用的，其余两个则是专用的，且有

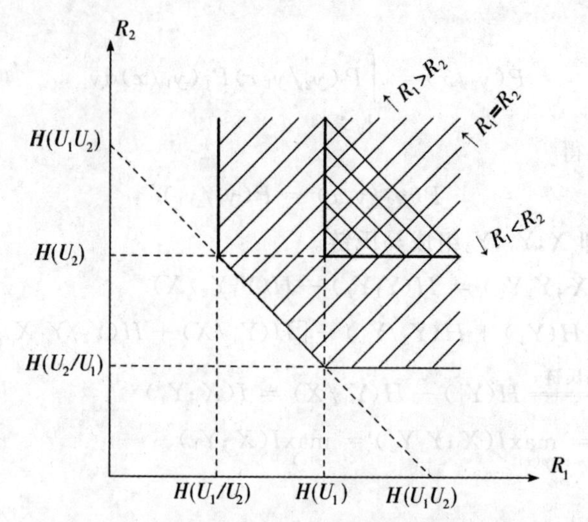

图 6-17　相关信源多用户信道信息率可达曲线

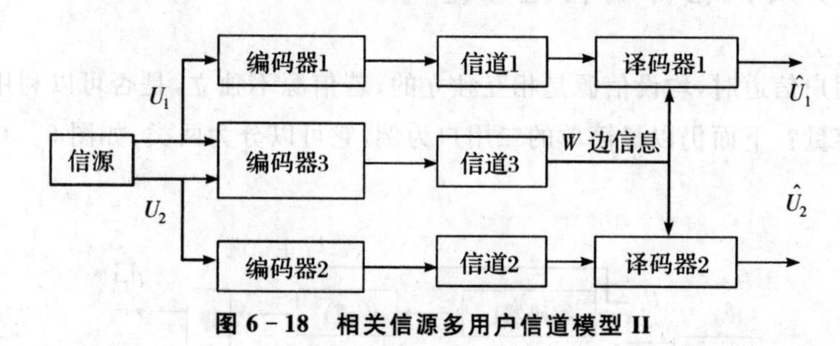

图 6-18　相关信源多用户信道模型 II

$$\begin{cases} C_1 \geqslant H(U_1/W) \\ C_2 \geqslant H(U_2/W) \\ C_3 \geqslant I(U_1U_2;W) \end{cases}$$

从两个相关信源 U_1,U_2 引出另一个随机变量 W,使 U_1U_2 对 W 条件独立,即

$$P_3(U_1U_2/W) = P_1(U_1/W) \cdot P_2(U_2/W)$$

且 U_1U_2 对 W 互信息 $I(U_1U_2;W)$ 最小,称它为 U_1U_2 的公信息,即

$$I_3(U_1U_2) = \min_W I(U_1U_2;W)$$

这样,可以利用公信息传送 W,而 U_1U_2 可分别用专用信道传送,则只需满足:

$$C_1 \geqslant R_1 \geqslant H(U_1/W)$$

$$C_2 \geqslant R_2 \geqslant H(U_2/W)$$

接收端利用 R_1 与 W 译出 $\hat{U}_1$,利用 R_2 与 W 译出 $\hat{U}_2$。但是利用 R_1 与 W 译不出 U_2,利用 R_2 与 W 译不出 U_1。这是由于 U_1,U_2 与 W 条件独立。这样可以实现用户间保密通信,而前面的图却做不到。

习　题　6

6.1　设信源 $\begin{bmatrix} X \\ P(X) \end{bmatrix} = \begin{bmatrix} x_1 & x_2 \\ 0.6 & 0.4 \end{bmatrix}$ 通过一干扰信道，接收符号为 $Y = \{y_1, y_2\}$，信道转移矩阵为 $\begin{bmatrix} \frac{5}{6} & \frac{1}{6} \\ \frac{1}{4} & \frac{3}{4} \end{bmatrix}$，求：

(1)信源 X 中事件 x_1 和事件 x_2 分别包含的自信息量；

(2)收到消息 $y_j(j=1,2)$ 后，获得的关于 $x_i(i=1,2)$ 的信息量；

(3)信源 X 和信宿 Y 的信息熵；

(4)信道条件熵 $H(X/Y)$ 和噪声熵 $H(Y/X)$。

6.2　设二元对称信道的传递矩阵为 $\begin{bmatrix} \frac{2}{3} & \frac{1}{3} \\ \frac{1}{3} & \frac{2}{3} \end{bmatrix}$：

(1)若 $P(0)=3/4$，$P(1)=1/4$，求 $H(X)$，$H(X/Y)$，$H(Y/X)$ 和 $I(X;Y)$；

(2)求该信道的信道容量及其达到信道容量时的输入概率分布；

6.3　设有一批电阻，按阻值分 70％是 2KΩ，30％是 5KΩ；按功率分 64％是 0.125W，其余是 0.25W。现已知 2KΩ 阻值的电阻中 80％是 0.125W，问通过测量阻值可得到的关于功率的平均信息量是多少？

6.4　二元对称信道如图 6-19 所示。

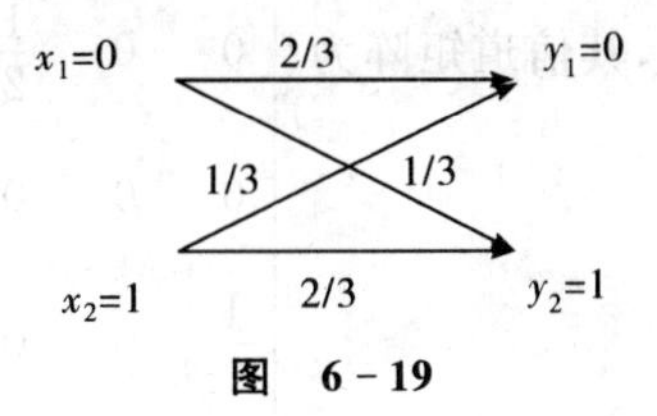

图　6-19

(1)若 $P(0)=3/4, P(1)=1/4$，求 $H(X)$、$I(X;Y)$、条件熵 $H(X/Y)$、条件熵 $H(Y/X)$ 和联合熵 $H(XY)$；

(2)求该信道的信道容量和最佳输入分布。

6.5　试求以下各信道矩阵代表的信道的容量：

(1) $\boldsymbol{P}_1 = \begin{array}{c} \\ a_1 \\ a_2 \\ a_3 \\ a_4 \end{array} \begin{array}{c} \begin{matrix} b_1 & b_2 & b_3 & b_4 \end{matrix} \\ \begin{bmatrix} 0 & 0 & 1 & 0 \\ 1 & 0 & 0 & 0 \\ 0 & 0 & 0 & 1 \\ 0 & 1 & 0 & 0 \end{bmatrix} \end{array}$

(2) $\boldsymbol{P}_2 = \begin{array}{c} \\ a_1 \\ a_2 \\ a_3 \\ a_4 \\ a_5 \\ a_6 \end{array} \begin{array}{c} \begin{matrix} b_1 & b_2 & b_3 \end{matrix} \\ \begin{bmatrix} 1 & 0 & 0 \\ 1 & 0 & 0 \\ 0 & 1 & 0 \\ 0 & 1 & 0 \\ 0 & 0 & 1 \\ 0 & 0 & 1 \end{bmatrix} \end{array}$

(3) $$P_3 = \begin{matrix} & b_1 & b_2 & b_3 & b_4 & b_5 & b_6 & b_7 & b_8 & b_9 & b_{10} \\ a_1 & 0.1 & 0.2 & 0.3 & 0.4 & 0 & 0 & 0 & 0 & 0 & 0 \\ a_2 & 0 & 0 & 0 & 0 & 0.3 & 0.7 & 0 & 0 & 0 & 0 \\ a_3 & 0 & 0 & 0 & 0 & 0 & 0 & 0.4 & 0.2 & 0.1 & 0.3 \end{matrix}$$

6.6 二元对称信道的信道矩阵为$\begin{bmatrix} 0.9 & 0.1 \\ 0.1 & 0.9 \end{bmatrix}$，信道传输速度为 1500 二元符号/秒，设信源为等概率分布，信源消息序列共有 13 000 个二元符号：

(1)试计算能否在 10 秒内将信源消息序列无失真传送完；

(2)若信源概率分布为 $p(0)=0.7, p(1)=0.3$，求无失真传送以上信源消息序列至少需要多长时间。

6.7 解释信息传输率、信道容量、最佳输入分布的概念，说明平均互信息与信源的概率分布、信道的传递概率间分别是什么关系。

6.8 求下列二个信道的信道容量，并加以比较(其中 $0<p, q<1, p+q=1$)：

(1) $P_1 = \begin{bmatrix} p-\sigma & -p+\sigma & 2\sigma \\ -p+\sigma & p-\sigma & 2\sigma \end{bmatrix}$

(2) $P_1 = \begin{bmatrix} 2\sigma & 0 & p-\sigma & p-\sigma \\ 0 & 2\sigma & p-\sigma & p-\sigma \end{bmatrix}$

6.9 写出二进制均匀信道的数学表达式，并画出信道容量 C 与信道转移概率 P 的曲线图。简述保真度准则下的信源编码定理及其物理意义。

6.10 设一离散无记忆信道，其信道矩阵为$\begin{bmatrix} \frac{1}{2} & \frac{1}{2} & 0 & 0 & 0 \\ 0 & \frac{1}{2} & \frac{1}{2} & 0 & 0 \\ 0 & 0 & \frac{1}{2} & \frac{1}{2} & 0 \\ 0 & 0 & 0 & \frac{1}{2} & \frac{1}{2} \\ \frac{1}{2} & 0 & 0 & 0 & \frac{1}{2} \end{bmatrix}$，计算信道容量 C。

6.11 设信源 X 的 N 次扩展信源 $X=X_1X_2\cdots X_N$ 通过信道 $\{X, P(Y\mid X), Y\}$ 的输出序列为 $Y=Y_1Y_2\cdots Y_N$，试证明当信源、信道均为无记忆时，有 $\sum_{k=1}^{N} I(X_k;Y_k) = I(X^N;Y^N) = NI(X;Y)$。

6.12 证明：有记忆信道的信道容量高于无记忆信道的信道容量。考虑一个二元对称信道 $Y_i = X_i \oplus Z_i$，$\oplus$ 表示模 2 加，$X_i, Y_i \in \{0,1\}$。假定 $Z_1, Z_2, \cdots, Z_n$ 有相同的边缘概率分布 $P(Z_i=1)=p=1-P(Z_i=0)$，但是并不相互独立，而 Z^n 与输入 X^n 相互独立。如果记 $C=1-H(p,1-p)$，证明：

$$\max_{p(x_1x_2\cdots x_n)} I(X_1X_2\cdots X_n;Y_1Y_2\cdots Y_n) \geqslant nc$$

6.13 假定 C 为 N 个输入，M 个输出的离散无记忆信道的信道容量，证明 $C \leqslant \min\{\log_2 M, \log_2 N\}$。

第7章 信道编码

信道编码以提高信息传输的可靠性为目的，是要使从信源发出的信息经过信道传输后，尽可能准确地、不失真地再现在接收端。信道编码通常通过增加信源冗余度的方式来实现。本章首先介绍信道的基本模型，探讨信道传输信息的能力，讨论抗干扰信道编码的基本原理，然后详细介绍二元线性码和循环码的编码、译码。

7.1 信道编码概述

7.1.1 信道疑义度和平均互信息

1. 信道疑义度

根据熵的概念，可计算信道输入信源 X 的熵为

$$H(X)=\sum_{i=1}^{r}P(a_i)\log\frac{1}{P(a_i)}=-\sum_{X}P(x)\log P(x) \tag{7-1}$$

$H(X)$ 是在接收到输出 Y 以前，关于输入变量 X 的先验不确定性的度量，称为先验熵。如果信道中无干扰（噪声），信道输出符号与输入符号一一对应，则接收到传送过来的符号后就消除了对发送符号的先验不确定性。但一般信道中有干扰（噪声）存在，接收到输出 Y 后对发送的是什么符号仍有不确定性。那么，怎样来度量接收到 Y 后关于 X 的不确定性呢？当没有接收到输入 Y 时，已知输入变量 X 的概率分布为 $P(x)$；而当接收到输出符号 $y=b_j$ 后，输入符号的概率分布发生了变化，变成后验概率分布 $P(x\mid b_j)$。

定义 7.1　接收到输出符号 $y=b_j$ 后，关于 X 的平均不确定性为

$$H(X\mid b_j)=\sum_{i-1}^{r}P(a_i\mid b_j)\log\frac{1}{P(a_i\mid b_j)}=\sum_{X}P(x\mid b_j)\log\frac{1}{P(x\mid b_j)} \tag{7-2}$$

称 $H(X\mid b_j)$ 为接收到输出符号为 b_j 后关于 X 的后验熵。后验熵是当信道接收端接收到输出符号 b_j 后，关于输入符号的信息测度。

将后验熵对随机变量 Y 求期望，得条件熵为

$$\begin{aligned}H(X\mid Y)&=E[H(X\mid b_j)]=\sum_{j=1}^{s}P(b_j)H(X\mid b_j)\\&=\sum_{j=1}^{s}P(b_j)\sum_{i=1}^{r}P(a_i\mid b_j)\log\frac{1}{P(a_i\mid b_j)}\\&=\sum_{XY}P(xy)\log\frac{1}{P(x\mid y)}\end{aligned} \tag{7-3}$$

这个条件熵称为信息疑义度。

信息疑义度表示在输出端收到输出变量 Y 的符号后，对于输入端的变量 X 尚存在的平均不确定性(即存在疑义)。这个对 X 尚存在的不确定性是由干扰(噪声)引起的。如果是一一对应信道，那么接收到输出 Y 后，对 X 的不确定性将完全消除，则信道疑义度 $H(X \mid Y)=0$。

2. 平均互信息

由于 $H(X)$ 代表接收到输出符号以前输入变量 X 的平均不确定性，而 $H(X \mid Y)$ 代表接收到输出符号后输入变量 X 的平均不确定性，而且一般情况下条件熵小于无条件熵，即有 $H(X \mid Y) < H(X)$。因此，接收到变量 Y 的所有符号后，输入变量 X 的平均不确定性将减少，即通过信道消除了一些关于输入端 X 的不确定性，获得了一些信息。

定义 7.2　称 $I(X;Y)=H(X)-H(X \mid Y)$ 为 X 和 Y 之间的平均互信息。

平均互信息表示接收到输出符号后平均每个符号获得的关于输入变量 X 的信息量，也表示输入与输出两个随机变量之间的统计约束程度。

根据式(7-1)和式(7-3)，得

$$
\begin{aligned}
I(X;Y) &= \sum_{X} P(x)\log\frac{1}{P(x)}-\sum_{XY} P(xy)\log\frac{1}{P(x \mid y)} \\
&= \sum_{XY} P(xy)\log\frac{1}{P(x)}-\sum_{XY} P(xy)\log\frac{1}{P(x \mid y)} \\
&= \sum_{XY} P(xy)\log\frac{P(x \mid y)}{P(x)} \\
&= \sum_{XY} P(xy)\log\frac{P(xy)}{P(x)P(y)} \\
&= \sum_{XY} P(xy)\log\frac{P(y \mid x)}{P(y)}
\end{aligned}
$$

式中，X 是输入随机变量，Y 是输出随机变量。

平均互信息是互信息(即接收到输出符号 y 后输入符号 x 获得的信息量)的统计平均值，所以永远不会取负值。最差情况是平均互信息为零，也就是在信道输出端接收到输出符号 Y 后不获得任何关于输入符号 X 的信息量。

7.1.2　错误概率和译码规则

由于信道中存在噪声，因而信道传输信息的质量必然会下降。噪声越严重，传输信息的质量就会越差，当噪声严重到一定程度，传输信息就成为不可能。理想的信道，也就是无噪声的信道是不存在的。在有噪信道中传输消息是会发生错误的。为了减少错误，提高可靠性，首先要分析错误概率与哪些因素有关，有没有办法加以控制，能控制到什么程度等问题。

1. 错误概率与信道统计特性有关

信道的统计特性可由信道的传递矩阵来描述。当确定了输入和输出对应关系后，也就确定了信道矩阵中哪些是正确传递概率，哪些是错误传递概率。例如在二元对称信道中，单个符号的错误传递概率是 p，正确传递的概率是 $\bar{p}=1-p$。

2. 错误概率与译码规则有关

通信过程一般并不是在信道输出端就结束了，还要经过译码过程或判决过程才到达消息的终端。因此，译码过程和译码规则对系统的错误概率影响很大。

现举一个特殊例子来说明。

例 7.1　设一个二元对称信道，其传输特性如图 7-1 所示。一般二元对称信道输出端的译码器是将接收到的符号“0”译成发送的符号为“0”，接收到的符号“1”译成发送的符号为“1”。如果仍按照此译码器的译码规则，那么当发送符号为“0”，接收到符号仍为“0”，则译码器译为符号“0”为正确译码，因此对发送符号“0”来说，译对的可能性只有 1/3；而当发送符号为“0”，接收到符号却是“1”，则译成符号“1”为错误译码，则译错的概率 $P_e^{(0)}$ 是 2/3。因为信道对称，对发送符号“1”来说，译错的概率 $P_e^{(1)}$ 也是 2/3。在此译码规则下，平均错误概率（假设输入端符号是等概率分布）为

$$P_E = P(0) \cdot P_e^{(0)} + P(1) \cdot P_e^{(1)} = 2/3$$

反之，若译码器根据这个特殊信道定出另一种译码规则，将输出端接收符号“0”译成符号“1”，把接收符号“1”译成符号“0”，则译错的可能性就减少了，为 1/3；而译对的可能性就增大了，为 2/3。

可见，错误概率既与信道的统计特性有关，也与译码的规则有关。

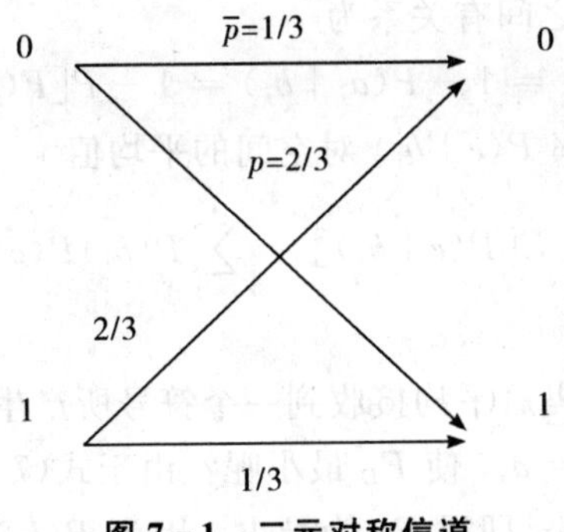

图 7-1　二元对称信道

3. 译码规则

定义 7.3（译码规则）　设离散单符号信道的输入符号集为 $A = \{a_i\}, i = 1,2,\cdots,r$；输出符号集为 $B = \{b_j\}, j = 1,2,\cdots,s$。定义译码规则就是设计一个函数 $F(b_j)$，它对于每一个输出符号 b_j 确定一个唯一的输入符号 a_i 与其对应，即

$$F(b_j) = a_i (i = 1,2,\cdots,r; j = 1,2,\cdots,s)$$

例 7.2　有一离散单符号信道，信道矩阵为

$$\mathbf{P} = \begin{matrix} & b_1 & b_2 & b_3 \\ a_1 & 0.5 & 0.3 & 0.2 \\ a_2 & 0.2 & 0.3 & 0.5 \\ a_3 & 0.3 & 0.3 & 0.4 \end{matrix}$$

根据这个信道矩阵，设计一个译码规则，有

$$A: \begin{cases} F(b_1) = a_1 \\ F(b_2) = a_2 \\ F(b_3) = a_3 \end{cases}$$

也可以设计另外一个译码规则为

$$B:\begin{cases}F(b_1)=a_1\\F(b_2)=a_3\\F(b_3)=a_2\end{cases}$$

由于 s 个输出符号中的每一个都可以译成 r 个输入符号中的任何一个，所以共有 r^s 种译码规则可供选择。

这里主要介绍最大后验概率准则和极大似然译码准则。

(1)最大后验概率准则。译码规则的选择应该根据什么准则？一个很自然的准则当然就是要使平均错误概率为最小。

为了选择译码规则，首先必须计算平均错误概率。

在确定译码规则 $F(b_j)=a_i$ 后，若信道输出端接收到的符号为 b_j，则一定译成 a_i，如果发送端发送的就是 a_i，就为正确译码；如果发送的不是 a_i，就为错误译码。那么，收到符号 b_j 条件下译码的条件正确概率为

$$P[F(b_j)\mid b_j]=P(a_i\mid b_j)$$

令 $P(e\mid b_j)$ 为条件错误概率，其中 e 表示除了 $F(b_j)=a_i$ 以外的所有输入符号的集合。条件错误概率与条件正确概率之间有关系为

$$P(e\mid b_j)=1-P(a_i\mid b_j)=1-P[F(b_j)\mid b_j] \tag{7-4}$$

定义 7.4　称条件错误概率 $P(e\mid b_j)$ 对空间的平均值

$$P_E=E[P(e\mid b_j)]=\sum_{j=1}^{s}P(b_j)P(e\mid b_j) \tag{7-5}$$

为平均错误概率。

平均错误概率表示经过译码后平均接收到一个符号所产生的错误概率大小。

如何设计译码规则 $F(b_j)=a_i$，使 P_E 最小呢？由于式(7-5)右边是非负项之和，所以可以选择译码规则使每一项为最小，即得 P_E 为最小。因为 $P(b_j)$ 与译码规则无关，所以只要设计译码规则 $F(b_j)=a_i$ 使条件错误概率 $P(e\mid b_j)$ 为最小。

根据式(7-4)，为了使 $P(e/b_j)$ 为最小，就应选择 $P[F(b_j)\mid b_j]$ 为最大。

定义 7.5　选择译码

$$F(b_j)=a^*,\quad a^*\in A,b_j\in B$$

并使之满足条件

$$P(a^*\mid b_j)\geqslant P(a_i\mid b_j),\quad a^*\in A,a_i\neq a^* \tag{7-6}$$

这种译码规则称为“最大后验概率准则”或“最小错误概率规则”。

如果采用最大后验概率译码准则，它对于每一个输出符号均译成具有最大后验概率的那个输入符号，此时信道错误概率就能最小。

因为一般已知信道的传递概率 $P(b_j\mid a_i)$ 与输入符号的先验概率 $P(a_i)$，所以根据贝叶斯定律，式(7-6)可写成

$$\frac{P(b_j\mid a^*)P(a^*)}{P(b_j)}\geqslant\frac{P(b_j\mid a_i)P(a_i)}{P(b_j)}\quad a_i\in A,a_i\neq a^*,b_j\in B$$

一般 $P(b_j)\neq 0,b_j\in B$，这样，最大后验概率准则也可表示为

选择译码函数

$$F(b_j)=a^*,\quad a^*\in A,b_j\in B$$

使满足

$$P(b_j \mid a^*)P(a^*) \geqslant P(b_j \mid a_i)P(a_i), \quad a_i \in A, a_i \neq a^*$$

(2)极大似然译码准则。

定义 7.6　选择译码函数

$$F(b_j) = a^*, \quad a^* \in A, b_j \in B$$

使满足

$$P(b_j \mid a^*) \geqslant P(b_j \mid a_i), \quad a_i \in A, a_i \neq a^*$$

这样定义的译码规则称为极大似然译码准则(maximum likelihood decoding)。

根据极大似然译码准则，收到符号 b_j 后，应译成信道矩阵 $\boldsymbol{P}$ 的第 j 列中最大的元素所对应的信源符号。如果所对应的取值最大的信源符号不唯一，则不译此符号。显然，极大似然译码准则本身不再依赖先验概率 $P(a_i)$。但是当先验概率为等概率分布时，它使错误概率 P_E 最小(如果先验概率不相等或未知，仍可以采用这个准则，但不一定能使 P_E 最小)。

在输入符号等概率时，极大似然译码准则与最大后验概率译码准则是等价的。

4. 计算平均错误概率

根据译码准则，平均错误概率为

$$\begin{aligned} P_E &= \sum_Y P(b_j)P(e \mid b_j) = \sum_Y \{1 - P[F(b_j) \mid b_j]\}P(b_j) = 1 - \sum_Y P[F(b_j)b_j] \\ &= \sum_{X,Y} P(a_i b_j) - \sum_Y P[F(b_j)b_j] \\ &= \sum_{X,Y} P(a_i b_j) - \sum_Y P(a^* b_j) = \sum_{X-a^*,Y} P(a_i b_j) \end{aligned} \tag{7-7}$$

而平均正确概率为

$$\overline{P_E} = 1 - P_E = \sum_Y P[F(b_j)b_j] = \sum_Y P(a^* b_j)$$

式(7-7)中求和号 $\sum\limits_{X-a^*}$ 表示对输入符号集 A 中除 $F(b_j) = a^*$ 以外的所有元素求和，式(7-7)也可以写成

$$P_E = \sum_{X-a^*,Y} P(b_j \mid a_i)P(a_i) \tag{7-8}$$

式(7—8)的平均错误概率是在联合概率矩阵 $[P(a_i)P(b_j \mid a_i)]$ 中先求每列除去 $F(b_j) = a^*$ 所对应的 $P(a^* b_j)$ 以外所有元素之和，然后再对各列求和。当然，也可以在矩阵 $[P(a_i)P(b_j \mid a_i)]$ 中先对每行求和，除去译码规则中 $F(b_j) = a^*$ 所对应的 $P(a_i b_j)(j = 1, \cdots, r)$，然后再对各行求和。因此，式(7-8)还可以写成

$$\begin{aligned} P_E &= \sum_X \sum_{Y-a^* \text{对应的} b_j} P(a_i)P(b_j \mid a_i) \\ &= \sum_X P(a_i) \sum_Y \{P(b_j \mid a_i), F(b_j) \neq a^*\} \\ &= \sum_X P(a_i) P_e^{(i)} \end{aligned}$$

其中，$P_e^{(i)} = \sum\limits_Y \{P(b_j \mid a_i), F(b_j) \neq a^*\}$，是输入符号 a_i 传输所引起的错误概率。

如果先验概率 $P(a_i)$ 是等概率的，$P(a_i) = 1/r$，则由式(7-8)可得

$$P_E = \frac{1}{r} \sum_{X-a^*,Y} P(b_j \mid a_i) \tag{7-9}$$

$$= \frac{1}{r}\sum_{X} P_e^{(i)} \qquad (7-10)$$

式(7-9)表明，在等先验概率分布情况下，译码错误概率可用信道矩阵中的元素 $P(b_j/a_i)$ 求和来表示。求和是除去每列对应于 $F(b_j) = a^*$ 的那一项后，求矩阵中其余元素之和。

例 7.3 已知信道矩阵

$$\boldsymbol{P} = \begin{bmatrix} 0.5 & 0.3 & 0.2 \\ 0.2 & 0.3 & 0.5 \\ 0.3 & 0.3 & 0.4 \end{bmatrix}$$

根据极大似然译码准则，选择译码函数

$$B:\begin{cases} F(b_1) = a_1 \\ F(b_2) = a_3 \\ F(b_3) = a_2 \end{cases}$$

因为在矩阵的第一列中 $P(b_1 \mid a_1) = 0.5$ 为最大；第 3 列中 $P(b_3 \mid a_2) = 0.5$ 为最大；而在第 2 列中 $P(b_2 \mid a_i) = 0.3(i = 1,2,3)$，所以 $F(b_2)$ 任选 a_1, a_2, a_3 都行。在输入等概率分布时采用译码函数 B 可使信道平均错误概率最小，平均错误概率为

$$P_E = \frac{1}{3}\sum_{X-a^*,Y} P(b \mid a) = \frac{1}{3}[(0.2+0.3)+(0.3+0.3)+(0.2+0.4)]$$

$$= \frac{1}{3}\sum_{X} P_e^{(i)} = \frac{1}{3}[(0.3+0.2)+(0.2+0.3)+(0.3+0.4)] = 0.567$$

若选用前述译码函数 A，则得平均错误概率为

$$P'_E = \frac{1}{3}\sum_{X-a^*,Y} P(b \mid a) = \frac{1}{3}[(0.2+0.3)+(0.3+0.3)+(0.2+0.5)] = 0.600$$

可见，$P'_E > P_E$。

若输入不是等概率分布，其概率分布为 $P(a_1) = \frac{1}{4}, P(a_2) = \frac{1}{4}, P(a_3) = \frac{1}{2}$，根据极大似然译码准则仍可选择译码函数为 B，计算其平均错误概率为

$$P''_E = \sum_{X} P(a_i) P_e^{(i)} = \frac{1}{4}(0.3+0.2) + \frac{1}{4}(0.2+0.3) + \frac{1}{2}(0.3+0.4) = 0.600$$

但采用最小错误概率译码准则，它的联合概率矩阵 $[P(a_i b_j)]$ 为

$$[P(a_i b_j)] = \begin{bmatrix} 0.125 & 0.075 & 0.05 \\ 0.05 & 0.075 & 0.125 \\ 0.15 & 0.15 & 0.2 \end{bmatrix}$$

所以得译码函数为

$$C:\begin{cases} F(b_1) = a_3 \\ F(b_2) = a_3 \\ F(b_3) = a_3 \end{cases}$$

计算平均错误概率，有

$$P'''_E = \sum_{Y}\sum_{X-a^*} P(a_i) P(b_j \mid a_i) = (0.125+0.05)+(0.075+0.075)+$$

$$(0.05+0.125) = 0.50$$

也可通过下式计算：

$$P'''_E = \sum_X P(a_i)P_e^{(i)} = \frac{1}{4}\times 1 + \frac{1}{4}\times 1 + \frac{1}{2}\times 0 = 0.50$$

可见，$P''_E > P'''_E$，所以当输入不是等概分布时极大似然译码准则的平均错误概率不是最小。

平均错误概率 P_E 与译码规则(译码函数)有关，而译码规则又由信道的特性决定。信道中的噪声导致输出端发生错误，并使接收到输出符号后，对发送符号具有不确定性。而这种不确定性可由 $H(X|Y)$ 来度量，因此 P_E 与信道疑义度 $H(X|Y)$ 是有一定关系的，它们的关系满足下式

$$H(X|Y) \leqslant H(P_E) + P_E\log(r-1)$$

其中，$H(P_E)$ 是错误概率 P_E 的熵，表示产生错误概率 P_E 的不确定性。这个重要的不等式是由费诺首先证明的，所以又称费诺不等式。它告诉人们：接收到 Y 后，关于 X 的平均不确定性可分为两部分，第一部分是指接收到 Y 后是否产生 P_E 错误的不确定性 $H(P_E)$；而第二部分表示当错误 P_E 发生后，到底是哪个输入符号发送而造成错误的最大不确定性，为 $P_E\log(r-1)$（其中 r 是输入符号集的个数）。若以 $H(X|Y)$ 为纵坐标，$P_E=0$ 为横坐标，函数 $H(P_E)+P_E\log(r-1)$ 随 P_E 变化的曲线如图 7-2 所示。从图中可知当信源、信道给定时，信道疑义度 $H(X|Y)$ 就给定了译码错误概率的下限。

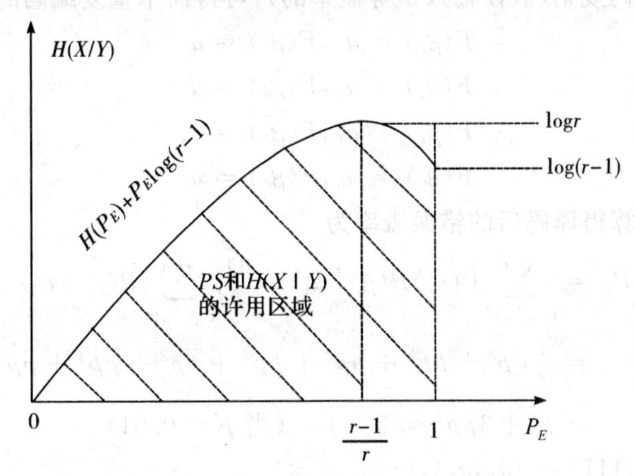

图 7-2　费诺不等式曲线图

7.1.3　错误概率与编码方法

上一节已说明，当消息通过有噪信道传输时发生错误的概率与译码规则有关。一般来说，当信道给定即信道矩阵给定，不论采用什么译码规则，P_E 都不会等于或趋于零(除特殊信道外)。

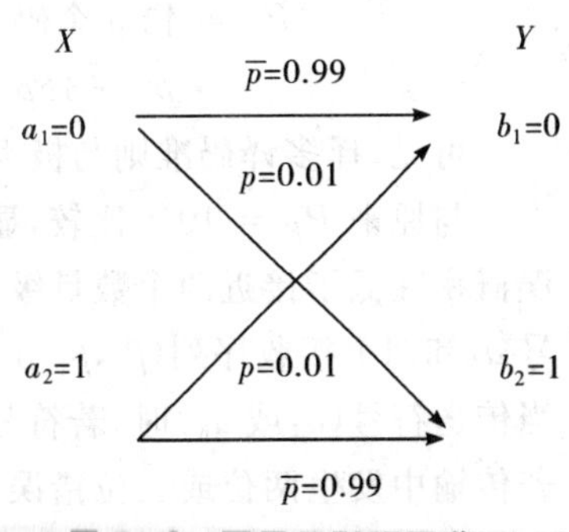

图 7-3　某二元对称信道

例如，在如图 7-3 所示的二元对称信道中，若选择极大似然译码准则进行译码，使

$$F(b_1=0)=(a_1=0)$$
$$F(b_2=1)=(a_2=1)$$

则总的平均错误概率(假设输入是等概率分布)为

$$P_E = 0.01 = 10^{-2}$$

对于一般数据传输系统来说,例如数字通信,这个错误概率已经相当大了。一般要求系统的错误概率在 $10^{-6} \sim 10^{-9}$ 的范围内,有的甚至要求更低的错误概率。

那么,在上述统计特性的二元信道中,能否有办法使错误概率降低呢?

实际经验告诉人们,只要在发送端把消息重复发几遍,就可使接收端接收消息时错误减小,从而提高通信的可靠性。

如在二元对称信道中,当发送符号 0 时,不是只发一个 0 而是连续发三个 0;同样发送符号 1 时也连续发送三个 1。这是一种最简单的重复编码,于是信道输入端有两个码字 000 和 111。但在输出端,由于信道干扰的作用,各个码元都可能发生错误,则有 8 个可能的输出序列。显然,这样一种信道可以看成是三次无记忆扩展信道。其输入是在 8 个可能出现的二元序列中选两个作为符号,而输出端这 8 个可能的输出符号都是接收序列。这时信道矩阵为

$$\boldsymbol{P} = \begin{array}{c} \\ a_1 \\ a_8 \end{array} \begin{array}{c} \begin{matrix} \beta_1 & \beta_2 & \beta_3 & \beta_4 & \beta_5 & \beta_6 & \beta_7 & \beta_8 \end{matrix} \\ \begin{bmatrix} \bar{p}^3 & \bar{p}^2 p & \bar{p}^2 p & \bar{p} p^2 & \bar{p}^2 p & \bar{p} p^2 & \bar{p} p^2 & p^3 \\ p^3 & \bar{p} p^2 & \bar{p} p^2 & \bar{p}^2 p & \bar{p} p^2 & \bar{p}^2 p & \bar{p}^2 p & \bar{p}^3 \end{bmatrix} \end{array}$$

根据极大似然译码规则(假设输入是等概率的),可得简单重复编码的译码函数为

$$F(\beta_1) = a_1, F(\beta_5) = a_1$$
$$F(\beta_2) = a_1, F(\beta_6) = a_8$$
$$F(\beta_3) = a_1, F(\beta_7) = a_8$$
$$F(\beta_4) = a_8, F(\beta_8) = a_8$$

根据式(7-9)计算得译码后的错误概率为

$$\begin{aligned} P_E &= \sum_{C-a^*, Y^3} P(a_i) P(\beta_j \mid a_i) = \frac{1}{M} \sum_{C-a^*, Y^3} P(\beta_j \mid a_i) \\ &= \frac{1}{2}[p^3 + \bar{p}p^2 + \bar{p}p^2 + \bar{p}p^2 + \bar{p}p^2 + \bar{p}p^2 + \bar{p}p^2 + p^3] \\ &= p^3 + 3\bar{p}p^2 \approx 3 \times 10^{-4} (\text{当 } p = 0.01) \end{aligned}$$

其中,$C = \{000, 111\} = \{a_1, a_8\}$。

也可以采用“择多译码”的译码规则,即根据输出端接收序列中 0 多还是 1 多。如果有两个以上是 0 则译码器就判决为 0,如果有两个以上是 1 则判决为 1。根据择多译码原则,同样可得到

$$\begin{aligned} P_E &= \text{错 3 个码元的概率} + \text{错 2 个码元的概率} = C_3^3 p^3 + C_3^2 \bar{p} p^2 \\ &= p^3 + 3\bar{p}p^2 = 3 \times 10^{-4} (\text{当 } p = 0.01) \end{aligned}$$

可见,择多译码准则与极大似然译码准则是一致的。

与原来 $P_E = 10^{-2}$ 比较,显然这种简单重复的编码方法(现在 $n+=3$,重复三次),已把错误概率降低了接近两个数量级。这是因为现在消息数 $M=2$,根据编码和译码规则使输入符号 a_1 和四个接收序列($\beta_1, \beta_2, \beta_3, \beta_5$)对应。而 a_8 与另四个接收序列($\beta_4, \beta_6, \beta_7, \beta_8$)对应。这样,当传送符号($a_1$ 或 a_8)时,若符号中有一位发生错误,译码器还能正确译出所传送的消息。但若传输中发生两位或三位错误,译码器就会译错。所以这种简单重复编码方法可以纠正发生一位的错误,译错的可能性变小了,因此错误概率降低。

显然,若重复更多次($n=5, 7, \cdots$),一定可以进一步降低错误概率,可算得

$$n=5, P_E=10^{-5}$$

$$n=7, P_E=4\times10^{-7}$$

$$n=9, P_E=10^{-8}$$

$$n=11, P_E=5\times10^{-10}$$

可见,当 n 很大时,使 P_E 很小是可能的。但这里带来了一个新问题,当 n 很大时,信息传输率就会降低很多。把编码后的信息传输率(也称码率)表示为

$$R=\frac{\log M}{n}\text{(比特/码符号)} \tag{7-11}$$

若传输每个码符号平均需要 t 秒钟,则编码后每秒钟传输的信息为

$$R_t=\frac{\log M}{nt}\text{(比特/秒)} \tag{7-12}$$

此处 M 是输入消息(符号)的个数,$\log M$ 表示消息集在等概率条件下每个消息(符号)携带的平均信息量(比特),n 是编码后码字的长度(码元的个数)。

根据式(7-11),可对上述重复编码方法计算信息传输率,设 $t=1\text{s}, M=2$,则

当 $n=1$(无重复)时,有

$$R=\frac{\log M}{n}=1\text{(比特/码符号)}$$

$$R_t=1\text{(比特/秒)}$$

当 $n=3$(重复三次)时,有

$$R=\frac{1}{3}\text{(比特/码符号)}$$

$$R_t=\frac{1}{3}\text{(比特/秒)}$$

当 $n=5$ 时,有

$$R=\frac{1}{5}\text{(比特/码符号)}$$

$$R_t=\frac{1}{5}\text{(比特/秒)}$$

……

当 $n=11$ 时,有

$$R=\frac{1}{11}\text{(比特/码符号)}$$

$$R_t=\frac{1}{11}\text{(比特/秒)}$$

可以看到,尽管重复编码可使 P_E 降低很多,但同时也使信息传输率降得很低。这个矛盾能否解决,能否找到一种更好的编码方法,使 P_E 相当低,而 R 却保持在一定水平呢?从理论上讲这是可能的。这就是香农第二编码定理。

先看一下简单重复编码的方法为什么使信息传输率降低。

在未重复编码以前,输入端是有两个消息(符号)的集合,假设为等概率分布,则每个消息(符号)携带的信息量是 $\log M=1$(比特/符号)。

简单重复 ($n = 3$) 后，可以把信道看成是三次无记忆扩展信道。这时输入端有 8 个二元序列可以作为消息 ($a_1, \cdots, a_8$)，但是这里只选择两个二元序列作为消息 ($M = 2$)。这样每个消息携带的平均信息量仍是 1 比特，而传送一个消息需要付出的代价却是三个二元码符号，所以 R 就降低到 1/3 (比特/码符号)。

由此得到一个启发，如果在扩展信道的输入端把 8 个可能作为消息的二元序列都作为消息，$M = 8$，则每个消息携带的平均信息量就是 $\log M = \log 8 = 3$ 比特，而传递一个消息所需的符号数仍为三个二元码符号，则 R 就提高到 1 比特/码符号。

现在，采用的译码规则将与前不同，只能规定接收端 8 个输出符号序列 β_j 与 a_i 一一对应。这样，只要符号序列中有一个码元符号发生错误就会变成其他所用的码字，使输出译码出现错误。只有符号序列中每个符号都不发生错误才能正确传输。所以得到正确传输的概率为 $\bar{p}^3$，于是错误概率为

$$P_E = 1 - \bar{p}^3 \approx 3 \times 10^{-2} (p = 0.01)$$

这时 P_E 反比单符号信道传输的 P_E 大三倍。

此处看到这样一个现象：在一个二元信道的 n 次无记忆扩展信道中，输入端有 2^n 个符号序列可以作为消息。如果选出其中的 M 个作为消息传递，则 M 越大，P_E 和 R 也越大；M 越小，P_E 和 R 也越小。

若在三次无记忆扩展信道中，取 $M = 4$，取如下 4 个符号序列作为消息：

0 0 0

0 1 1

1 0 1

1 1 0

按照极大似然译码规则，可计算出错误概率为

$$P_E = 2 \times 10^{-2}$$

与 $M = 8$ 的情况比较，错误概率降低了，而信息传输也降低了，即

$$R = \frac{\log 4}{3} = \frac{2}{3} (\text{比特 / 码符号})$$

再进一步看，从 $2^n = 2^3 = 8$ 个符号序列中取 $M = 4$ 个作为消息可以有 70 种选取方法。选取的方法(编码的方法)不同，错误概率是不同的，现在来比较下面两种取法：

$M = 4$ 第 I 种选法：

0 0 0

0 1 1

1 0 1

1 1 0

$M = 4$ 第 II 种选法：

0 0 0

0 0 1

0 1 0

1 0 0

已求得第 I 种选法的错误概率为

$$P_E \approx 2 \times 10^{-2}$$

用极大似然译码规则，计算出第II种选法的错误概率为

$$P_E = 2.28 \times 10^{-2}$$

比较这两种选法可知第II种码要差些（两者R相同）。对于第I种码来说，当接收到发送的消息中只要任一位发生错误时，就可判断消息在传输中发生了错误，但无法判断是哪个消息发生了什么错误。而对第II种码来说，当发送消息“000”传输时其中任一位发生错误，就变成了其他三个可能发送的消息，根本无法判断传输时有无发生错误。可见，错误概率与编码方法有很大关系。

现在再考察这样一个例子。若信道输入端所选取的消息数不变，仍取$M = 4$，而增加码字长度，即增大n，取$n = 5$。这时信道为二元对称信道的五次无记忆扩展信道。这个信道输入端可有$2^5 = 32$个不同的二元序列，选取其中4个作为发送消息。这时信息传输率为

$$R = \frac{\log 4}{5} = \frac{2}{5} = 0.4\text{（比特/码符号）}$$

这4个码字的选取采用下述编码方法：

设输入序列$a_i = (a_{i_1}, a_{i_2}, a_{i_3}, a_{i_4}, a_{i_5})$，$a_{i_k} \in \{0,1\}$，其中$a_{i_k}$为$a_i$序列中第$k$个分量，若$a_i$中各分量满足方程

$$\begin{cases} a_{i_3} = a_{i_1} \oplus a_{i_2} \\ a_4 = a_{i_1} \\ a_{i_5} = a_{i_1} \oplus a_{i_2} \end{cases}$$

就选取此序列a_i作为码字（其中$\oplus$为模2和运算），译码仍采用极大似然译码规则。选用此码，接收端译码规则能纠正码字中所有发生一位码元的错误，也能纠正其中两个二位码元的错误，所以可计算得正确译码概率为

$$P_E = \bar{p}^5 + 5\,\bar{p}^4 p + 2\,\bar{p}^3 p^2$$

错误译码概率为

$$\begin{aligned} P_E &= 1 - P_E = 1 - \bar{p}^5 - 5\,\bar{p}^4 p - 2\,\bar{p}^3 p^2 \\ &\approx 8\,\bar{p}^3 p^2 \approx 7.8 \times 10^{-4} (p = 0.01) \end{aligned}$$

将这种编码方法与前述$n = 3, M = 4$的两种编码方法相比，虽然信息传输率略降低了一些，但错误概率减少很多。再拿此码与$n = 3, M = 2$的重复码比较，它们的错误概率接近于同一个数量级，但此码的信息传输率却比$n = 3, M = 2$的重复码的信息传输率大。因此采用增大n，并适当增大M，选取合适的编码方法，既能使错误概率降低，又能使信息传输率不减少。

总之，尽管从直观上看，在有噪信道上信息传输的可靠性与信息传输率之间是矛盾的，要提高可靠性就必须牺牲传输率，也就是增加重复传输的次数，但实际上，只要码长n足够长，合适地选择M个消息所对应的码字，就可以使错误概率很小，而信息传输率保持在一定水平上。那么，人们不禁要问，信道信息传输率最高能达到什么样的水平？最小平均错误译码概率又能小到什么程度？香农第二定理给出了准确的答案。

7.1.4　有噪信道编码定理

定理7.1有噪信道编码定理　设离散无记忆信道$[X, P(y \mid x, Y)]$，$P(y \mid x)$为信道传递

概率，其信道容量为C。当信息传输率$R<C$时，只要码长n足够长，总可以在输入的符号集中找到2^{nR}个码字组成的一组码和相应的译码规则，使译码的错误概率任意小（$P_E\to 0$）。

在定理7.1中，信道容量C是平均互信息量的最大值，即

$$C=\max_{p(x)} I(X,Y)$$

其单位是比特/符号。

定理7.2（有噪信道编码逆定理（定理7.1的逆定理））　设离散无记忆信道$[X,P(y\mid x),Y)]$，其信道容量为C。当信息传输率$R>C$时，则无论码长n多长，均找不到一种编码2^{nR}，使译码错误概率任意小。

定理7.1和定理7.2统称为香农第二定理，它是一个关于有效编码的存在性定理，它具有根本性的重要意义，它说明错误概率趋于零的“好”码是存在的。它有助于指导各种通信系统的设计，有助于评价各种通信系统及编码的效率。香农1948年发表香农第二定理后，科学家们就致力于研究信道中的各种易于实现的实际编码方法，赋予码以各种形式的代数结构，出现了各种形式的信道编码方法，如线性码、卷积码、循环码等。

7.1.5　检错与纠错的基本原理

在香农第二定理发表后，很长一段时间内人们都在探寻能够简单、有效地编码和译码的好码，由此形成了一整套纠错码理论。在此简单地介绍检错和纠错的一些基本概念及基本原理。

在信息处理过程中，为了保持数据的正确性，应对信息进行编码使其具有检错纠错能力，这种编码称为语法信息编码。它的基本思想是引入冗余度，在传输的信息码元后增加一些多余的码元，以使信息损失或错误后仍能在接收端恢复。

通常将要处理的信息称为原信息，将原信息转化为数字信息后再进行存储、传输等处理过程称为传送。工程上最容易实现的是二元数字信息（或二元码信息）的传送。所谓二元数字信息就是由二元数域$F_2=\{0,1\}$中的数字0与1组成的数组或向量。

F_2中的加法运算为

$$0+0=0,0+1=1+0=1,1+1=0$$

F_2中的乘法运算为

$$0\cdot 0=1\cdot 0=0\cdot 1=0,1\cdot 1=1$$

通常用同样长度的二元数组代表一个信息集合中的信息。例如，可以用32个长为5的二元数组代表26个英文字母与6个标点符号，表示方法见表7-1。这样任何一篇英文文章都可以用长为5的二元数字信息组表示。

表7-1　长为5的二元数组代表32个字符

二元数组	代表的字母或符号
00000	空格
00001	a
00010	b
…	…
11010	z

续表

二元数组	代表的字母或符号
11011	,
11100	.
11101	?
11110	!
11111	—

数字信息在传送过程中会受到各种可能的干扰而出现错误，这样收到的信息可能就不是传送的原信息。为了使原信息能正确地传送到接收方，可以采用各种技术上的措施，但更有效的做法是在采用各种技术措施的同时，在信息传送前进行一次抗干扰编码，再传送抗干扰编码后的数字信息。抗干扰编码有检错编码与纠错编码，检错编码是检查有无错误发生的编码，纠错编码是能纠正已发生错误的编码。下面介绍两个简单的检错编码的例子。

例 7.4 设原信息是长为 5 的二元向量 $c=(c_0,c_1,c_2,c_3,c_4)$，在传送前编码如下：

$$\sigma(c)=(c_0,c_1,c_2,c_3,c_4,\sum_{i=0}^{4}c_i)$$

其中求和在 F_2 中进行，因此 $\sigma(c)$ 的 6 个分量之和为 0。传送 $\sigma(c)$，设收到向量是 $r=(r_0,r_1,r_2,r_3,r_4,r_5)$，如果 $\sum_{i=0}^{5}r_i\neq 0$，则在传送过程中一定发生了错误，可能是 0 错成 1，也可能是 1 错成 0，且有奇数个分量发生了错误；但如果 $\sum_{i=0}^{5}r_i=0$，则传送过程可能没有发生错误，也可能发生了偶数个错误。如果技术上能保证在传送过程中至多发生一个错误，则接收方就可以检查出有无错误发生。这种检错编码叫做奇偶校验码。

在双向信息的情况下，即接收方也可以传送信息给发送方，当接收方检查出在传送过程中有错误发生时，就可以通知发送方重发一次信息。但在单向信道的情形下，即使收信者知道发生了错误，也无法得到正确信息。例如，将一组已经过检错编码的数字信息存入计算机后，原始数字信息不再保存，过一段时间，打开计算机取出这组信息后，检查有错误发生，但也无法知道正确的信息。因此，有必要对信息进行纠错编码，从而纠正已发生错误的编码，译出原信息。

例 7.5(汉明校验码) 在被编码信息中加入 m 个奇偶校验位，让它们分布在码字的 2^0，$2^1,\cdots,2^{(m-1)}$ 位，从而将 k 位被编码信息均匀拉长到 $k+m=2^m-1$ 位，就得到了汉明校验码。

在汉明校验码中，每个码元(包括校验位)的位置按从右向左的顺序从 1 开始编号，其编号可以表示为 2 的最小幂之和，如 $1=2^0,2=2^1,3=2^0+2^1,4=2^2,\cdots$，见表 7-2。

表 7-2 编号的最小幂之和($m=4$)

编号	码位	最小幂分解	编号	码位	最小幂分解	编号	码位	最小幂分解
1	P_1	2^0	6	D_2	2^1+2^2	11	D_6	$2^0+2^1+2^3$
2	P_2	2^1	7	D_3	$2^0+2^1+2^2$	12	D_7	2^2+2^3
3	D_0	2^0+2^1	8	P_4	2^3	13	D_8	$2^0+2^2+2^3$
4	P_3	2^2	9	D_4	2^0+2^3	14	D_9	$2^1+2^2+2^3$
5	D_1	2^0+2^2	10	D_5	2^1+2^3	15	D_{10}	$2^0+2^1+2^2+2^3$

从而确定该码元由哪些校验位来校验；反之，也就确定了每个校验位校验哪些码元，即数据位。如果取偶校验，该校验位的值应该是这些码元值之和。这样，当传送正确时，每个校验位与其所校验的码元值之和应该为 0；不为 0 就是该校验位或其所校验的码元中有出错的。如果是其中一个数据位出错，由于该数据位被多个校验位校验，那就会有多组校验出错，这些校验位共同校验的那个数据位一定出错了，从而可以纠正那个错误。反过来，如果只有一组出错，即某校验位与其所校验的码元出错，就一定是该校验位出错，也可以纠正。所以，汉明校验码可以检查出多位错误，能纠正一位错误。m 个奇偶校验位能校验的最大位为 $2^0+2^1+\cdots+2^{(m-1)}=2^m-1$。以 $m=4$ 为例，码字最长为 15 位，被编码信息最长为 11 位。设 4 个校验位为 $P_4P_3P_2P_1$，原信息位为 $D_{10}D_9D_8D_7D_6D_5D_4D_3D_2D_1D_0$，汉明校验码为

$$H_{15}H_{14}H_{13}H_{12}H_{11}H_{10}H_9H_8H_7H_6H_5H_4H_3H_2H_1$$

汉明校验码分别按如下位置放置 11 个信息位和 4 个校验位：

$$D_{10}D_9D_8D_7D_6D_5D_4P_4D_3D_2D_1P_3D_0P_2P_1$$

以偶校验为例，求信息 11110100110 的汉明校验码。

(1)编码。只须确定校验码。由表 7-2 按以下规则定义汉明校验位：

$$P_1=H_1=D_0+D_1+D_3+D_4+D_6+D_8+D_{10}=0+1+0+0+0+1+1=1$$

$$P_2=H_2=D_0+D_2+D_3+D_5+D_6+D_9+D_{10}=0+1+0+1+0+1+1=0$$

$$P_3=H_4=D_1+D_2+D_3+D_7+D_8+D_9+D_{10}=1+1+0+1+1+1+1=0$$

$$P_4=H_8=D_4+D_5+D_6+D_7+D_8+D_9+D_{10}=0+1+0+1+1+1+1=1$$

即校验位 P_1 的值由带有 2^0 的编号所对应的码元(自己除外)之和来确定，P_2 的值由带有 2^1 的编号所对应的码元(自己除外)之和来确定，P_3 的值由带有 2^2 的编号所对应的码元(自己除外)之和来确定，P_4 的值由带有 2^3 的编号所对应的码元(自己除外)之和来确定。该汉明校验码的取值见表 7-3。

表 7-3　汉明校验码取值

H_{15}	H_{14}	H_{13}	H_{12}	H_{11}	H_{10}	H_9	H_8	H_7	H_6	H_5	H_4	H_3	H_2	H_1
D_{10}	D_9	D_8	D_7	D_6	D_5	D_4	P_4	D_3	D_2	D_1	P_3	D_0	P_2	P_1
1	1	1	1	0	1	0	1	0	1	1	0	0	0	1

(2)校验。在本例中，若收到码字为 111101010111011，容易验证，P_1 和 P_4 与被其校验位之和为 0，P_2 和 P_3 与被其校验位之和为 1，即

$$P_1+D_0+D_1+D_3+D_4+D_6+D_8+D_{10}=0$$

$$P_4+D_4+D_5+D_6+D_7+D_8+D_9+D_{10}=0$$

$$P_2+D_0+D_2+D_3+D_5+D_6+D_9+D_{10}=1$$

$$P_3+D_1+D_2+D_3+D_7+D_8+D_9+D_{10}=1$$

可判断该校验码有错。把收到的码字 111101000110001 和已知编码信息的汉明校验码比较，不难发现，这里第 2 位错，第 4 位也错，有多于一个以上的错误，所以汉明校验码不能纠错。

若收到码字为 101101010110001，同理可验证 P_1 与被其校验位之和为 0，P_2，P_3 和 P_4 与被其检验位之和为 1，可判断该校验码有错，而且它们共同检验的是 D_9 和 D_{10}。在只有一位出错的情况下，由于 P_1 与其所校验的码位之和为 0，且 D_{10} 被 P_1 所校验，因此 D_{10} 不会出错。这样，可判断 D_9 出错，可以判断是该位出错，把它由 1 改为 0。

(3)译码。从汉明码中去掉校验位,就恢复为原信息。本例中,去掉1,2,4,8位就得到11110100110。

这里只介绍了汉明码编码、校验和译码(得到原信息)的实际操作。汉明码是一种能纠正一位错、检测多位错、高效的重要分组线性码,更多的内容可参考相关的文献。

定义7.7 设原信息集合是F_2上k维向量组成的向量空间V_k,σ是V_k到V_n的一个单射,$n>k$,则称V_k的全体象$C=\sigma(V_k)$为码,C中的每一个n维向量为码字,码字的分量称为码元。当任一码字在传送过程中有不多于t个错误发生时,如果收信方可以检查出有无错误发生,则称这个码C是可以检查t个差错的检错码,并称σ为检错编码;如果收信方可以从收到的字正确译出发信方发送的码字,则称码C是可以纠正t个差错的纠错码,并称σ为纠错编码。称k为信息长度,n为码长,$\frac{k}{n}$为码C的信息率。

在例7.4中,

$$\sigma:(c_0,c_1,c_2,c_3,c_4)\mapsto(c_0,c_1,c_2,c_3,c_4,\sum_{i=0}^{4}c_i)$$

就是一个从V_5到V_6的能检一个差错的检错编码,而且$C=\sigma(V_5)\subset V_6$。

这里信息率的概念与前面提到的信息传输率的概念是一致的。一般地,信息率越高,检错或纠错的能力就越大,而且编码和译码都比较简单的码就是"好"码。

定义7.8 设$X=(x_1,x_2,\cdots,x_n)$,$Y=(y_1,y_2,\cdots,y_n)$,$x_i\in F_2$,$y_i\in F_2$,$i=1,\cdots,n$,称X和Y对应分量不相等的分量个数为X和Y的汉明(Hamming)距离,记为$d(X,Y)$。

记

$$d(x_i,y_i)\begin{cases}1 & x_i\neq y_i\\ 0 & x_i=y_i\end{cases}$$

则

$$d(X,Y)=d(x_1,y_1)+d(x_2,y_2)+\cdots+d(x_n,y_n)$$

容易证明以下定理。

定理7.3 设X和Y是长为n的二元码字,则

(1) $0\leqslant d(X,Z)\leqslant n$(非负且有界性);

(2) $d(X,Y)=0$当且仅当$X=Y$(自反性);

(3) $d(X,Y)=d(Y,X)$(对称性);

(4) $d(X,Z)\leqslant d(X,Y)+d(Y,Z)$(三角不等式)。

证明:由定义7.8可知,(1)(2)(3)显然成立。只需证(4)。

1)若$X=Z$,则$d(X,Z)=0$,而$d(X,Y)\geqslant 0$,$d(Y,Z)\geqslant 0$,故$d(X,Z)\leqslant d(X,Y)+d(Y,Z)$。

2)当$X\neq Z$时,对其分量,若$x_i\neq z_i$,一定有$x_i\neq y_i$或$y_i\neq z_i$,这时,$d(x_i,z_i)=1$,$d(x_i,y_i)$与$d(y_i,z_i)$中至少有一个为1,故$d(x_i,z_i)\leqslant d(x_i,y_i)+d(y_i,z_i)$;若$x_i=z_i$,则$d(x_i,z_i)=0$,而$d(x_i,y_i)$与$d(y_i,z_i)$都大于或等于0,故$d(x_i,z_i)\leqslant d(x_i,y_i)+d(y_i,z_i)$;由定义7.8有$d(X,Z)\leqslant d(X,Y)+d(Y,Z)$。

[证毕]

定理7.3表明汉明距离具有一般距离的性质。

设收到字 A,在所有码字中,如果 c 是与 A 的汉明距离最小的码字,即 c 是发生传送错误分量个数最少的码字而成为 A 的,从而在所有码字中,c 是前向传送概率最大而成为 A 的码字,因此按极大似然译码准则,应将 A 译为 c,即将 A 译成与 A 的汉明距离最小的码字。这样译码避免了计算概率,而只要数一数所有与码字 A 的对应分量不相等的分量个数,因此在二元对称信道中,最小汉明距离译码准则等于极大似然译码准则。在任意信道中也可采用最小汉明距离译码准则,但它不一定等于极大似然译码准则。

例 7.6 设码 $C=(0000,0011,1000,1100,0001,1001)$,在二元对称传送中,如果收到 $A=0111$,试问根据极大似然译码法,应将 A 译为哪一个码字?

解:计算码 C 中每一个码字与 A 的汉明距离如下:

$$d(0111,0000)=3, d(0111,0011)=1, d(0111,1000)=4$$

$$d(0111,1100)=3, d(0111,0001)=2, d(0111,1001)=3$$

由于码字 0011 与 A 的汉明距离最小,从而根据极大似然译码法应将 $A=0111$ 译为 0011。

通过例 7.6 可以发现在码字的个数较少,码长较小的情况下,译码是容易实现的;而当码字的个数很大(如军事通信中码字一般多达 2^{100} 个),上述译码方法几乎是不可能实现的。

定义 7.9　设码 C 是至少包含 2 个码字的码,称

$$d(C)=\min\{d(X,Y)\mid X,Y\in C, X\neq Y\}$$

为码 C 的极小距离。

若码长为 n,极小距离为 d 的码 C 含有 m 个码字,则称 C 是(n, m, d)码。

在码长为 5 的码 $C=(00000,00011,00111,11111)$ 中,由于 $d(00011,00111)=1$,而其他任何两个不同码字的汉明距离都大于或等于 2,故 $d(C)=1$,从而 C 是$(5,4,1)$码。

定理 7.4　设 C 是码长为 n 的二元码。

(1)若 $d(C)\geqslant t+1$,则 C 是可以检查 t 个差错的检错码;若 $d(C)=t+1$,则 C 是不能检查 $t+1$ 个差错的检错码;

(2)若 $d(C)\geqslant 2t+1$,则 C 是可以纠正 t 个差错的纠错码;若 $d(C)=2t+1$,则 C 是不能纠正 $t+1$ 个错误的纠错码。

定理 7.4 说明(证略),对于二进制码组而言,码组之间的最小距离是衡量该码组检错和纠错能力的重要依据。也就是说,在一般情况下,码组的最小汉明距离 d_0 与检错和纠错能力之间满足下列关系:

(1)当码组用于检测错误时,如果要检测 e 个错误,则有

$$d_0\geqslant e+1$$

这个关系可以利用图 7-4(a)予以说明。在图中用 A 和 B 分别表示两个码距为 d_0 的码组,若 A 发生 e 个错误,则 A 就变成以 A 为球心、e 为半径的球面上的码组,为了能将这些码组分辨出来,它们必须与距离其最近的码组 B 有一位的差别,即 A 和 B 之间的最小距离为 $d_0\geqslant e+1$。

(2)当码组用于纠正错误时,如果要纠正 t 个错误,则有

$$d_0\geqslant 2t+1$$

这个关系可以利用图 7-4(b)予以说明。在图中用 A 和 B 分别表示两个码距为 d_0 的码组,若 A 发生 t 个错误,则 A 就变成以 A 为球心、t 为半径的球面上的码组;若 B 发生 t 个错

误，则 B 就变成以 B 为球心、t 为半径的球面上的码组。为了在出现 t 个错误以后，仍能够分辨出 A 和 B，A 和 B 之间的距离应大于 $2t$，最小距离也应当使两球体表面相距为 1，即满足不等式 $d_0 \geqslant 2t+1$。

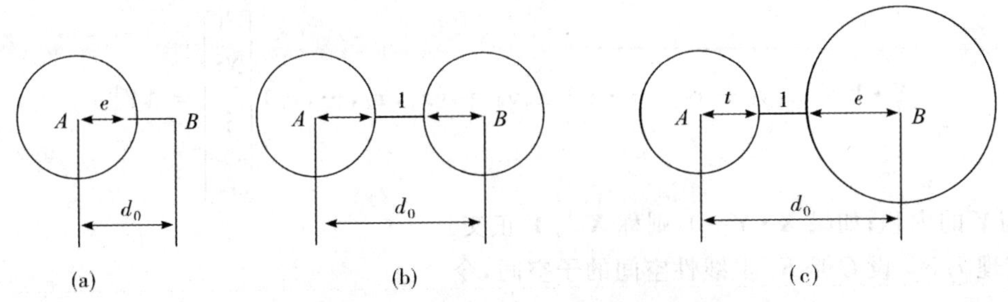

图 7－4 检(纠)错能力的几何解释

(3)如果码组用于纠正 t 个错，同时检测 e 个错，且 $t \leqslant e$，则有

$$d_0 \geqslant t+e+1$$

这个关系可以利用图 7－4(c)予以说明。在图中用 A 和 B 分别表示两个码距为 d_0 的码组，当码组出现 t 个或小于 t 个错误时，系统按照纠错方式工作；当码组出现大于 t 个而小于 e 个错误时，系统按照检错方式工作；若 A 发生 t 个错误，B 发生 e 个错误时，既要纠正 A 的错误，又要检测 B 的错误，则 A 和 B 之间的距离应大于 $t+e$，即满足不等式 $d_0 \geqslant t+e+1$。

7.2 线 性 码

根据极大似然译码法或汉明距离译码法，都要将接收到的字 A 与码 C 中的每一个码字结合计算前向传送概率或汉明距离，当 n 较大或码字较多时，译码工作量十分巨大。因此，研究并构造具有很好数学结构的码具有非常重要的意义。本节讨论的线性码是最基础、最重要的码。

7.2.1 有限域上的线性空间

在线性代数中，学习了实数域 $\boldsymbol{R}$ 上的向量空间 V 及其性质，将实数域 $\boldsymbol{R}$ 具体到有限域 F_2，向量空间及其性质当然也成立。有时又将向量空间称为线性空间。显然

$$F_2^n = \{(a_1, a_2, \cdots, a_n) \mid a_i \in F_2, i=1, \cdots, n\}$$

是二元域 F_2 上的 n 维线性空间。

例如，$C=\{(0,0)\}$ 是 0 维线性空间，$F_2^2=\{(0,0),(0,1),(1,0),(1,1)\}$ 是 F_2 上的 2 维线性空间，$F_2^3=\{(0,0,0),(0,0,1),(0,1,0),(0,1,1),(1,0,0),(1,0,1),(1,1,0),(1,1,1)\}$ 是 F_2 上的 3 维线性空间。

定义 7.10 设 C 是 F_2 上 n 维线性空间 V 的非空子集，如果 C 也是 F_2 上的线性空间，则称 C 是 V 的子空间。

例如，$C_1=\{(0,0),(0,1)\}$ 是 F_2^2 的子空间，$C_2=\{(0,0,0),(0,0,1),(0,1,0),(0,1,1)\}$ 是 F_2^3 的子空间。

线性代数中已经证明，F_2上的线性空间V的子集C是线性子空间的充要条件：任给$X,Y \in C$，任给$k_1,k_2 \in F_2$，都有$k_1X+k_2Y \in C$。

定义 7.11　设$X=(x_1,x_2,\cdots,x_n) \in F_2^n, Y=(y_1,y_2,\cdots,y_n) \in F_2^n$，称

$$\boldsymbol{X}\cdot\boldsymbol{Y}=x_1y_1+x_2y_2+\cdots+x_ny_n=(x_1,x_2,\cdots,x_n)\begin{bmatrix}y_1\\y_2\\\vdots\\y_n\end{bmatrix}=\boldsymbol{XY}^{\mathrm{T}}$$

为$\boldsymbol{X}$与$\boldsymbol{Y}$的内积；如果$\boldsymbol{X}\cdot\boldsymbol{Y}=0$，则称$\boldsymbol{X}$与$\boldsymbol{Y}$正交。

定理 7.5　设C是F_2上线性空间的子空间，令

$$C^{\perp}=\{\alpha \mid \alpha\cdot\beta=0, \forall\beta\in C, \alpha\in F_2^n\}$$

则$C^{\perp}$是F_2^n的子空间(称为C的正交补子空间)，且$\dim C+\dim C^{\perp}=n$。

证明：$\forall a_1,a_2 \in C^{\perp}, \forall\lambda_1,\lambda_2\in F_2, \forall\beta\in C$，由于$a_1\cdot\beta=a_2\cdot\beta=0$，则

$$(\lambda_1\alpha_1+\lambda_2\alpha_2)\cdot\beta=\lambda_1\alpha_1\cdot\beta+\lambda_2\alpha_2\cdot\beta=0$$

从而$\lambda_1\alpha_1+\lambda_2\alpha_2\in C^{\perp}$，即$C^{\perp}$是$F_2^n$的子空间。

设$k=\dim C, \beta_1,\beta_2,\cdots,\beta_k$是$C$的一组基，则$X\in C^{\perp}$的充要条件为

$$\beta_1\boldsymbol{X}^{\mathrm{T}}=0, \beta_2\boldsymbol{X}^{\mathrm{T}}=0, \cdots\beta_K\boldsymbol{X}^{\mathrm{T}}=0$$

即$\boldsymbol{AX}^T=0$，其中$\boldsymbol{A}=(\beta_1\quad\beta_2\quad\cdots\quad\beta_k)^{\mathrm{T}}$，由于$A$的秩为$k$，故线性方程组$AX^T=0$的基础解系含有$n-k$个解向量，即$\dim C^{\perp}=n-k$，从而有

$$\dim C+\dim C^{\perp}=k+n-k=n$$

[证毕]

例如，$C=\{(0,0),(0,1)\}$是F_2^2的1维子空间，它的正交补子空间$C^{\perp}=\{(0,0),(1,0)\}$，且$\dim C+\dim C^{\perp}=2$。再如，$C=\{(0,0,0)\}$是$F_2^3$的0维子空间，$C^{\perp}=F_2^3$，且$\dim C+\dim C^{\perp}=3$。

7.2.2　线性码的生成矩阵与校验矩阵

定义 7.12　称F_2^n的任一子空间C是长为n的线性码，并称子空间C的维数为线性码C的维数，仍记为$\dim C$。并记长为n，维数为k的线性码为$[n,k]$线性码。

设$C^{\perp}$是线性空间F_2^n的子空间C的正交补子空间，则$C^{\perp}$也是长为n的线性码，称$C^{\perp}$是线性码C的对偶码；当$C^{\perp}=C$时，称C是自对偶码。

定理 7.6　设C是长为n的二元线性码，则

(1) C恰好含有$M=2^{\dim C}$个码字；

(2)当C是自对偶码时，$\dim C=\dfrac{n}{2}$。

证明：

(1)设$k=\dim C$，即C是F_2上k维子空间，设$\alpha_1,\cdots,\alpha_k$是C在F_2上的一组基，则C中每个码字c可由$\alpha_1,\cdots,\alpha_k$唯一地线性表示为

$$c=\lambda_1\alpha_1+\cdots+\lambda_k\alpha_k$$

其中，$\lambda_1, \cdots, \lambda_k \in F_2$。由于每个 λ_i 恰好有 2 种不同取值，从而 $\lambda_1, \cdots, \lambda_k$ 共有 2^k 种不同的取值，而每一种不同取值对应的码字 c 也不同，故 C 恰好含有 2^k 个码字。

(2)由于 C 是自对偶码，则 $C^{\perp} = C$，故 $\dim C = \dim C^{\perp}$，又由定理 7.5 知：

$$\dim C + \dim C^{\perp} = n$$

故

$$\dim C = \frac{n}{2}$$

［证毕］

例如，F_2^3 是[3,3]线性码，$\dim F_2^3 = 3$，F_2^3 共有 $2^3 = 8$ 个码字；而 $C_1 = \{(0,0),(0,1)\}$ 是[2,1]线性码，$\dim C_1 = 1$，共有 $2^1 = 2$ 个码字；而 $C_1^{\perp} = \{(0,0),(1,0)\}$，是[2,1]线性码，$\dim C_1^{\perp} = 1$，也有 2 个码字。再如，$C_2 = \{(0,0),(1,1)\}$ 是[2,1]线性码，共有 $2^1 = 2$ 个码字，且是自对偶码，$C_2^{\perp} = \{(0,0),(1,1)\} = C_2$。

定义 7.13　设 C 是 F_2 上的 $[n,k]$ 线性码，$\alpha_1, \alpha_2, \cdots, \alpha_k$ 是 C 在 F_2 上的一组基，称

$$\boldsymbol{G} = \begin{bmatrix} \alpha_1 \\ \alpha_2 \\ \vdots \\ \alpha_k \end{bmatrix} = \begin{bmatrix} a_{11} & a_{12} & \cdots & a_{1n} \\ a_{21} & a_{22} & \cdots & a_{2n} \\ \vdots & \vdots & & \vdots \\ a_{k1} & a_{k2} & \cdots & a_{kn} \end{bmatrix}_{k \times n}$$

为 $[n,k]$ 线性码 C 的生成矩阵。

因为 $\alpha_1, \alpha_2, \cdots, \alpha_k$ 是 C 在 F_2 上的一组基，所以任给 $c \in C$，存在唯一一组常数 $\lambda_1, \lambda_2, \cdots, \lambda_k \in F_2$，使

$$c = \lambda_1\alpha_1 + \lambda_2\alpha_2 + \cdots + \lambda_k\alpha_k = (\lambda_1, \lambda_2, \cdots, \lambda_k)\boldsymbol{G}$$

反之，任给一组常数 $\lambda_1, \lambda_2, \cdots, \lambda_k \in F_2$，由于 C 是 F_2 上的 $[n,k]$ 线性空间，故

$$\lambda_1\alpha_1 + \lambda_2\alpha_2 + \cdots + \lambda_k\alpha_k = (\lambda_1, \lambda_2, \cdots, \lambda_k) \quad \boldsymbol{G} \in C$$

所以，可以定义 $(001,010)^T$ 是 $[n,k]$ 线性码 C 的生成矩阵。

若 C 是 $[n,k]$ 线性码，由于 $C^{\perp}$ 也是长为 n 的线性码，且 $\dim C^{\perp} = n - \dim C = n - k$，从而 $C^{\perp}$ 是 $[n, n-k]$ 线性码。设 $h_1 = (h_{11}, h_{12}, \cdots, h_{1n})$，$h_2 = (h_{21}, h_{22}, \cdots, h_{2n})$，$\cdots$，$h_{n-k} = (h_{n-k,1}, h_{n-k,2}, \cdots, h_{n-k,n})$ 是 $C^{\perp}$ 的基，则

$$\boldsymbol{H} = \begin{bmatrix} \boldsymbol{h}_1 \\ \boldsymbol{h}_2 \\ \vdots \\ \boldsymbol{h}_{n-k} \end{bmatrix} = \begin{bmatrix} \boldsymbol{h}_{11} & \boldsymbol{h}_{12} & \cdots & \boldsymbol{h}_{1n} \\ \boldsymbol{h}_{21} & \boldsymbol{h}_{22} & \cdots & \boldsymbol{h}_{2n} \\ \vdots & \vdots & & \vdots \\ \boldsymbol{h}_{n-k,1} & \boldsymbol{h}_{n-k,2} & \cdots & \boldsymbol{h}_{n-k,n} \end{bmatrix}_{(n-k) \times n}$$

是 $C^{\perp}$ 的生成矩阵。

定理 7.7　设 C 是 $[n,k]$ 线性码，$\boldsymbol{H} = (h_1, h_2 \cdots h_{n-k})^{\mathrm{T}}$ 是 C 的对偶码 $C^{\perp}$ 的生成矩阵，对 $\forall \boldsymbol{X} = (x_1, x_2, \cdots, x_n) \in F_2^n$，则 $\boldsymbol{X} \in C$ 的充要条件是 $\boldsymbol{H}\boldsymbol{X}^{\mathrm{T}} = 0$。

证明：

(1)若 $\boldsymbol{X} \in C$，由于 $h_i \in C^{\perp}$，则

$$h_i \cdot \boldsymbol{X} = h_i\boldsymbol{X}^{\mathrm{T}} = h_{i1}x_1 + h_{i2}x_2 + \cdots + h_{in}x_n = 0$$

从而有

$$HX^{\mathrm{T}}=\begin{bmatrix}h_1\\h_2\\\vdots\\h_{n-k}\end{bmatrix}X^{\mathrm{T}}=\begin{bmatrix}h_1X^{\mathrm{T}}\\h_2X^{\mathrm{T}}\\\vdots\\h_{n-k}X^{\mathrm{T}}\end{bmatrix}=0$$

(2)若 $HX^{\mathrm{T}}=0$，对 $\forall\alpha\in C^{\perp}$，则存在 $\lambda_1,\cdots,\lambda_{n-k}\in F_2$，使 $\alpha=(\lambda_1,\lambda_2,\cdots,\lambda_{n-k})H$，从而

$$\alpha\cdot X=\alpha X^{\mathrm{T}}=(\lambda_1,\cdots,\lambda_{n-k})HX^{\mathrm{T}}=(\lambda_1,\cdots,\lambda_{n-k})0=0$$

X 与 $C^{\perp}$ 中每个向量正交，即 $X\in C$。

[证毕]

定义 7.14　设 C 是 F_2 上的 $[n,k]$ 线性码，称 $C^{\perp}$ 的生成矩阵 H 为 C 的校验矩阵。

若 $G=\begin{bmatrix}a_1\\a_2\\\vdots\\a_k\end{bmatrix}$ 与 $H=\begin{bmatrix}h_1\\h_2\\\vdots\\h_{n-k}\end{bmatrix}$ 分别是线性码 C 的生成矩阵与校验矩阵，则

$$HG^{\mathrm{T}}=\begin{bmatrix}h_1\\h_2\\\vdots\\h_{n-k}\end{bmatrix}(a_1^{\mathrm{T}}\quad a_2^{\mathrm{T}}\quad\cdots\quad a_k^{\mathrm{T}})=\begin{bmatrix}h_1a_1^{\mathrm{T}}&\cdots&h_1a_k^{\mathrm{T}}\\\vdots&&\vdots\\h_{n-k}a_1^{\mathrm{T}}&\cdots&h_{n-k}a_k^{\mathrm{T}}\end{bmatrix}=0$$

从而

$$GH^{\mathrm{T}}=(HG^{\mathrm{T}})^{\mathrm{T}}=\mathbf{0}^{\mathrm{T}}=0$$

7.2.3　线性码的汉明重量和系统码

定义 7.15　设 $X\in F_2^n$，称 X 的非零分量个数为 X 的汉明距离，记为 $wt(X)$，并称

$$wt(C)=\min\{wt(X)\mid X\in C,X\neq 0\}$$

为线性码的汉明重量。

定理 7.8　设 C 是二元线性码，则 C 的汉明距离等于 C 的汉明重量，即 $d(C)=wt(C)$。

证明：

$$\begin{aligned}d(C)&=\min\{d(X,Y)\mid X,Y\in C,X\neq Y\}\\&=\min\{\sum_{x_i\neq y_i}1\mid X,Y\in C,X\neq Y\}\\&=\min\{wt(X-Y)\mid X,Y\in C,X\neq Y\}\\&=\min\{wt(X-Y)\mid X,Y\in C,X-Y\neq 0\}\\&=\min\{wt(X)\mid X\in C,X\neq 0\}=wt(X)\end{aligned}$$

[证毕]

根据定理 7.8，可以通过码 C 的汉明重量计算码 C 的汉明距离，从而简化码 C 的汉明距离的计算过程。

设 C 是二元 $[n,k]$ 线性码，则两个 $k\times n$ 矩阵 G 与 G_1 都是 C 的生成矩阵，当且仅当 G_1 与 G 的行向量组都是线性空间 C 在 F_2 上的基，当且仅当 G_1 与 G 的行向量组等价，当且仅当 G 与

G_1 行等价。

设 C_1 与 C_2 是两个二元 $[n,k]$ 线性码，如果 $(c_1,c_2,\cdots,c_n)\in C_1$ 当且仅当 $(c_{i_1},c_{i_2},\cdots,c_{i_n})\in C_2$，其中 $(i_1,i_2,\cdots,i_n)$ 是 $1,2,\cdots,n$ 的一个全排列，则称线性码 C_1 与 C_2 等价。显然，线性码的等价具有自反性、对称性和传递性，因此线性码之间的等价是一种等价关系。

定义 7.16　设 $\boldsymbol{I}_{k\times k}$ 是 k 阶单位矩阵，称具有形如

$$\boldsymbol{G}_0=(\boldsymbol{I}_{k\times k}\quad \boldsymbol{P}_{k\times(n-k)})$$

的生成矩阵的 $[n,k]$ 线性码 C_0 为系统码。

若 C 是一个系统码，$\boldsymbol{G}_0=(\boldsymbol{I}_{k\times k}\quad \boldsymbol{P}_{k\times(n-k)})$ 为其生成矩阵，则对任何原信息 $(a_1,a_2,\cdots,a_k)\in F_2^k$，其对应的码字为

$$C=(a_1,a_2,\cdots a_k)\boldsymbol{G}_0=(a_1,a_2,\cdots a_k,c_{k+1},\cdots,c_n)$$

其中码字的前 k 个分量为原始信息(即信息位)，后 $n-k$ 个分量 $c_{k+1},\cdots,c_n$ 是校验信息(即校验位)。

定理 7.9　任一线性码都等价于一个系统码。

用矩阵的初等行变换和初等列变换容易证明，证明略。

7.2.4　线性码的编码

设 C 是 $[n,k]$ 线性码，则恰好含有 2^k 个码字。设 $\boldsymbol{G}=(a_1,a_2,\cdots a_k)^{\mathrm{T}}$ 是 C 的生成矩阵，对 $\forall c\in C$，则存在唯一一组常数 $\lambda_1,\cdots,\lambda_k\in F_2$，使

$$c=\lambda_1\alpha_1+\cdots+\lambda_k\alpha_k=(\lambda_1,\cdots,\lambda_k)\begin{bmatrix}\alpha_1\\ \vdots\\ \alpha_k\end{bmatrix}=(\lambda_1,\cdots,\lambda_k)\boldsymbol{G}$$

另一方面，对任意一组常数 $\lambda_1,\cdots,\lambda_k\in F_2$，则

$$\lambda_1\alpha_1+\cdots+\lambda_k\alpha_k\in C$$

即 $\lambda_1\cdots\lambda_k$ 唯一决定一个码字。

$$C=\lambda_1\alpha_1+\cdots+\lambda_k\alpha_k=(\lambda_1,\cdots,\lambda_k)\boldsymbol{G}$$

因此，对 $\forall(\lambda_1,\cdots,\lambda_k)\in F_2^k$，若令

$$\sigma(\lambda_1,\cdots,\lambda_k)=(\lambda_1,\cdots,\lambda_k)\boldsymbol{G}$$

则 σ 是对原始信息集合 F_2^k 的一个编码，而且该编码是从 F_2^k 到 C 的一一映射。这个编码在工程上是容易实现的。

例如，$C=\{000,\ 001,\ 010,011\}$ 是 $[3,2]$ 码，$\boldsymbol{G}=(001,010)^{\mathrm{T}}$，则一一映射

$$\sigma:F_2^2\rightarrow F_2^3$$

$$\lambda\mapsto\lambda\boldsymbol{G}$$

是从 F_2^2 到 F_2^3 的子空间 C 的编码，而且 $\sigma(F_2^2)=C$。

7.2.5　线性码的译码

在实际问题中当 n 较大或码字个数巨大时，译码工作非常困难，甚至无法实现。下面利用线性码的特点，降低译码的计算量及难度。

设 $\boldsymbol{H}=(h_1\cdots h_{n-k})_{(n-k)\times n}{}^{\mathrm{T}}$ 是 C 的校验矩阵，设 $\boldsymbol{X}=(x_1,\cdots,x_n)\in F_2^n$ 是收到的字，如果 $\boldsymbol{HX}^{\mathrm{T}}=0$，则 $\boldsymbol{X}$ 是 C 中一个码字，从而将 $\boldsymbol{X}$ 译为 $\boldsymbol{X}$。如果 $\boldsymbol{HX}^{\mathrm{T}}\neq 0$，则 $\boldsymbol{X}$ 不是 C 中的码字，即传送中出现了错误，按照极大似然译码法，必须计算 $\boldsymbol{X}$ 与 C 中的 2^k 个码字的汉明距离，然后将 $\boldsymbol{X}$ 译为与 $\boldsymbol{X}$ 距离最小的码字。当 k 与 n 较小时，这种译码是可行的，但当 k 或 n 较大时，计算量十分巨大，如在军事通信中，通常 $k\geqslant 100$，这样要译收到的字 $\boldsymbol{X}$，必须计算 $\boldsymbol{X}$ 与 2^{100} 个码字的距离，这几乎是不可能的。下面利用数学中的陪集概念引入校验子，以便简化译码过程。

定义 7.17　设 C 是 F_2 上线性码，对 $\forall \boldsymbol{X}\in F_2^n$，称集合

$$\overline{\boldsymbol{X}}=\{\boldsymbol{X}+\boldsymbol{c}\mid \boldsymbol{c}\in C\}$$

为 X 所在的陪集，有时也记为 $\boldsymbol{X}+C$。

定理 7.10　设 C 是二元 $[n,k]$ 线性码，则

(1) F_2^n 中每个向量一定在 C 的某个陪集中，且两个不同的陪集不相交，所有陪集的并为 F_2^n；

(2)对 $\forall \boldsymbol{X},\boldsymbol{Y}\in F_2^n$，则 $\boldsymbol{X}$ 与 $\boldsymbol{Y}$ 属于 C 的同一个陪集，当且仅当 $\boldsymbol{X}-\boldsymbol{Y}\in C$；

(3)对 $\forall \boldsymbol{X}\in F_2^n$，则 $\overline{\boldsymbol{X}}$ 恰好含有 2^k 个向量，且 F_2^n 关于 C 恰好有 2^{n-k} 个不同陪集。

例如，[3,2] 码 $C=\{000,001,010,011\}$ 的 F_2^3 中 8 个元素的陪集分别为

$$\overline{000}=C=\{000,001,010,011\},\overline{001}=C=\{000,001,010,011\}$$
$$\overline{010}=C=\{000,001,010,011\},\overline{011}=C=\{000,001,010,011\}$$
$$\overline{100}=C'=\{100,101,110,111\},\overline{101}=C'=\{100,101,110,111\}$$
$$\overline{110}=C'=\{100,101,110,111\},\overline{111}=C'=\{100,101,110,111\}$$

显然，[3,2] 码 C 有两个不同的陪集，两个不同陪集的并为 F_2^3，每个陪集有 4 个向量。

定义 7.18　设 $\boldsymbol{H}_{(n-k)\times n}$ 是二元 $[n,k]$ 线性码的校验矩阵，对 $\forall \boldsymbol{X}\in F_2^n$，称

$$S(\boldsymbol{X})=\boldsymbol{XH}^{\mathrm{T}}$$

为字 $\boldsymbol{X}$ 的校验子。

显然，$S(\boldsymbol{X})=\boldsymbol{XH}^{\mathrm{T}}\in F_2^{n-k}$，即 $S(\boldsymbol{X})$ 是 $n-k$ 维向量。

定理 7.11　设 C 是 $[n,k]$ 线性码，则对 $\forall \boldsymbol{X},\boldsymbol{Y}\in F_2^n$，有

(1) $S(\boldsymbol{X}+\boldsymbol{Y})=S(\boldsymbol{X})+S(\boldsymbol{Y})$；

(2) $\boldsymbol{X}\in C$ 当且仅当 $S(\boldsymbol{X})=0$；

(3) $\boldsymbol{S}(X)=S(\boldsymbol{Y})$ 当且仅当 $\boldsymbol{X}$ 与 $\boldsymbol{Y}$ 在 C 的同一个陪集中，即 $\overline{\boldsymbol{X}}=\overline{\boldsymbol{Y}}$；

(4)共有 2^{n-k} 个不同的校验子。

由定理 7.11 和定义 7.18，容易得到以下推论：

推论　二元 $[n,k]$ 线性码 C 的校验子空间是 F_2^{n-k}。

例如，二元[2,1]线性码 $C_1=\{(0,0),(0,1)\}$ 的校验子空间是 $F_2=\{0,1\}$；而任意二元[6,3]线性码的校验子空间是 $F_2^3=\{000,001,010,011,100,101,110,111\}$。

定义 7.19　称一个陪集中汉明距离最小的向量为该陪集的陪集头。

利用校验子可以大大简化译码过程，现介绍如何列$[n,k]$线性码 C 的译码表：

(1)将 F_2^n 中 2^n 个向量排成 2^{n-k} 行 2^k 列的一个表，取“码字”为行标识，放在译码表的顶行；“校验子”为列标识，放在译码表的最左列；

(2)将 C 中的 2^k 个码字排在顶行的第 2 列一直到第 2^k+1 列，其中零码字排在第 1 行的第

2 列；把 C 除零元外的“校验子”排在第 1 列的第 2 行一直到第 2^{n-k} 行；

(3)先任选一个不在译码表已有陪集里的向量 $\boldsymbol{X}$，按第一行 C 中码字的顺序计算 $\boldsymbol{X}+C$ 得到陪集，再确定其陪集头 Z，并求出陪集头 Z 所对应的校验子，将该陪集排在对应校验子所在的行。

一般地，译码表中有一条虚线将 2^{n-k} 行分成上、下两个部分：唯有唯一的陪集头 $\boldsymbol{X}$ 的陪集按“校验子”从小到大排在译码表中虚线的上方，将陪集头 $\boldsymbol{X}$ 排在这一行的第一列，并将 $\boldsymbol{X}+\boldsymbol{c}\in\overline{\boldsymbol{X}}$ 排在码字 $\boldsymbol{c}(\boldsymbol{c}\in C)$ 同一列；若某一陪集中有多个陪集头，则将该行排在译码表中虚线下方部分，且任取一个陪集头 $\boldsymbol{X}$ 排在该行的第一列，也将 $\boldsymbol{X}+\boldsymbol{c}\in\overline{\boldsymbol{X}}$ 排在码字 $\boldsymbol{c}$ 的同一列。

根据上述方法所列译码表译码如下：

当收到字为 A 时，先计算 A 的校验子 $S(\boldsymbol{A})=\boldsymbol{AH}^{\mathrm{T}}$，如果 $S(\boldsymbol{A})=0$，则将 $\boldsymbol{A}$ 译为 $\boldsymbol{A}$；否则检查校验子 $S(\boldsymbol{A})$ 是否在虚线上方，若在虚线上方，则将 $\boldsymbol{A}$ 译为第一行中与 $\boldsymbol{A}$ 同列的码字 $\boldsymbol{c}$；如果校验子 $S(\boldsymbol{A})$ 在虚线下方，则无法译码。

定理 7.12　上述译码方法符合极大似然译码原理，即译码方法正确。

证明略。

例 7.7　设 C 是二元[6,3]线性码，其校验矩阵为

$$\boldsymbol{H}=\begin{pmatrix}1&0&0&1&1&0\\0&1&0&1&0&1\\0&0&1&0&1&1\end{pmatrix}$$

(1)列出码 C 的译码表；

(2)设收到的字 $A_1=110110, A_2=111111$，试译 A_1, A_2。

解：

(1)列码 C 的译码表。

1) 求 C 的生成矩阵。由 $\boldsymbol{HX}^{\mathrm{T}}=\boldsymbol{0}$ 得线性方程组：

$$\begin{cases}x_1+x_4+x_5=0\\x_2+x_4+x_6=0\\x_3+x_5+x_6=0\end{cases}$$

解得该方程组的基础解系为 $h_1=110100, h_2=101010, h_3=011001$，则 C 的生成矩阵为

$$\boldsymbol{G}=\begin{pmatrix}1&1&0&1&0&0\\1&0&1&0&1&0\\0&1&1&0&0&1\end{pmatrix}$$

2) 求 C 的所有码字。当 (a_1,a_2,a_3) 取 F_2^3 中每一个向量时，由 $\boldsymbol{c}=(a_1,a_2,a_3)\boldsymbol{G}$ 可得 C 的所有码字为

$$c_0=(000)\boldsymbol{G}=(000000), c_1=(001)\boldsymbol{G}(011001)$$
$$c_2=(000)\boldsymbol{G}=(000000), c_3=(001)\boldsymbol{G}(011001)$$
$$c_4=(000)\boldsymbol{G}=(000000), c_5=(001)\boldsymbol{G}(011001)$$
$$c_6=(000)\boldsymbol{G}=(000000), c_6=(001)\boldsymbol{G}(011001)$$

即 $C=\{000000,011001,101010,110011,110100,101101,011110,000111\}$。

将 C 中的 8 个码字排在译码表的第一行，其中零码字排在第 1 行的第 2 列。注意，其实码

C 对应的校验子为零校验子 000。

3) 求 C 的所有校验子。由定理 7.11 的推论得，C 的校验子空间为 $F_2^3 = \{000,001,010,011,100,101,110,111\}$。

将码 C 除零校验子外的“校验子”按从小到大的顺序排在译码表第 1 列的第 2 行直到第 8 行。

4) 求其余陪集及其校验子。先任选一个不在译码表已有陪集里的向量 $\boldsymbol{X}$(为了计算方便，$\boldsymbol{X}$ 的选取一般先选择只有一个 1 的码字)，按第一行 C 中码字的顺序计算 $\boldsymbol{X}+C$ 得到陪集，再确定其陪集头 Z，并求出陪集头 Z 所对应的校验子，将该陪集排在对应校验子所在的行。这样，共得到 $2^{6-3}-1=7$ 个不同的陪集和相应的 7 个不同的校验子，并得到相应的陪集头。填入所有这些信息即得译码表，见表 7-4。

表 7-4 C 的译码表

码字 校验子	000000	011001	101010	110011	110100	101101	011110	011111
001	001000	010001	100010	111011	111100	100101	010110	001111
010	010000	001001	111010	100011	100100	111101	001110	010111
011	000001	011000	101011	110010	110101	101100	011111	000110
100	100000	111001	001010	010011	010100	001101	111110	101111
101	000010	011011	101000	110001	110110	101111	011100	000101
110	000100	011101	101110	110111	110000	101001	011010	000011
111	001100	010101	100110	111111	111000	100001	010010	001011

(2)译码 A_1 和 A_2。

1) 对收到的字 $A_1=110110$，先计算 A_1 的校验子：

$$S(A_1)=A_1\boldsymbol{H}^{\mathrm{T}}=(110110)\begin{bmatrix}1&0&0&1&1&0\\0&1&0&1&0&1\\0&0&1&0&1&1\end{bmatrix}^{\mathrm{T}}=(101)$$

再在校验子所在的列找到 $S(A_1)=101$，由于 101 在虚线上方，因此在 101 所在的行找到字 $A_1=110110$。由表 7-4 知，字 $A_1=110110$，所在列对应的第一行的码字为 110100。由译码原理知，应将 A_1 译为 110100。

2) A_2 的校验子为 $S(A_2)=A_2\boldsymbol{H}^{\mathrm{T}}=(111)$，由于(111)在虚线下方，故无法译码。事实上，由于码字(111111)与码字(110011)，(101101)和(011110)的汉明距离都是 2，与其他码字的距离都大于 2，由于对应最小距离的码字不唯一，故根据极大似然译码法知，码字 $A_2=111111$ 确实无法译出。

在线性码的译码过程中，当收到一个码字 A 时，只要先计算 A 的校验子 $S(A)$，再在 2^{n-k} 个校验子中找到 $S(A)$，最后在 $S(A)$ 所在的行的 2^k 个码字中找到 A，并将 A 译为第一行中与 A 在同一列中的码字，这种译码显然比计算 A 与 C 中的 2^k 个码字的汉明距离的方法简单得多。但是由于线性码的数学结构太简单，因此译码依然很困难，如译 [100, 80] 线性码时，必须从 $2^{100-80}=2^{20}$ 个校验子中找到 $S(A)$，再从 2^{80} 个码字中找到 A，这样工作量依然很大。因此，要使译码能够简单易行，还必须对线性码添加数学结构，如下节的循环码。

7.3 循　环　码

上节讨论了线性码,由于线性码是 F_2^n 的子空间,即对码 C 添加了一个代数结构,从而使线性码的编码与译码都比没有代数结构的码的编码与译码要简单得多;但当 n 与 k 较大时,线性码的译码仍然非常困难,为了得到译码更加容易实现的码,本节讨论比线性码有更多代数结构的循环码。循环码是使用最为广泛的一种编码。为了讨论循环码,下面先介绍相关的数学知识。

7.3.1　循环码数学基础

定义 7.20　设 G 是一个非空集合,在 G 内定义了一个二元运算"$\circ$",对 $\forall a,b \in G$,恒有唯一确定的 $c \in G$ 使 $c = a \circ b$,如果此二元运算满足

(1)(结合律)　$\forall a,b,c \in G$ 有 $(a \circ b) \circ c = a \circ (b \circ c)$;

(2)(幺元存在性)　存在 $e \in G$,对 $\forall a \in G$ 有 $e \circ a = a \circ e = a$;

(3)(逆元存在性)　对 $\forall a \in G$ 都存在 $b \in G$ 使 $a \circ b = b \circ a = e$,并称 b 是 a 的逆元素,记为 $b = a^{-1}$,称 $(G, \circ)$ 是一个群。

定义 7.21　设在非空集合 R 中定义了加法和乘法两种二元运算,如果

(1) R 在加法运算下为群;

(2)对 $\forall a,b,c \in R$,有 $(a \cdot b) \cdot c = a \cdot (b \cdot c)$,$(a+b) \cdot c = a \cdot c + b \cdot c$,$a \cdot (b+c) = a \cdot b + a \cdot c$,则称 $(R, +, \cdot)$ 为一个环(通常"$\cdot$"可省略)。若对 $\forall a,b \in R$,有 $a \cdot b = b \cdot a$,则称 R 为交换环。若 $a \neq 0, b \neq 0$ 且满足 $a \cdot b = 0$,则称 a 与 b 互为零因子。

定义 7.22　设 S 是环 R 的非空子集,如果

(1) $\forall a,b \in S$,有 $a - b \in S$;

(2) $\forall a \in S, \forall r \in S$,有 $ra \in S, ar \in S$;

那么称 S 是环 R 的一个理想。

定理 7.13　设 S 是环 R 的一个理想,令

$$\bar{a} + \bar{b} = \overline{a+b}, \bar{a} \cdot \bar{b} = \overline{ab}$$

则 $R/S = \{\bar{a} \mid a \in R\}$ 是一个环,称 R/S 是 R 关于理想 S 的剩余类环或商环,记为 $\bar{R}$。

7.3.2　循环码及其生成多项式

定义 7.23　设 C 是二元 $[n,k]$ 线性码,如果对 $\forall c = (c_0, c_1, \cdots, c_{n-1}) \in C$,都有

$$(c_{n-1}, c_0, c_1, \cdots, c_{n-2}) \in C$$

则称 C 是循环码。

定理 7.14　循环码 C 的对偶码 $C^{\perp}$ 是循环码。

例如,$C = \{000,110,101,011\}$ 是 $[3,2]$ 循环码,$C^{\perp} = \{000,111\}$ 是 $[3,1]$ 循环码。

定理 7.15　设 C 是码长为 n 的循环码,令

$$I(C) = \{c_0 + c_1 x + \cdots + c_{n-1} x^{n-1} \mid (c_0, c_1, \cdots, c_{n-1}) \in C\}$$

设 $g(x) = g_0 + g_1 x + \cdots + g_{n-k} x^{n-k}$ 是 $I(C)$ 中次数最低的多项式,其中 $g_0 \neq 0, g_{n-k} \neq 0$,则

(1) $g(x) \mid x^n + 1$,且 $I(C)$ 是由 $g(x)$ 生成的 $F_2[x]_{x^n-1}$ 的主理想,即

$$I(C) = (g(x)) = \{k(x)g(x) \mid k(x) \text{的次数} \partial k \leqslant n - 1 - \partial g\}$$

其中 $F_2[x]$ 表示 F_2 上多项式的集合,而 $F_2[x]_{x^n-1}$ 或 $F_2[x]_{x^n+1}$ 表示 F_2 上次数不超过 $n-1$ 的多项式集合。

(2)C 是以矩阵

$$\boldsymbol{G} = \begin{bmatrix} g_0 & g_1 & g_2 & \cdots & g_{n-k} & & \\ & g_0 & g_1 & \cdots & g_{n-k-1} & g_{n-k} & \\ & & \cdots & \cdots & \cdots & \cdots & \\ & & & g_0 & g_1 & \cdots & g_{n-k} \end{bmatrix}_{k\times n} = \begin{bmatrix} g(x) \\ xg(x) \\ \cdots \\ x^{k-1}g(x) \end{bmatrix}$$

为生成矩阵的 $[n,k]$ 线性码。

定理 7.16　设 $g(x) \in F_2[x]$ 满足 $g(x) \mid x^n - 1$,令 $I(C)$ 是 $g(x)$ 在 $F_2[x]_{x^n+1}$ 中生成的理想,即 $I(C) = (g(x))$,则

$$C = \{(c_0, c_1, \cdots, c_{n-1}) \mid c_0 + c_1 x + \cdots + c_{n-1} x^{n-1} \in I(C)\}$$

是一个二元 $[n, n - \partial g]$ 的循环码。

要注意的是,在 F_2 上,$x^n - 1 = x^n + 1$,更一般地有,$f(x) - 1 = f(x) + 1$,$f(x) = -f(x)$。

定义 7.24　设 C 是循环码,如果 $g(x)$ 是 $F_2[x]$ 中满足 $I(C) = (g(x))$ 的次数最低的多项式,则称 $g(x)$ 是 C 的生成多项式。

定理 7.17　(1) 长为 n 的二元循环码与 $x^n + 1$ 多项式因子一一对应;

(2)设 $x^n - 1 = g_1^{e_1}(x) g_1^{e_2}(x) \cdots g_r^{e_r}(x)$,其中 $g_i(x)$ 是 $F_2[x]$ 上不可再分解的多项式,$e_i \geqslant 1, i = 1, 2, \cdots, r$,则长为 n 的二元循环码的个数为 $(e_1 + 1)(e_2 + 1)\cdots(e_n + 1)$。

由定理 7.17 知,码长为 n 的二元循环码的个数取决于 $x^n + 1$ 因子的个数,因此码长从 1 到 10 的二元循环码的个数见表 7-5。例如,码长为 2 的二元循环码分别是{00},{00,11},{00,01,10,11},总个数为 3。

表 7-5　长从 1 到 10 的二元循环码的个数

长度 n	$x^n + 1$ 的分解式	e_i 取值	循环码个数和
1	$x+1$	$e_1 = 1$	2
2	$x^2 + 1 = (x+1)^2$	$e_1 = 2$	3
3	$x^3 + 1 = (x+1)(x^2 + x + 1)$	$e_1 = e_2 = 1$	4
4	$x^4 + 1 = (x+1)^4$	$e_1 = 4$	5
5	$x^5 + 1 = (x+1)(x^4 + x^3 + x^2 + x + 1)$	$e_1 = e_2 = 1$	4
6	$x^6 + 1 = (x+1)^2 (x^2 + x + 1)^2$	$e_1 = e_2 = 2$	9
7	$x^7 + 1 = (x+1)(x^3 + x^2 + 1)(x^3 + x + 1)$	$e_1 = e_2 = e_3 = 1$	8

续表

长度 n	x^n+1 的分解式	e_i 取值	循环码个数和
8	$x^8+1=(x+1)^8$	$e_1=8$	9
9	$x^9+1=(x+1)(x^2+x+1)(x^6+x^3+1)$	$e_1=e_2=e_3=1$	8
10	$x^{10}+1=(x+1)^2(x^4+x^3+x^2+x+1)^2$	$e_1=e_2=2$	9

7.3.3　循环码的校验多项式

定义 7.25　设 $f(x)=a_nx^n+a_{n-1}x^{n-1}+\cdots+a_1x+a_0\in F_2[x],a_n\neq 0$，则称

$$f_R(x)=x^nf\left(\frac{1}{x}\right)$$

为 $f(x)$ 的互反多项式。

显然，$f_R(x)=a_0x^n+a_1x^{n-1}+\cdots+a_{n-1}x+a_n$。在 $F_2[x]$上的多项式理论中有一个关于整除的性质，即 $f(x)\mid x^n+1$ 的充要条件是 $f_R(x)\mid x^n+1$。

定理 7.18　设 $g(x)$ 是二元 $[n,k]$ 循环码 C 的生成多项式，令 $h(x)=\dfrac{x^n+1}{g(x)}$，则 $h_R(x)$ 是循环码 $C^{\perp}$ 的生成多项式。

例如，$g(x)=x+1$ 是[3,2]循环码 $C=\{000,110,101,011\}$ 的生成多项式，而 $h(x)=\dfrac{x^3+1}{g(x)}=x^2+x+1$，故 $h_R(x)=x^2+x+1$ 为循环码 $C^{\perp}=\{000,111\}$ 的生成多项式。

定义 7.26　称循环码 $C^{\perp}$ 的生成多项式 $h_R(x)$ 为循环码 C 的校验多项式，并称

$$\boldsymbol{H}=\begin{bmatrix}h_R(x)\\xh_R(x)\\\vdots\\x^{n-k-1}h_R(x)\end{bmatrix}_{(n-k)\times n}$$

为 C 的校验矩阵。

例 7.8　求以 $g(x)=1+x^2+x^3$ 为生成多项式的[7,4]循环码 C 的生成矩阵及校验矩阵，并判断 $\boldsymbol{X}_1=(1101001)$ 与 $\boldsymbol{X}_2=(1111100)$ 是否是 C 中码字。

解：由于 $\dim C=4$，故 $g(x),xg(x),x^2g(x),x^3g(x)$ 是 C 的基，故 C 的生成矩阵为

$$\boldsymbol{G}=\begin{bmatrix}g(x)\\xg(x)\\x^2g(x)\\x^3g(x)\end{bmatrix}=\begin{bmatrix}1&0&1&1&0&0&0\\0&1&0&1&1&0&0\\0&0&1&0&1&1&0\\0&0&0&1&0&1&1\end{bmatrix}$$

又 $h(x)=\dfrac{x^7-1}{g(x)}=x^4+x^3+x^2+1$，则 $h_R(x)=x^4+x^3+x^2+1$，由于

$$\dim C^{\perp}=7-\dim C=3$$

故 $h_R(x),xh_R(x),x^2h_R(x)$ 是 $C^{\perp}$ 的基，即

$$\boldsymbol{H}=\begin{bmatrix}h_R(x)\\xh_R(x)\\x^2h_R(x)\end{bmatrix}=\begin{bmatrix}1&1&1&0&1&0&0\\0&1&1&1&0&1&0\\0&0&1&1&1&0&1\end{bmatrix}$$

为 C 的校验矩阵。

直接计算得：$\boldsymbol{X}_1\boldsymbol{H}^T = 000$，$\boldsymbol{X}_2\boldsymbol{H}^T = 011 \neq 000$，故 $\boldsymbol{X}_1$ 是 C 中的码字，而 $\boldsymbol{X}_2$ 不是 C 中的码字。

7.3.4 循环码的编码

由于循环码一定是线性码，因此可以按线性码的编码与译码方式进行信息编码与译码，但由于循环码有比线性码更特殊的数学结构，因此循环码的编码与译码应更加简单。在实际工程中，循环码的编码与译码可以用电子设备直接实现。下面介绍除法电路编码法。

设 C 是二元 $[n,k]$ 循环码，$g(x) = g_0 + g_1x + \cdots + g_{n-k}x^{n-k}$ 是 C 的生成多项式，其中 $g_{n-k} = 1, g_0 = 1$，则 C 的生成矩阵

$$\boldsymbol{G} = \begin{bmatrix} g_0 & g_1 & g_2 & \cdots & g_{n-k} & & & \\ & g_0 & g_1 & \cdots & g_{n-k-1} & g_{n-k} & & \\ & \cdots & \cdots & \cdots & \cdots & \cdots & & \\ & & g_0 & g_1 & & \cdots & & g_{n-k} \end{bmatrix}_{k\times n}$$

一定行等价于如下形式的矩阵

$$\boldsymbol{G}_1 = (A_{k\times(n-k)}, E_{k\times k})$$

则 $\boldsymbol{G}_1$ 也是 C 的生成矩阵。由于对 $\forall \boldsymbol{X} = (x_1, x_2, \cdots, x_k) \in F_2^k$，有

$$\boldsymbol{X}\boldsymbol{G}_1 = (*, \cdots, *, x_1, x_2, \cdots, x_k)$$

因此，可以把 C 中码字的后 k 位看作是信息位，而前 $n-k$ 位看作是校验位。假设给定了信息位 $c_{n-k}, c_{n-k-1}, \cdots, c_{n-1}$ 的值，即给定了原始信息，如何从它们中唯一地确定 $c_0, c_1, \cdots, c_{n-k-1}$ 使 $c = (c_0, c_1, \cdots, c_{n-1}) \in C$?

令

$$c(x) = c_{n-k}x^{n-k} + c_{n-k+1}x^{n-k+1} + \cdots + c_{n-1}x^{n-1}$$

由多项式的除法理论知，存在唯一的多项式 $q(x)$ 及 $r(x)$，使

$$c(x) = q(x)g(x) + r(x)$$

其中，$\partial r(x) < \partial g(x) = n-k$，则 $g(x) \mid [c(x) + r(x)]$，即

$$c(x) + r(x) \in I(C)$$

设 $r(x) = c_0 + c_1 + \cdots + c_{n-k-1}x^{n-k-1}$，则

$$r(x) + c(x) = c_0 + c_1x + \cdots + c_{n-k-1}x^{n-k-1} + c_{n-k}x^{n-k} + \cdots + c_{n-1}x^{n-1} \in I(C)$$

故 $(c_0, c_1, \cdots, c_{n-k-1}, c_{n-k}, \cdots, c_{n-1}) \in C$。因此给定原始信息 $c_{n-k}, c_{n-k+1}, \cdots, c_{n-1}$ 后，可以由多项式除法唯一确定 $c_0, c_1, \cdots, c_{n-k-1}$，使 $\boldsymbol{c} = (c_0, c_1, \cdots, c_{n-1}) \in C$。因此循环码的编码可以用多项式的除法电路实现。

以 $g(x) = g_{n-k}x_{n-k} + g_{n-k-1}x_{n-k-1} + \cdots + g_1x + g_0 \in F_2[x]$ 为除式的除法电路的框图如图 7-5 所示。

在图 7-5 中，每个方框代表一个寄存器，一共有 $n-k$ 个寄存器，从左向右分别叫第一级，第二级，……，第 $n-k$ 级；每个寄存器可以取值 0 或 1；每个⊕代表加法器，进行模 2 的加法运算；每个⊗代表乘法器，进行模 2 的乘法运算，经过的数都乘以某个 $g_i, i = 0, 1, \cdots, n-k$。每个寄存器开始时数值全为 0，从最右边的输入端每输入一个数，每个寄存器中的数向左边移出；

寄存器 D_1 中的数移出后，输出的同时，经过每个乘法器进入对应加法器；其余各寄存器的数移出并经过加法器运算后，进入其各自的左边的寄存器，D_{n-k} 中的数变为 D_1 中的数乘上 g_0 加上输入的数。若从左方的输入端依次输入 n 个 F_2 中的元素 $a_{n-1}, a_{n-2}, \cdots, a_1, a_0$，当 a_0 输入以后，则 $n-k$ 个寄存器中的数就是用 $g(x)$ 除 $a(x)=\sum_{i=0}^{n-1} a_i x^i$ 所得的余式 $r(x)=\sum_{i=0}^{n-k-1} r_i x^i$ 的系数，从左往右依次为 $r_{n-k-1}, r_{n-k-2}, \cdots, r_1, r_0$；且从第 $n-k+1$ 个数输入后，直到第 n 个数输入为止，输出端的输出就依次是用 $g(x)$ 去除 $a(x)$ 所得的商的 $k-1$ 次项系数，$k-2$ 次项系数，……，零次项系数。

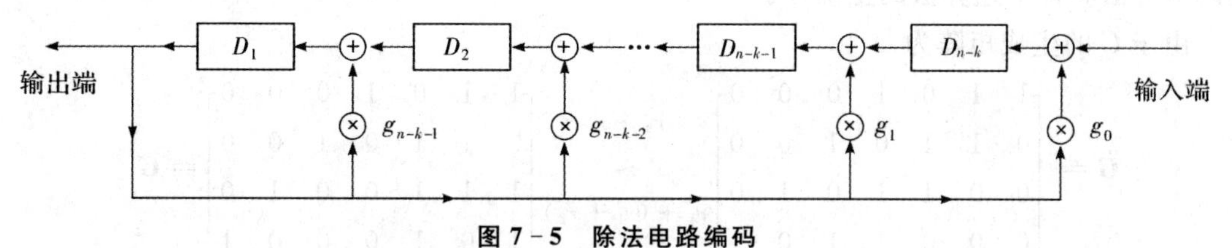

图 7-5　除法电路编码

特别地，当给定以 $g(x)$ 为生成多项式的循环码 C 的 k 个信息位的值 $c_{n-k}, c_{n-k+1}, \cdots, c_{n-1}$ 以后，从输入端依次输入 n 个元素：

$$c_{n-1}, c_{n-2}, \cdots, c_{n-k+1}, c_{n-k}, \underbrace{0, \cdots, 0}_{n-k\text{个}}$$

当最后一个 0 输入后，设 $n-k$ 个寄存器里的数从左向右依次为

$$c_{n-k-1}, c_{n-k-2}, \cdots, c_1, c_0$$

则 $\boldsymbol{c}=(c_0, c_1, \cdots, c_{n-k-1}, c_{n-k}, \cdots, c_{n-1})$ 就是对原始信息 $(c_{n-k}, c_{n-k+1}, \cdots, c_{n-1})$ 的编码。从而循环码的编码可以由除法电路自动完成。

例 7.9　求以 $g(x)=x^3+x+1$ 为生成多项式的[7, 4]循环码的编码器，并对原信息 1001 进行编码，说明编码器每一步的运算情况。

解：由于 $g(x)=x^3+x+1$，即 $g_0=g_1=g_3=1, g_2=0$。因为任何数乘 1 其结果不变，此时乘法器可用直通线路代替，而乘上 0 的乘法器可用断开的线路（即没有线路）表示，因此以 $g(x)=x^3+x+1$ 为生成多项式的[7, 4]循环码的编码器如图 7-6 所示。

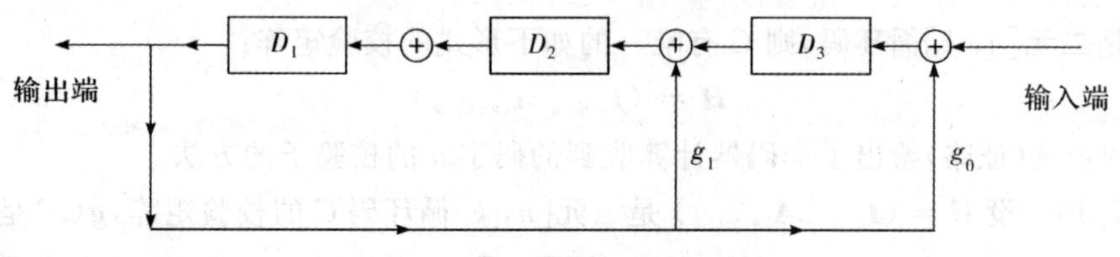

图 7-6　[7,4]循环码的编码器

这里，原始信息 $c_3c_4c_5c_6=(1001)$，从输入端依次输入的 7 个元素为 1001000，即 $a(x)=x^6+x^3$。

除法电路运算情况如下：

在输入前，$D_1=D_2=D_3=0$

第一步，输入 1，则 $D_1=D_2=0, D_3=1$

第二步，输入 0，则 $D_1=0, D_2=1, D_3=0$

第三步，输入 0，则 $D_1=1, D_2=D_3=0$

第四步，输入 1，则输出 1，且 $D_1 = 0, D_2 = 1, D_3 = 0$

第五步，输入 0，则输出 0，且 $D_1 = 1, D_2 = D_3 = 0$

第六步，输入 0，则输出 1，且 $D_1 = 0, D_2 = D_3 = 1$

第七步，输入 0，则输出 0，且 $D_1 = D_2 = 1, D_3 = 0$

则 $c_0 = 0, c_1 = c_2 = 1$，又 $c_3c_4c_5c_6 = (1001)$，因此对信息(1001)的编码是 $(c_0, c_1, \cdots, c_6) = (0111001)$。

显然，编码器的输出(1010)是用 $g(x)$ 除 $a(x) = x^6 + x^3$ 所得商的系数。下面按生成矩阵编码的方法验证上述算法的正确性。

由于 C 的生成矩阵为

$$\boldsymbol{G} = \begin{bmatrix} 1 & 1 & 0 & 1 & 0 & 0 & 0 \\ 0 & 1 & 1 & 0 & 1 & 0 & 0 \\ 0 & 0 & 1 & 1 & 0 & 1 & 0 \\ 0 & 0 & 0 & 1 & 1 & 0 & 1 \end{bmatrix} \underset{r_4 + (r_1 + r_2)}{\overset{r_3 + r_1}{\sim}} \begin{bmatrix} 1 & 1 & 0 & 1 & 0 & 0 & 0 \\ 0 & 1 & 1 & 0 & 1 & 0 & 0 \\ 1 & 1 & 1 & 0 & 0 & 1 & 0 \\ 1 & 0 & 1 & 0 & 0 & 0 & 1 \end{bmatrix} = \boldsymbol{G}'$$

则对应信息(1001)的码字为 $(1001)\boldsymbol{G}' = (0111001)$，即除法电路运算结果正确。显然，除法电路编出的循环码都是系统码。循环码也可用乘法电路进行自动编码，有兴趣的读者可参阅相关的参考书。

7.3.5 循环码的译码

由于循环码一定是线性码，因此线性码的译码方法对循环码当然有效。故循环码的译码也分为以下三步：

(1)计算收到的码字 $a = (a_0, a_1, \cdots, a_{n-1})$ 的校验子 $S(a)$；

(2)根据校验子 $S(a)$ 找出错误模式 $e(a)$；

(3)将 a 译为码字 $a + e(a)$。

又由于循环码是一种特殊的线性码，它具有循环特性，因此上述各步运算比线性码要简单得多。

设 C 是二元$[n, k]$循环码，则 C 有唯一的如下形式的校验矩阵：

$$\boldsymbol{H} = (\boldsymbol{I}_{n-k} \mid \boldsymbol{A}_{(n-k)\times k})$$

下面的定理(证略)给出了译码器计算收到的码字 a 的校验子的方法。

定理 7.19　设 $\boldsymbol{H} = (\boldsymbol{I}_{n-k} \mid \boldsymbol{A}_{(n-k)\times k})$ 是二元$[n, k]$循环码 C 的校验矩阵，$g(x)$是 C 的生成多项式，则对 $\forall a = (a_0, a_1, \cdots, a_{n-1}) \in F_2^n$ 的校验子 $S(a) = (s_0, s_1, \cdots, s_{n-k-1})$ 满足

$$S_a(x) \equiv a(x)(\mathrm{mod}\, g(x))$$

其中 $a(x) = a_0 + a_1x + \cdots + a_{n-1}x^{n-1}, S_a(x) = s_0 + s_1x + \cdots + s_{n-k-1}x^{n-k-1}$。

由定理 7.19 知，对 $\forall a = (a_0, a_1, \cdots, a_{n-1}) \in F_2^n$，$a$ 的校验子是 $g(x)$ 除 $a(x)$ 所得的余式对应的向量，因此求 a 的校验子可以用 $g(x)$确定的除法电路自动完成。因此，求循环码的校验子简单易行。

下面讨论循环码是如何根据校验子去译码的。

定理 7.20　设 $g(x)$ 是二元$[n, k, d]$的循环码 C 的生成多项式，若收到的码字 a 满足

$$wt(S(a)) \leqslant \left[\frac{d-1}{2}\right]$$

则 a 应译为 $a(x)+S_a(x)$ 所对应的码字，其中 $S(a)$ 是 a 的校验子。

例 7.10 设 C 是以 $g(x)=x^3+x^2+1$ 为生成多项式的[7，4，3]循环码，试译收到的码字 $a=(0110110)$。

解：由于 $a(x)=x+x^2+x^4+x^5$，则

$$S_a(x) \equiv x^5+x^4+x^2+x(\mathrm{mod}g(x)) \equiv x(\mathrm{mod}g(x))$$

即 $S(a)=(010)$。又

$$wt(S(a))=1=\left[\frac{3-1}{2}\right]$$

由定理 7.20 知 $a(x)$ 应译为

$$\alpha(x)+S_a(x)=(x+x^2+x^4+x^5)+x=x^2+x^4+x^5$$

则 a 译为(0010110)。

在上例中，若收到的码字满足定理条件，则译码十分方便。但若收到的码字不满足定理条件，如 $a=(1011100)$，则 $a(x)=1+x^2+x^3+x^4$，而

$$S_a(x) \equiv \alpha(x)(\mathrm{mod}g(x))=x^2+x+1(\mathrm{mod}g(x)), S(a)=(111),$$

从而

$$wt(S(a))=3>\left[\frac{3-1}{2}\right]$$

不满足定理条件，那么该如何译 a 呢？

定理 7.21(循环码的译码算法) 设 $g(x)$是二元$[n, k, d]$循环码的生成多项式，若收到的码字 $w(x)$满足

(1)至多有 $\left[\frac{d-1}{2}\right]$ 个错误发生；

(2)至少有连续 k 位码元没有发生错误。

记 $S_i \equiv x^i w(x)(\mathrm{mod}g(x)), i=1,2,\cdots$，找到 m 使 $S_m(x)$ 对应码字的汉明重量 $\leqslant \left[\frac{d-1}{2}\right]$，设 $x^{n-m}S_m(x) \equiv e(x)(\mathrm{mod}x^n-1)$，则将 $w(x)$ 译为 $w(x)+e(x)$ 对应的码字。

例 7.11 设 C 是以 $g(x)=x^3+x^2+1$ 为生成多项式的[7，4，3]循环码，试译$a=(1011100)$。

解：$w(x)=(1011100)=1+x^2+x^3+x^4$，由于 $d=3$，则 $\left[\frac{d-1}{2}\right]=1$，故要找 m 使 $S_m(x)$对应的码字的汉明重量 $\leqslant 1$。由 $S_i \equiv x^i w(x)(\mathrm{mod}g(x))$ 得

$$S_i(x)=\begin{cases}1+x+x^2, & i=0\\ 1+x, & i=1\\ x+x^2, & i=2\\ 1, & i=3\end{cases}$$

由于 $s_0(x)=1+x+x^2, s_1(x)=1+x, s_2(x)=x+x^2$ 对应的码字的汉明重量都大于 1，而 $s_3(x)=1$ 对应的码字的汉明重量为 1，故 $m=3$。从而由定理 7.21 知错误模式 $e(x)$ 为

$$e(x)=x^{n-m}s_m(x)=x^{7-3}s_3(x)=x^1 \equiv x^1(\mathrm{mod}x^7-1)$$

则 a 应译为

$$w(x)+e(x)=(1+x^2+x^3+x^4)+x^4=1+x^2+x^3$$

对应的码字为(1011000)。

例 7.12 设 $g(x)=1+x^4+x^6+x^7+x^8$ 是[15, 7, 5]循环码,若收到的字都至多发生 2 个错误,且至少连续 7 位没有发生错误,试译 $\alpha=(110011100010)$。

解:$w(x)=1+x+x^4+x^5+x^6+x^8+x^9+x^{13}$,由于 $\left[\frac{d-1}{2}\right]=\left[\frac{5-1}{2}\right]=2$,故要找最小的整数 m 使 $S_m(x)$ 对应的字的汉明重量 $\leqslant 2$,即 $S_m(x)$ 至多有 2 项非零。

由 $S_i(x)\equiv x^i w(x)(\bmod g(x))$ 计算,可得

$$S_i(x)=\begin{cases}1+x^2+x^5+x^7, & i=1\\ 1+x+x^3+x^4+x^7, & i=2\\ 1+x+x^2+x^5+x^6+x^7, & i=3\\ x+x^2+x^3+x^4+x^5, & i=4\\ x^2+x^3+x^4+x^5+x^6, & i=5\\ x^3+x^4+x^5+x^6+x^7, 1+x^5, & i=6\\ 1+x^5, & i=6\end{cases}$$

则 $m=7$,可得

$$\begin{aligned}e(x)&=x^{n-m}s_m(x)=x^{15-7}s_7(x)=x^8(1+x^5)=x^8+x^{13}\\&\equiv x^8+x^{13}(\bmod x^{15}-1)\end{aligned}$$

从而 α 应译为

$$\begin{aligned}w(x)+e(x)&=(1+x+x^4+x^5+x^6+x^8+x^9+x^{13})+(x^8+x^{13})\\&=1+x+x^4+x^5+x^6+x^9\end{aligned}$$

对应的码字 $c=(110011100100000)$。

循环码的上述译码都能由乘法或除法电路设备自动完成,因此循环码的编码、译码都比线性码简单易行,而且循环码有更多好的特性。当然,循环码仍有很多方面不够理想,如循环码的译码电路较复杂,且随着 $g(x)$变化而变化,因此有必要研究更为理想的码,如 BCH 码、代数几何码等,有兴趣的读者可参阅相关的编码教材。

7.3.6 循环冗余校验码

循环码的分析较为复杂,需要的数学理论较深,为了便于应用,这里从完全应用的角度介绍实际应用较多的循环冗余校验码(Cyclic Redundancy Check,CRC)。

1. 循环冗余校验码的概念

长度为 k 的被编码原信息 $\boldsymbol{i}=(i_1,i_2,\cdots,i_k)$ 是 F_2 上的 k 维空间 V_k 中的 k 维向量,其后再拼接 r 位校验码,形成 $k+r=n$ 位 F_2 上的 n 维空间 V_n 中的 n 维向量,组成 $[n, k]$循环码。

2. 循环冗余校验码的基本原理

长度为 k 的被编码原信息 $\boldsymbol{i}=(i_1,i_2,\cdots,i_k)$ 是 F_2 上的 k 维空间 V_k 中的 k 维向量 $\boldsymbol{a}=(a_{k-1}, a_{k-2},\cdots,a_0)$,可以看作 k 位二进制数 $a=a_{k-1}a_{k-2}\cdots a_0$,也可以看作 $F_2(x)$ 中的一个 $k-1$ 次多

项式 $a(x)=a_{k-1}x^{(k-1)}+a_{k-2}x^{(k-2)}+\cdots+a_1x+a_0$ 的系数;二进制数 a 左移 $r=n-k$ 位,即乘以 2^r,右边附加的 r 位 0,以后用来放 r 个校验位。相当于 $a(x)$ 乘以 x^r,注意低于 x^r 的系数都为 0。由前面的讨论可知,对一个给定的$[n, k]$循环码,总存在一个$(n-k)$次生成多项式 $g(x)$(相当于一个$(n-k+1)$位二进制数 g),用 $a(x)\cdot x^r$ 除以 $g(x)$的余式 $r(x)$的系数,相当于用 $a\times 2^r$ 整除以 g 的 r 位二进制余数,即为 r 位的校验码。

$$(a(x)\cdot x^r)/g(x)=q(x)+r(x)/g(x)$$

两边同乘 $g(x)$得

$$a(x)\cdot x^r=q(x)\cdot g(x)+r(x)$$

移项,注意模 2 运算中减法与加法的等同性,得

$$a(x)\cdot x^r+r(x)=q(x)\cdot g(x)$$

$c(x)=a(x)\cdot x^r+r(x)$ 的系数组成 a 的 CRC 码。把 CRC 码 c 传送到收方,除以 $g(x)$,余式应为 0,否则就有错,不同位出错,余式也不同,据此就可以检错或纠错。

例 7.13　设有一个[7, 4]CRC 码 C,其生成多项式为 $g=1011$,求 $a=1100$ 的 CRC 码字。

解:$a\times 2^3=1100\times 1000=1100000$,$a\times 2^3/g=1100000/1011=1110+010/1011$,即 $r(x)=010$,得

$$c=1100000+010=1100010$$

表 7-6 列出了上例的出错模式。更换不同的测试码字,只要生成多项式不变,余式与出错位的对应关系就不变。

表 7-6　生成多项式为 $g(x)=x^3+x+1$ 的(7,4)循环码的出错模式

码元 / 收字	0123456	余式	出错位
正确	1100010	000	无
一位出错	1100011	001	6
	1100000	010	5
	1100110	100	4
	1101010	011	3
	1110010	110	2
	1000010	111	1
	0100010	101	0

3. 关于生成多项式

$(n-k)$次多项式作为生成多项式 $g(x)$,要使得相应的码 C 中的任意码字 c 传送后:①任何一位发生错误后再除 $g(x)$的余式不为 0;②不同位数发生错误相应的余式不同;③余式继续被 $g(x)$除所得余式循环。

一个 CRC 码的生成矩阵 $\boldsymbol{G}$ 是唯一的,而且把 $n-k$ 个校验位放在左边与放在右边是等价的,所以,它的生成矩阵具有循环码给出的矩阵 $\boldsymbol{G}$ 的形式。只不过在 CRC 码的实际应用中,为了做多项式除法方便,采用了降幂排列,而不是一般循环码生成多项式那样升幂排列。表

7－7列出了一些CRC码的生成多项式。

表7－7 CRC码部分生成多项式

码长 n	原信息长 k	生成多项式 $g(x)$	$g(x)$的二进制码
7	4	x^3+x+1 或 x^3+x^2+1	1011 1101
7	3	$x^4+x^3+x^2+1$ 或 x^4+x^2+x+1	11101 10111
15	11	x^4+x+1	10011
31	26	x^5+x^2+1	100101
1041	1024	$x^{16}+x^{15}+x^2+1$	11000000000000101

习 题 7

7.1 奇校验码码字是 $c=(m_0,m_1,\cdots,m_{k-1},p)$，其中奇校验位 p 满足方程

$$m_0+m_1+\cdots+m_{k-1}+p=1\ (\mathrm{mod}\ 2)$$

证明奇校验码的检错能力与偶奇校验码的检错能力相同，但奇校验码不是线性分组码。

7.2 一个线性分组码的一致校验矩阵为

$$\boldsymbol{H}=\begin{bmatrix} h_1 & 1 & 0 & 0 & 0 & 1 \\ h_2 & 0 & 0 & 0 & 1 & 1 \\ h_3 & 0 & 0 & 1 & 0 & 1 \\ h_4 & 0 & 1 & 1 & 1 & 0 \end{bmatrix}$$

(1)求 $h_i(i=1,2,3,4)$，使该码的最小码距 $d_{\min}\geqslant 3$。

(2)求该码的系统码生成矩阵 $\boldsymbol{G}_s$ 及其所有4个码字。

7.3 一个纠错码消息与码字的对应关系如下：

(00)—(00000)，(01)—(00111)，(10)—(11110)，(11)—(11001)

(1)证明该码是线性分组码。

(2)求该码的码长、编码效率和最小码距。

(3)求该码的生成矩阵和一致校验矩阵。

(4)构造该码BSC上的标准阵列。

(5)若消息在转移概率 $p=10^{-3}$ 的BSC上等概率发送，求用标准阵列译码后的码字差错概率和消息比特差错概率。

(6)若在转移概率 $p=10^{-3}$ 的BSC上消息0发送概率为0.8，消息1发送概率为0.2，求用标准阵列译码后的码字差错概率和消息比特差错概率。

(7)若传送消息0出错的概率为 10^{-4}，传送消息1出错的概率为 10^{-2}，消息等概率发送，求用标准阵列译码后的码字差错概率和消息比特差错概率。

7.4 证明 $(2^m-1,m)$ 最大长度码(simplex码)可以由1阶 $(2^m,m+1)$ Reed－Muller码缩短(shortening)构成。

7.5　证明线性分组码的码字重量或者为偶数(包括 0)或者恰好一半为偶数(包括 0)另一半为奇数。

7.6　一个通信系统消息比特速率为 10 kb/s,信道为衰落信道,在衰落时间(最大为 2 ms)内可以认为完全发生数据比特传输差错。

(1)求衰落导致的突发差错的突发比特长度。

(2)若采用 Hamming 码和交织编码方法纠正突发差错,求 Hamming 码的码长和交织深度。

(3)若用分组码交织来纠正突发差错并限定交织深度不大于 256,求合适的码长和最小码距。

(4)若用 BCH 码交织来纠正突发差错并限定交织深度不大于 256,求合适的码长和 BCH 码生成多项式。

7.7　若循环码以 $g(x)=1+x$ 为生成多项式,则

(1)证明 $g(x)$ 可以构成任意长度的循环码;

(2)求该码的一致校验多项式 $h(x)$;

(3)证明该码等价为一个偶校验码。

7.8　已知循环码生成多项式为 $g(x)=1+x+x^4$:

(1)求该码的最小码长 n,相应的一致校验多项式 $h(x)$ 和最小码距 d;

(2)求该码的生成矩阵,一致校验矩阵,系统码生成矩阵;

(3)画出该码的 k 级系统码编码电路图,给出编码电路的编码工作过程;

(4)若消息为 $m(x)=x+x^3+x^4$,分别由编码电路和代数计算求其相应的码式 $c(x)$;

(5)画出该码的伴随式计算电路图,给出伴随式计算电路的工作过程;

(6)若错误图样为 $e(x)=x^2+x^9$,分别由伴随式计算电路和代数计算求其相应的伴随式 $s(x)$;

(7)若消息长度大于 $n-4$,由(2)小题给出的编码电路产生的输出 $v(x)$ 是什么?$v(x)$ 仍可以用(5)小题给出的伴随式计算电路判断是否有传输差错吗?

7.9　已知 (8,5) 线性分组码的生成矩阵为

$$
\boldsymbol{G}=\begin{bmatrix}1&0&0&0&0&1&1&1\\0&1&0&0&0&1&0&0\\0&0&1&0&0&0&1&0\\0&0&0&1&0&0&0&1\\0&0&0&0&1&1&1&1\end{bmatrix}
$$

(1)证明该码为循环码;

(2)求该码的生成多项式 $g(x)$,一致校验多项式 $h(x)$ 和最小码距 d。

7.10　已知 (7,4) Hamming 码生成多项式为 $g(x)=1+x^2+x^3$,证明用此码进行交织深度为 3 的交织后,生成多项式为 $g^*(x)=g(x^3)=1+x^6+x^9$ 的 (21,12) 循环码。

7.11　一通信系统信道为转移概率 $p=10^{-3}$ 的 BSC,求下列各码的重量分布 $\{A_i,\ i=0,1,2,\cdots,n\}$ 和不可检差错概率。

(1) (7,4) Hamming 码。

(2) (7,3) 最大长度码(simplex 码)。

(3) (8,4) 扩展 Hamming 码。

(4) (8,1) 重复码。

(5) (8,7) 偶校验码。

7.12　证明 (n,k) 循环码可以检测出所有长度不大于 $n-k$ 的突发差错。

7.13　Fire(法尔)码是常用于检测或纠正突发差错的 (n,k) 循环码，其生成多项式 $g(x)$ 为

$$g(x) = (x^l + 1) \cdot p(x)$$

其中 $p(x)$ 为次数 m (次数 m 与 l 互素)的不可约多项式，即 $p(x)$ 不能分解为次数更低的多项式的乘积。

(1)证明 Fire 码码长 $n = \mathrm{LCM}(l, 2^m - 1)$，这里 $\mathrm{LCM}(a,b)$ 表示 a,b 两数的最小公倍数。

(2)证明 Fire 码可以检测出长度 $b \leqslant l + m$ 的单个突发差错。

7.14　以太网协议所用的 CRC 码是生成多项式为

$$g(x) = x^{32} + x^{26} + x^{23} + x^{22} + x^{16} + x^{12} + x^{11} + x^{10} + x^8 + x^7 + x^5 + x^4 + x^2 + x + 1$$

的二进制码。

(1)估计该码的不可检差错概率。

(2)如果分组长度限制为 1024，如何改造此码最佳？

7.15　ATM 协议对帧头 4 字节(32 比特)地址和路由信息校验所用的 8 比特 CRC 码生成多项式为

$$g(x) = x^8 + x^2 + x + 1$$

在实际应用中是以此码构造一个最小码距为 $d = 4$ 的 (40,32) 码，讨论其构造方法。

7.16　对如下四个由子生成元或生成序列确定的(A)(B)(C)(D)四个卷积码：

(A) $g(1,1) = (10)$，$g(1,2) = (11)$

(B) $g(1,1) = (110)$，$g(1,2) = (101)$

(C) $g(1,1) = (111)$，$g(1,2) = (111)$，$g(1,3) = (101)$

(D) $g(1,1) = (10)$，$g(1,2) = (00)$，$g(1,3) = (01)$，$g(2,1) = (11)$，$g(2,2) = (10)$，$g(2,3) = (10)$

分别完成：

(1)求多项式生成矩阵 $\boldsymbol{G}(x)$，生成矩阵 $\boldsymbol{G}_\infty$，渐进编码效率 R，约束长度 K，状态数 M。

(2)画出简化型的编码电路图。

(3)画出开放型的状态转移图、栅格图。

(4)求自由距离 d_f。

(5)求消息 $u = (100110)$ 的卷积码码字序列 $v = (v_0, v_1, v_2, \cdots)$。

(6)在栅格图上画出消息 $u = (100110)$ 的编码路径。

7.17　举例说明 7.16 题中(B)码是一个恶性码，即少数差错可能导致无穷多差错。

7.18　如图 7-7(a)(b)所示两卷积码。

(1)求卷积码的生成序列 $g(i,j)$，多项式生成矩阵 $\boldsymbol{G}(x)$，生成矩阵 $\boldsymbol{G}_\infty$，渐进编码效率 R，约束长度 K，状态数 M。

(2)求自由距离 d_f。

(3)画出开放型的状态转移图、栅格图。

(4)求消息 $u=(100110)$ 的卷积码码字序列 $v=(v_0,v_1,v_2,\cdots)$。

(5)在栅格图上画出消息 $u=(100110)$ 的编码路径。

(6)若消息 $u=(100110)$ 的相应码字序列 $v=(v_0,v_1,v_2,\cdots)$ 在 BSC 上传送,差错图案是 $e=(1000000\cdots)$,给出 Viterbi 译码的译码过程和输出 v 与 u。

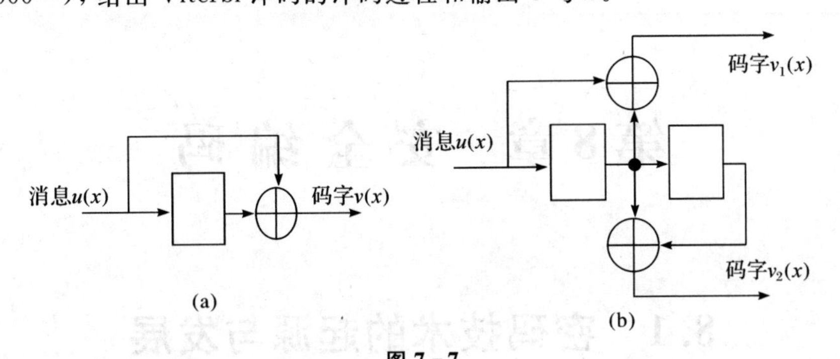

图 7-7

(7)判断是否是恶性码。

7.19　第三代移动通信(3GPP)建议的 1/2 码率,约束长度 $K=9$ 的卷积码($\boldsymbol{G}(x)$)八进制表示为

$$g(1,1)(x)=(561)_8,\ g(1,2)(x)=(753)_8$$

(1)写出此码的 $G(x)$ 正规多项式表示式,求状态数 M。

(2)画出此码的电路图。

(3)求此码的标准 Viterbi 译码在一个时隙内要做的 ACS 操作数。

(4)若信道为转移概率 $p=10^{-3}$ 的 BSC,估计采用此码和 Viterbi 译码后的误码率。

(5)若信道采用的调制方式为双极 PSK,估计信道转移概率为 $p=10^{-3}$ 时的编码增益。

7.20　解释卷积码译码(如 Viterbi 译码)为什么在译码端所用的记忆单元数越多(大于发送端的记忆单元数),则获得的译码差错概率越小(越逼近理想最佳的最大似然译码)。

安全编码篇

第8章 安全编码

8.1 密码技术的起源与发展

1948年香农发表的著名论文《通信的数学理论》标志着信息论的诞生，很快他就意识到在通信的过程中，只追求有效、可靠是不够的。为了避免未授权的第三方截获甚至篡改信息，需要研究信息传输的安全性。所以，1949年，香农在对密码体制进行深入研究后，发表了著名论文《保密系统的通信理论》，首次证明了密码编码学能够置于坚实的数据基础之上，并证明了一次一密的密码体制是理论上完全保密的密码体制。

"密码学"一词来源于希腊语"隐藏"和"密写"。在现代，随着对信息尤其是信息传输的数学研究的深入，密码学已发展为信息理论的一个重要分支。著名的密码学家 Ron Rivest 声明，密码学是关乎敌我存在的通信理论。密码学的应用主要体现在以下几个方面：信息安全和相关领域尤其是认证和访问控制方面。密码学主要的目的就是隐藏信息，使得要保护的信息区别于一般的信息而存在。现在，密码学也属于计算机科学，密码学技术经常应用于计算机和网络安全，比如访问控制和信息认证。

在密码技术的相关术语中，"加密"是指把明文信息转化为不能识别的信息即密文。"解密"又叫"脱密"，是加密的反过程，是指把不能识别的密文转化或还原为明文信息。"密钥"是控制加密和解密运算过程的参数，密钥不同，加密得到的密文也不同，解密时只有用与加密密钥相对应的密钥进行解密才能恢复出明文。密码中的一对算法是"加密算法"和其对应的"解密算法"。在口语中，术语"密码"常常被用来表示加密或者隐藏语意的方法。

古希腊斯巴达密码棒可能是最早的应用密码的装置之一，如图8-1所示。在早期，密码学仅仅考虑确定的信息（加密），把容易理解的消息变成难于理解的消息，并且在另一端重复这个过程恢复所传递的消息，而不掌握秘密知识（脱密的密钥和方法）的攻击者和窃听者不能识别该消息。

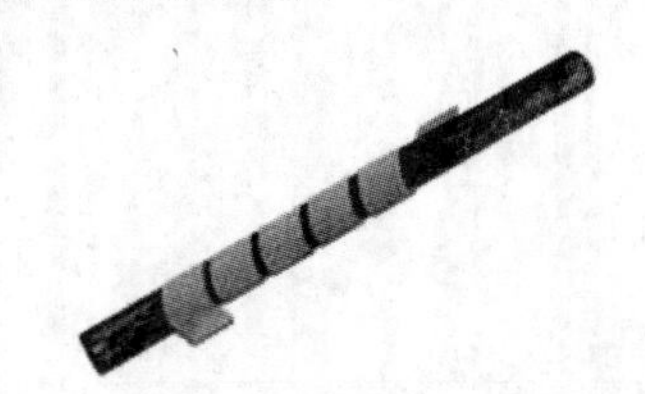

图8-1 古希腊斯巴达密码棒

最早的密写方式不需要笔和纸。最经典的密码体制是置换密码，它置换消息中书写的顺序（比如在一个简单的置换方案中把'help me'变成'ehpl em'）；替换密码是系统地替换书写内容或分组替换（比如用每个字母在字母表中的后一位字母替换前一个字母的方法把'fly at once'变成'gmz bu podf'）。

恩格密码机在 20 世纪 20 年代末在第二次世界大战中被德国用于军事信息加密，如图 8－2所示，该密码机设计使用了一种复杂的电子-机械密码来保护重要通信。

图 8－2　恩格密码机

图 8－3 所示是张具有刷卡功能的信用卡，3～5mm 的芯片被嵌入装置在卡上。精致便捷的卡片还能实现密码算法的运算。

图 8－3　信用卡

针对密码学的大量公开学术研究是在近代，大概开始于 20 世纪 70 年代中期，当时美国 NBS 推出了数据加密标准 DES(Data Encryption Standard)，Diffie－Hellman 提出了公钥密码算法 RSA。随着密码技术的发展和应用的需求，现在密码技术中又出现了杂凑函数(也称哈希函数)、数字签名、公钥证书等密码概念和技术。

8.2　密码编码基础

现代密码编码的基本技术都蕴含在古典密码中，本节以凯撒密码(Caesar)、仿射密码(Affine)、维吉尼亚密码(Vigenere)和希尔密码(Hill)四种古典密码典型算法为例，探寻密码编码的原始基础。

8.2.1　凯撒密码

凯撒密码属于代换密码的一种古典密码体制，也被称作凯撒加密、凯撒变换、变换加密。凯撒密码作为一种最古老的对称加密体制之一，据史料记载，早在古罗马时期就已经为人们所熟知了。古罗马的著名将领凯撒大帝(Julius Caesar)创立了这种密码体制，同时凯撒大帝也是率先使用加密的方式传递军事信息的古代将领之一，因此这种密码体制被称作凯撒密码。

凯撒密码是移位代替密码中的一种情况，它所基于的数学基础是数论中的模运算，其定义为：假设 a , b , m 均为正整数，如果 a/b 的余数是 b ($0 \leqslant \mathrm{b} < \mathrm{m}$)，则有 $a \equiv b(\mathrm{mod}m)$，读作" a 与 b 模 m 同余"，或者有 $a\mathrm{mod}m = b$，读作" a 经过模 m 运算，结果为 b "。

其基本的加密思想是：通过将字母移动事先规定好的位数，从而实现数据信息的加密和解密。明文的所有字母都在字母表往后，或是往前，按照事先规定好的数目进行偏移后，被替换成密文。

为每一个英文字母赋值，对应赋值关系如表 8-1 所示。

表 8-1　凯撒密码字母赋值表

字母	A	B	C	D	E	F	G	H	I	J	K	L	M
赋值	0	1	2	3	4	5	6	7	8	9	10	11	12
字母	N	O	P	Q	R	S	T	U	V	W	X	Y	Z
赋值	13	14	15	16	17	18	19	20	21	22	23	24	25

假设加密的偏移量为 k，则对应的加密公式如下：

$$C = E_k(m) = (m + k)\mathrm{mod}(26)$$

对应的解密公式如下：

$$M = D_k(c) = (c - k)\mathrm{mod}(26)$$

而凯撒密码在设计使用时，所设定的偏移量 k 为 3，故所有的字母 A 就被替换成 D，B 替换成 E，以此类推，X 将被替换成 A，Y 替换成 B，Z 替换成 C。对应的替换表如表 8-2 所示。

表 8-2　凯撒密码明密字母替换表

字母	A	B	C	D	E	F	G	H	I	J	K	L	M
结果	D	E	F	G	H	I	J	K	L	M	N	O	P
字母	N	O	P	Q	R	S	T	U	V	W	X	Y	Z
结果	Q	R	S	T	U	V	W	X	Y	Z	A	B	C

由此可见，$k = 3$ 就是凯撒密码加密和解密的密钥。

后来凯撒密码通常作为其他更加复杂的加密方法中的一个重要步骤，例如维吉尼亚密码。但是和所有的利用字母进行替换的加密技术一样，凯撒密码非常容易被攻破，而且在实际的应用中也再不能够保证通信的安全。

8.2.2　仿射密码

仿射密码是单码加密法的另外一种形式，即一个字母对应一个字母，其实质是一种替换密码。字母系统中的所有字母全都对应同一个简单的数学方程来进行加密，对应至数值，或转换回字母。

一般来说，字母对应其赋值数字与凯撒密码相同，如表 8-1 所示。

仿射密码的算法主要是由加法密码和乘法密码结合构成的。

加密算法如下：

$$C = E_k(m) = a(m + b)\mathrm{mod}(n)$$

解密算法如下：

$$M = D_k(c) = a^{-1}(c - b)\text{mod}(n)$$

其中，$a,b \in Z_{26}$。

仿射加密函数要求 $\gcd(a,26) = 1$，即密钥 a 与 26 互素，否则 $C = E_k(m) = a(m + b)\text{mod}(n)$ 就不是一个单射函数，无法产生出解密密钥.

仿射密码的加密函数的表达式容易推出，当 $a = 1$ 时，该密码退化为加法密码，当 $a=1$ 时，该密码退化为乘法密码，当 $a=1,b=3$ 时，就得到这种仿射密码的特殊形式，即凯撒密码。

在求解仿射密码的解密函数时，需要求的密钥 a 在 Z_{26} 上的乘法逆元 $a^{-1} \in Z_{26}$，从而也可得出 a 与 26 互素的原因，其中 a 在 Z_{26} 上的乘法逆元 a^{-1} 可以通过扩展欧几里得算法求得，具体的求解过程在代码中有体现。

对于仿射密码而言，其密钥空间量为 $26^2 = 676$，这个数量级对于现在的科技发展程度而言是极易被破解的。而它的首要弱点是，如果破译者获得加密文件两字符的原文，那么关键值简单地通过一个方程组就能解出。

8.2.3 维吉尼亚密码

维吉尼亚(Vigenere)密码是由16世纪法国著名的密码学家 Blaise de Vigenere 的名字来命名的，然而实际上它真正的发明者是莱昂·巴蒂斯塔·阿尔伯第，维吉尼亚本人则发明过一种更为强大的自动密钥密码。最初，维吉尼亚密码以其自身的简单易用性而风靡一时。

由于初学者通常难以破解，所以当时也被称作“不可破译的密码”。所以，维吉尼亚密码也获得了非常高的声望，而且具有易于使用的特点，使其能够用做战地密码。例如，美国南北战争期间，南方军就使用了黄铜密码盘来生成维吉尼亚密码。北方军则常能够破译南方军的密码。战争从头到尾，南方军主要使用了三个密钥，分别是：“Manchester Bluff(曼彻斯特的虚张声势)”，“Complete Victory(完全胜利)”以及战争后期才使用的“Come Retribution(报应来临)”。

维吉尼亚密码，也可称作维热娜尔密码，它使用了一系列的凯撒密码组成密码字母表的加密算法，可以看做是凯撒密码的一种改进形式，其实质是一种多表移位代替密码的简单形式，即可以看成是由若干个凯撒代替表周期地对明文字母进行加密。

在单一的一个凯撒密码中，字母表里的每一个字母都将会作出一定量的偏移，加入偏移量为3的时候，字母A就转换为D，B变为了E，依此类推。而维吉尼亚密码是由一些偏移量不同的凯撒密码所组成的。

为了生成密码，一般需要使用表格法。这一张表格包括了26行字母表，每一行都由前一行向左偏移一位而获得。具体使用哪一行字母表进行编译码取决于密钥，在整个过程中会发生不断的变换。维吉尼亚密码字母替换表如表8-3所示。

维吉尼亚密码使用一个词组作为密钥，密钥中的每一个字母用来确定其中的一个代替表，每一个密钥字母只被用来加密一个明文字母，第一个密钥字母用于加密明文的第一个字母，第二个密钥字母则用于加密明文的第二个字母，等所有密钥字母使用完后，密钥又循环使用，即回到用第一个字母来进行加密或解密。

加密过程：给定一个密钥字母 k 和一个明文字母 p，密文字母 c 就是位于 k 所在的行与 p 所在的列的交叉点上的那个字母，即 $c = (p + k)\text{mod}26$。

表 8-3　维吉尼亚密码字母替换

	a	b	c	d	e	f	g	h	i	j	k	l	m	n	o	p	q	r	s	t	u	v	w	x	y	z
a	A	B	C	D	E	F	G	H	I	J	K	L	M	N	O	P	Q	R	S	T	U	V	W	X	Y	Z
b	B	C	D	E	F	G	H	I	J	K	L	M	N	O	P	Q	R	S	T	U	V	W	X	Y	Z	A
c	C	D	E	F	G	H	I	J	K	L	M	N	O	P	Q	R	S	T	U	V	W	X	Y	Z	A	B
d	D	E	F	G	H	I	J	K	L	M	N	O	P	Q	R	S	T	U	V	W	X	Y	Z	A	B	C
e	E	F	G	H	I	J	K	L	M	N	O	P	Q	R	S	T	U	V	W	X	Y	Z	A	B	C	D
f	F	G	H	I	J	K	L	M	N	O	P	Q	R	S	T	U	V	W	X	Y	Z	A	B	C	D	E
g	G	H	I	J	K	L	M	N	O	P	Q	R	S	T	U	V	W	X	Y	Z	A	B	C	D	E	F
h	H	I	J	K	L	M	N	O	P	Q	R	S	T	U	V	W	X	Y	Z	A	B	C	D	E	F	G
i	I	J	K	L	M	N	O	P	Q	R	S	T	U	V	W	X	Y	Z	A	B	C	D	E	F	G	H
j	J	K	L	M	N	O	P	Q	R	S	T	U	V	W	X	Y	Z	A	B	C	D	E	F	G	H	I
k	K	L	M	N	O	P	Q	R	S	T	U	V	W	X	Y	Z	A	B	C	D	E	F	G	H	I	J
l	L	M	N	O	P	Q	R	S	T	U	V	W	X	Y	Z	A	B	C	D	E	F	G	H	I	J	K
m	M	N	O	P	Q	R	S	T	U	V	W	X	Y	Z	A	B	C	D	E	F	G	H	I	J	K	L
n	N	O	P	Q	R	S	T	U	V	W	X	Y	Z	A	B	C	D	E	F	G	H	I	J	K	L	M
o	O	P	Q	R	S	T	U	V	W	X	Y	Z	A	B	C	D	E	F	G	H	I	J	K	L	M	N
p	P	Q	R	S	T	U	V	W	X	Y	Z	A	B	C	D	E	F	G	H	I	J	K	L	M	N	O
q	Q	R	S	T	U	V	W	X	Y	Z	A	B	C	D	E	F	G	H	I	J	K	L	M	N	O	P
r	R	S	T	U	V	W	X	Y	Z	A	B	C	D	E	F	G	H	I	J	K	L	M	N	O	P	Q
s	S	T	U	V	W	X	Y	Z	A	B	C	D	E	F	G	H	I	J	K	L	M	N	O	P	Q	R
t	T	U	V	W	X	Y	Z	A	B	C	D	E	F	G	H	I	J	K	L	M	N	O	P	Q	R	S
u	U	V	W	X	Y	Z	A	B	C	D	E	F	G	H	I	J	K	L	M	N	O	P	Q	R	S	T
v	V	W	X	Y	Z	A	B	C	D	E	F	G	H	I	J	K	L	M	N	O	P	Q	R	S	T	U
w	W	X	Y	Z	A	B	C	D	E	F	G	H	I	J	K	L	M	N	O	P	Q	R	S	T	U	V
x	X	Y	Z	A	B	C	D	E	F	G	H	I	J	K	L	M	N	O	P	Q	R	S	T	U	V	W
y	Y	Z	A	B	C	D	E	F	G	H	I	J	K	L	M	N	O	P	Q	R	S	T	U	V	W	X
z	Z	A	B	C	D	E	F	G	H	I	J	K	L	M	N	O	P	Q	R	S	T	U	V	W	X	Y

按表 8-1 的关系，对于明文串对应的数字串 $x=\{x_1,x_2,\cdots,x_d,x_{d+1},x_{d+2},\cdots\}$ 和密钥对应的数字串 $k=\{k_1,k_2,\cdots,k_d\}$，加密函数为

$$C(x)=\{x_1+k_1,x_2+k_2,\cdots,x_d+k_d,x_{d+1}+k_1,x_{d+2}+k_2,\cdots\}\mathrm{mod}26$$

解密过程：由密钥字母决定行，在该行中找到密文字母，密文字母所在列的列首对应的明文字母就是相应的明文。

密文数字代码：$y=\{y_1,y_2,\cdots,y_d,y_{d+1},y_{d+2},\cdots\}$

密钥：$k=\{k_1,k_2,\cdots,k_d\}$

解密函数：

$$D(y)=\{y_1-k_1,y_2-k_2,\cdots,y_d-k_d,y_{d+1}-k_1,y_{d+2}-k_2,\cdots\}\bmod 26$$

事实上,维吉尼亚密码是一种挪移密码,它和凯撒密码不同的地方只在于挪移的是字母区块,而凯撒密码挪移的是单一字母。并且由密钥的个数 d 可得,维吉尼亚密码的密钥空间量的大小为 26^d,所以,即使 d 为一个比较小的值,用普通的穷举密钥搜索的方法去试探可能出现的结果也需要非常长的时间。但是用频率分析的方法可以轻易将其攻破。

8.2.4　希尔密码

希尔密码是另外一种多字母代替的密码,它是由数学家 Lester S. Hill 在 1929 年研制发明的,它运用了基本矩阵论原理来对消息进行替换加密。

该算法的基本思想是:将 D 个连续的明文字母通过线性变换的方法变换为 D 个密文的字母。这种代替由 D 个线性方程来决定,其中为每个字母分配一个数值(同表 8-1)。解密的时候做依次矩阵的逆变换即可得到。在该算法中,密钥就是变换矩阵自身。

其中,需要注意希尔密码常常是用 Z_{26} 字母表。

最小的质数是 2,本密码体制中,定义 1 对任何质数的模逆就是 1 本身,是因为对于任意质数,有:$1\times 1 \bmod n=1$。

定义明文 $m\in(Z_{26})^{|m|}$,密文 $c\in(Z_{26})^{|m|}$,$K\in\{$定义在 Z_{26} 上的 $|m|\times|m|$ 可逆矩阵$\}$,其中 $|m|$ 肯示明文 m 的长度。

加密算法为

$$C=\mathrm{m}\cdot K\bmod 26$$

解密算法为

$$M=c\cdot K^{-1}\bmod 26$$

希尔密码是基于矩阵的线性变换密码,希尔密码相对之前的移位密码和仿射密码而言,它的强度也是其优点在于它隐藏了单字母的使用频率信息。字母和数字的对应同样可以改成其他方案,使其变得更加不容易被破解。一般来说,正是由于希尔密码的这种特性,使得传统的通过统计字符的频率来破译密文的方法失效,即具有较好的抵抗频率法分析的优点,抵抗仅有密文的攻击强度比较高,但是它容易受到已知明文攻击。

8.3　现代密码体制

现代密码编码技术的研究内容通常包括对称密码算法、非对称密码算法。其中对称算法(Symmetric Algorithm)是基于这样的假设:双方共享一个密钥,并使用相同的加密方法和解密方法。1976 年以前的加密算法毫无例外地全部基于对称算法。如今对称密码仍广泛应用于各个领域,尤其是在数据加密和消息完整性检查方面。

非对称算法(Asymmetric Algorithm)也称为公钥算法(Public Key Algorithm)。Whitfield Diffie,Martin Hellman 和 Ralph Merkle 在 1976 年提出了一个完全不同的密码类型。与对称算法一样,在公钥密码算法中用户也拥有一个秘密密钥,但不同的是,它同时还拥有一个公开密钥。非对称算法既可以用在诸如数字签名和密钥建立的应用中,也可用于传统的数据加密中。

8.3.1 对称密码

对称密码分成序列密码和分组密码两部分，而且它们差异较大，易于区分。

序列密码：序列密码单独加密每个位。它是通过将密钥序列中的每个位与每个明文位相加实现的。同步序列密码的密码序列仅仅取决于密钥，而异步序列密码的密钥序列则取决于密钥和密文。绝大多数实际中使用的序列密码都是同步序列密码。

分组密码：分组密码每次使用相同的密钥加密整个明文分组。这意味着对给定分组内任何明文比特的加密都依赖于与它同在一个分组内的其他所有的明文比特。实际中，绝大多数分组密码的分组长度要么是128位(16字节)，比如高级加密标准(AES)，要么是64位(8字节)，比如数据加密标准(DES)或三重DES(3DES)算法。

序列密码与分组密码之间的区别可以归纳为以下几点：

(1)现实生活中分组密码的使用比序列密码更为广泛，尤其是在Internet上计算机之间的通信加密中。

(2)由于序列密码小而快，所以它们非常适合计算资源有限的应用，比如手机或其他小型的嵌入式设备。序列密码的一个典型示例就是A5-1密码，它是GSM手机标准的一部分，常用于语音加密。但是，序列密码有时也可用于加密Internet流量，尤其是分组密码RC4。

(3)以前，人们认为序列密码比分组密码要更高效。软件优化的序列密码的高效意味着加密明文中的1比特需要的处理器指令(或处理器周期)更少。对硬件优化的序列密码而言，高效意味着在相同加密数据率的情况下，序列密码比分组密码需要的逻辑门更少(或更小的芯片区域)。然而，诸如AES的现代分组密码在软件实现上也非常有效。此外，有一些分组密码在硬件实现上也非常高效，比如PRESENT，它的效率与极紧凑型分组密码相当。

鉴于序列密码安全性的关键在于密钥乱数的生成，因此其中涉及的编码环节也主要体现在伪随机密钥乱数的生成上，因此本书不对序列密码做更多的介绍，感兴趣的读者可以参考相关专著。本节主要对几种分组密码的编码方法进行介绍。

了解实现强加密而使用的基本操作对于研究分组密码是非常有用的。根据香农的理论，强加密算法都是基于混淆和扩散两种本原操作。

(1)混淆(Confusion)：是一种使密钥与密文之间的关系尽可能模糊的加密操作。如今实现混淆常用的一个元素就是替换；这个基本操作在DES和AES中都有使用。

(2)扩散(Diffusion)：是一种为了隐藏明文的统计属性而将一个明文符号的影响扩散到多个密文符号的加密操作。最简单的扩散元素就是位置换，它常用于DES中；而AES则使用更高级的列混合操作。

现代分组密码都具有良好的扩散属性。从密码级别来说，这意味着修改明文中的1比特将会导致平均一半的输出比特发生改变，即第二组密文看上去与第一组密文完全没有关系。

1.数据加密标准 DES

美国国家标准局1973年开始研究除国防外的其他部门的计算机系统的数据加密标准，于1973年5月15日和1974年8月27日先后两次向公众发出了征求密码算法的公告。1977年1月，美国政府颁布：采纳IBM公司设计的方案作为非机密数据加密标准(Data Encryption Standard，DES)。

DES算法的入口参数有三个：Key，Data，Mode。Key为8个字节共64位，是DES算法的工作密钥，其中每字节最后1比特为奇校验位，有效密钥长度为56比特。Data也为8个字节64位，是要被加密或被解密的数据，其结构如图8－4所示。Mode为DES的工作方式，有两种，即加密和解密。

DES是一种对称密码，即其加密过程和解密过程使用相同的密钥。与几乎所有现代分组加密一样，DES也是一种迭代算法。DES对明文中每个分组的加密过程都包含16轮，且每轮的操作完全相同。图8－4所示为DES的单轮运算输入输出结构。每轮都会使用不同的子密钥，并且所有子密钥k_i都是从主密钥k中推导而来的。

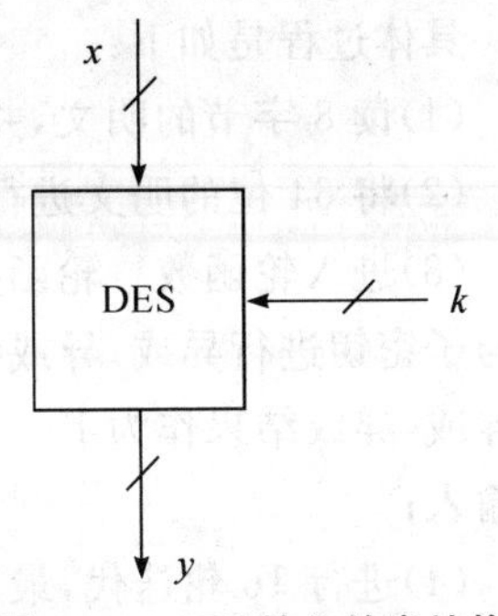

图8－4 DES输入输出结构

在通信网络的两端，双方约定一致的Key，在通信的源端用Key对核心数据进行DES加密，然后以密码形式在公共通信网(如电话网)中传输到通信的终端。数据到达目的地(终端)后，用同样的Key对密码数据进行解密，便再现了明文形式的核心数据。这样，便保证了核心数据(如PIN，MAC等)在公共通信网中传输的安全性和可靠性。

DES算法是这样工作的：Mode为加密，则用Key对数据Data（64位)进行加密，经过初始置换和16轮迭代之后，生成Data的密码形式(64位)作为DES的输出结果；如Mode为解密，则用Key对密码形式的数据Data(64位)解密，还原为Data的明文形式(64位)作为DES的输出结果。

DES加密单个分组的处理流程如图8－5所示。

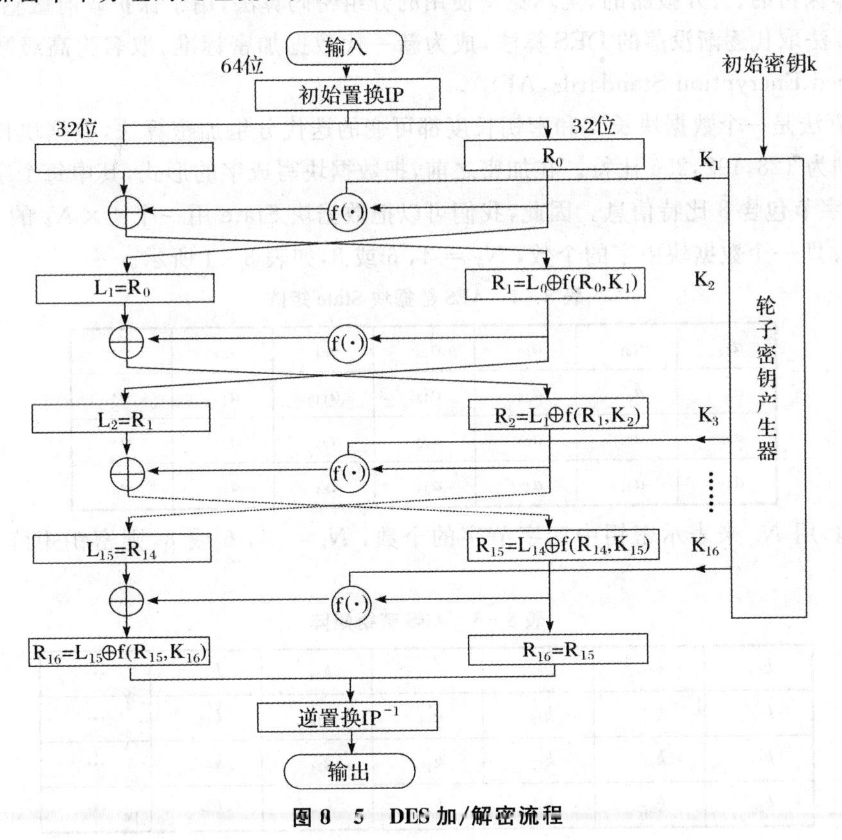

图8 5 DES加/解密流程

具体过程是如下：

(1)读 8 字节的明文，并将 8 字节转换为 64 位；

(2)将 64 位的明文进行 IP 置换后，分成左、右两个部分，各 32 位；

(3)进入轮函数。轮函数的主要操作有：将右半部分进行扩展（由 32 位扩展到 48 位），之后与子密钥进行异或，异或结果进入 S 盒，输出 32 位，再进行固定置换后，与左半部分明文进行异或，异或结果作为下一轮的右半部分输入，本轮初始时右半部分直接作为下一轮的左半部分输入；

(4)进行 16 轮迭代，最后一轮的左、右两部分不交换，使 DES 的加密和解密可逆；

(5)IP 逆置换，输出 64 位密文。

在曾经 30 年的时间里，数据加密标准（Data Encryption Standard，DES）显然是最主流的分组密码。尽管如今在有恒心的攻击者眼里，DES 已经不再安全——因为它的密钥空间实在太小，但 DES 仍用于在那些历史遗留下来却又难以更新的应用中。此外，使用 DES 连续三次对数据进行加密（这个过程也称作 3DES 或三重 DES）也可以得到非常安全的密码，并且此方法在今天仍广为使用。更重要的是，由于 DES 是目前研究最透彻的对称加密算法，其编码设计理念给当前许多密码的设计提供了一定的启发作用。因此，学习 DES 也可以帮助我们更好地理解其他许多对称算法。

2. 高级加密标准 AES

随着 DES 密码破译进程的不断加速，DES 的安全性和应用前景受到了挑战。因此需要设计一个非保密的、公开披露的、全球免费使用的分组密码算法，用于保护政府敏感信息，并希望以此新算法取代逐渐没落的 DES 算法，成为新一代数据加密标准，取名为高级数据加密标准（Advanced Encryption Standards，AES）。

AES 算法是一个数据块长度和密钥长度都可变的迭代分组加密算法，数据块长度和密钥长度可分别为 128，192，256 比特。在加密之前，把数据块写成字的形式，其中每个字包含 4 个字节，每个字节包含 8 比特信息。因此，我们可以把数据块 State 用一个 $4 \times N_b$ 的 State 矩阵来表示，N_b 即一个数据块中字的个数，$N_b = 4, 6$ 或 8，如表 8－4 所示。

表 8－4　AES 数据块 State 矩阵

a_{00}	a_{01}	a_{02}	a_{03}	a_{04}	a_{05}	…
a_{10}	a_{11}	a_{12}	a_{13}	a_{14}	a_{15}	…
a_{20}	a_{21}	a_{22}	a_{23}	a_{24}	a_{25}	…
a_{30}	a_{31}	a_{32}	a_{33}	a_{34}	a_{35}	…

类似地，用 N_k 来表示密钥中四字节字的个数，$N_k = 4, 6$ 或 8，则密钥矩阵如表 8－5 所示。

表 8－5　AES 密钥矩阵

k_{00}	k_{01}	k_{02}	k_{03}	k_{04}	k_{05}	…
k_{10}	k_{11}	k_{12}	k_{13}	k_{14}	k_{15}	…
k_{20}	k_{21}	k_{22}	k_{23}	k_{24}	k_{25}	…
k_{30}	k_{31}	k_{32}	k_{33}	k_{34}	k_{35}	…

AES 的最终标准规定了数据分组大小为 128 比特，即字数 $N_b=4$。于是 AES 算法的轮数 N_r 就由密钥字长 N_k 决定，两者之间的对应关见表 8－6。

表 8－6　AES 中 N_r 和 N_b，N_k 的关系

密钥长度 l_k /比特	128	192	256
密钥长度 N_k /字	4	6	8
循环圈数 N_r	10	12	14

AES 的加密过程是这样的：输入固定长度的明文块（128，192 或 256 比特），与初始密钥异或之后，进入 r 轮迭代，主要操作有字节代替（是一个非线性的字节代替，独立地在每个状态字节上进行运算）、行移位（是简单的循环，在此变换的作用下，数据块的第 0 行保持不变，分别对第 1 行、第 2 行、第 3 行循环左移，移位数与 N_b 有关）、列混合（将输入与一个常量相乘，目的是为了最大化线性层的扩散能力）。具体流程如图 8－6 所示。

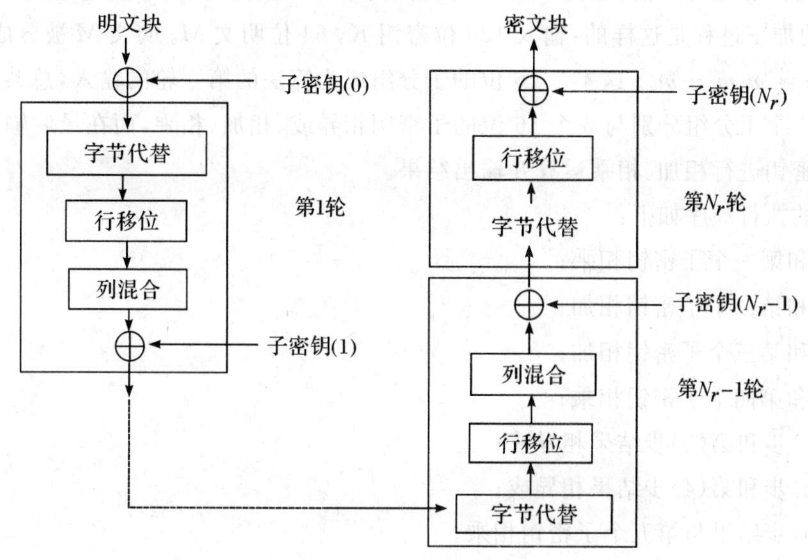

图 8－6　AES 加密流程

假设 State 表示数据及每一轮的中间结果，RoundKey 表示每一轮对应的子密钥，同时注意最后一轮没有了列混合的过程，那么 AES 算法描述如下：

第一轮之前执行 AddRoundKey(State，RoundKey)。

前 N_r-1 轮都相同，包含 4 个子变换：

```
Round(State, RoundKey)
{
    ByteSub(State); //字节代替
    ShiftRow(State) ; //行移位
    MixColumn(State) ; //列混合
    AddRoundKey(State, RoundKey) ; //轮密钥加
}
```

第 N_r 轮（最后一轮）变换：

```
Round(State, RoundKey)
```

```
{
    ByteSub(State); //字节代替
    ShiftRow(State) ; //行移位
    AddRoundKey(State, RoundKey) ;//轮密钥加
}
```

3. 国际数据加密算法 IDEA

IDEA 比 DES 的加密性能好,而且对计算机性能要求不高。目前,IDEA 加密标准主要用于 PGP(Pretty Good Privacy)系统。PGP 是一种可以为普通电子邮件用户提供加密、解密方案的安全系统。在 PGP 系统中,使用 IDEA(分组长度 128 比特)、RSA(用于数字签名、密钥管理),它不但可以对邮件加密,以防止非授权者阅读,还能对邮件进行数字签名,从而使收信者确信邮件的来源是可以信赖的。IDEA 算法倾向于软件实现,具有加密速度快的优势。

IDEA 的加密过程是这样的:输入 128 位密钥 K, 64 位明文 M。明文 M 被分成 4 个 16 位的子分组: $m = m_1 m_2 \cdots m_n$。这 4 个 16 位的子分组成为算法的第一轮的输入,总共有 8 轮。在每一轮中的 4 个子分组分别与 6 个 16 位的子密钥相异或、相加、相乘,而在最后输出变换中分别与 4 个子密钥进行相加、相乘运算并输出结果。

每一轮的执行顺序如下:

(1) m_1 和第一个子密钥相乘;

(2) m_2 和第二个子密钥相加;

(3) m_3 和第三个子密钥相加;

(4) m_4 和第四个子密钥相乘;

(5)第(1)步和第(3)步结果相异或;

(6)第(2)步和第(4)步结果相异或;

(7)第(5)步结果与第五个子密钥相乘;

(8)第(6)步和第(7)步结果相加;

(9)第(8)步结果与第六个子密钥相乘;

(10)第(7)步和第(9)步结果相加;

(11)第(1)步和第(9)步结果相异或;

(12)第(3)步和第(9)步结果相异或;

(13)将第(2)步和第(10)步结果相异或;

(14)将第(4)步和第(10)步结果相异或。

每一轮的输出是第(11)(12)(13)和(14)步形成的 4 个子分组。将中间两个子分组相交换(最后一轮除外),即为下一轮的输入。经过 8 轮运算之后,执行一个最终的输出变换:

(1) m_1 和第一个子密钥相乘;

(2) m_2 和第二个子密钥相加;

(3) m_3 和第三个子密钥相加;

(4) m_4 和第四个子密钥相乘。

最后这4个子分组依次连接起来即是密文。具体流程如图8-7所示。

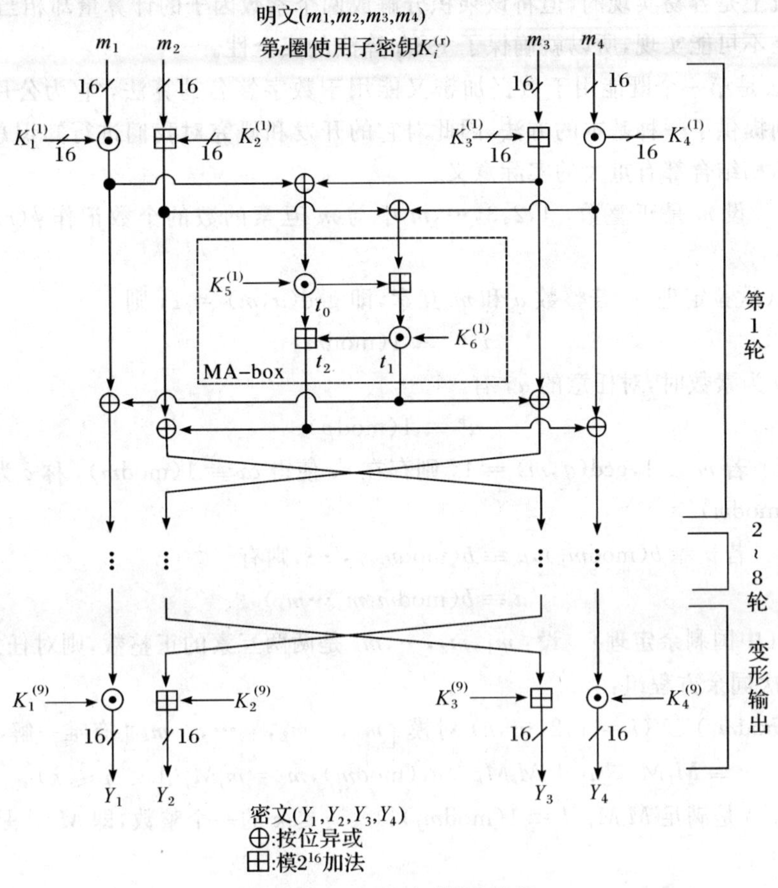

图8-7 IDEA加/解密流程

8.3.2 非对称密码

非对称密码通常也称公钥密码。在公钥密码体制中,通信双方各有一对密钥(分别称为公钥和私钥),其中公钥是公开的,就像现在的E-mail地址一样,可以对外公开发布,甚至可以在网络服务器中进行注册,而私钥是由个人秘密保管。公钥和私钥基于某个数学函数而互相关联,它们是成对出现的,从公钥想推导出私钥在计算上是不可行的,除非知道陷门信息。用公钥加密的数据只能用相应的私钥解密,反过来,用私钥加密的数据也只能用相应的公钥来解密。

在公钥密码体制中,典型的包括以大数分解难题为基础的RSA算法、基于有限域离散对数问题的ElGamal算法,以及基于椭圆曲线离散对数问题的ECC公钥密码算法。本节以RSA算法为例介绍非对称密码的基本编码思想,对于其他两类算法可以参考密码学的相关教材。

1. RSA算法基础

公钥加密算法的典型代表是RSA(Rivest, Shamir, Adelman)算法,它是公共密钥机制中的一种比较成熟的算法。它是建立在“大数分解和素数据检测”的理论基础上的，两个大素数相乘在计算机上是容易实现的，但将该乘积分解成两个素数因子的计算量却相当巨大，大到甚至在计算机上不可能实现，所以就确保了 RSA 算法的安全性。

RSA 算法是第一个既能用于数据加密又能用于数字签名的算法，它为公用网络上信息的加密和鉴别提供了一种基本的方法，因此对它的开发和研究对我们进行知识总结和积累并将所学与实际相结合都有重大的实际意义。

定义 8.1　设 m 是正整数，$1,2,3,\cdots,m$ 中与 m 互素的数的个数记作 $\phi(m)$，称为欧拉函数。

定理 8.1(欧拉定理)　若整数 a 和 m 互素，即 $\gcd(a,m)=1$，则

$$a^{\phi(m)} \equiv 1(\bmod m)$$

特别当 p 为素数时，对任意的 a，有

$$a^{p} \equiv 1(\bmod p)$$

定理 8.2　若 $m \geqslant 1, \gcd(a,m)=1$，则存在 c，使得 $ca \equiv 1(\bmod m)$，称 c 为 a 的模 m 的逆，记作 $a^{-1}(\bmod m)$

定理 8.3　若 $a \equiv b(\bmod m_1), a \equiv b(\bmod m_2), \cdots$，则有

$$a \equiv b(\bmod m_1 m_2 \cdots m_k)$$

定理 8.4(中国剩余定理)　设：$m_1, m_2, \cdots, m_k$ 是两两互素的正整数，则对任意的整数 $a_1, a_2, \cdots, a_k$，一次同余方程组：

$x \equiv a_i(\bmod m_1)$　$(i=1,2,\cdots,k)$ 对模 $[m_1,\ m_2,\ \cdots,\ m_k]$ 有唯一解，

$$x \equiv M_1 M_1^{\ -1} a_1 + M_k M_k^{\ -1} a_k(\bmod m), m = m_j M_j (1 \leqslant j \leqslant k)$$

其中，$M_j^{\ -1}$ 是满足 $M_j M_j^{\ -1} \equiv 1(\bmod m_j), 1 \leqslant j \leqslant k$ 的一个整数，即 $M_j^{\ -1}$ 是 M_j 对模 m_j 的逆。

2. RSA 算法步骤

首先，算法的关键是产生密钥，产生密钥的过程如下。

步骤一：随机选取两个大素数 p 与 q；

步骤二：计算 $n = p \cdot q$，该参数公开；$\varphi(n) = (p-1)(q-1)$，该参数保密；

步骤三：随机选取正整数 e，使之满足 $\gcd(e,\varphi(n))=1$，且 $1 < e < \varphi(n)$；

步骤四：利用欧几里得算法计算 d，使之满足 $ed \equiv 1(\bmod \varphi(n))$，$d$ 为保密的解密密钥；

步骤五：用 $E = < n,e >$ 作为公钥，用 $D = < n,d >$ 作为私钥。

其次，加密和解密，用 RSA 公钥密码体制加密时，先将明文数字化，然后进行分组，每组的长度不超过 $\log n$，再每组单独加密和解密。

加密过程如下：

假设要加密的明文组为 $m(0 \leqslant m \leqslant n)$，则加密过程为

$$c = E(m) = m^e(\bmod n)$$

c 为密文。

解密过程为

$$m = D(c) = c^d(\bmod n)$$

m 就为恢复出的明文，它应该与前面输入的待加密的明文内容一致。

3. RSA 参数分析

RSA 算法的安全性等价于分解 n 的困难性，但是在实际的应用中，很多时候是因为算法实现的细节漏洞导致被攻击，所以在 RSA 算法构造密码系统时，为了保证系统的安全性需要仔细地选择使用的参数。

RSA 算法主要的参数有 3 个：模数 n、加密密钥 e 和解密密钥 d。

(1)算法模 n 的确定：RSA 模数 $n = p \cdot q$ 是 RSA 算法安全性的核心，如果模数 n 被分解，则 RSA 公钥密码体制将立刻被攻破，所以选择合适的 n 是实现 RSA 算法的重要环节。

一般来讲，模数 n 的选择可以遵守以下 4 项原则：

原则一：$n = p \cdot q$，要求 p 和 q 为强素数(Strong Prime)；

强素数定义如下：存在两个大素数 p_1, p_2 使得 $p_1/(p-1), p_2/(p-1)$；存在 4 个大素数 r_1, s_1, r_2, s_2,，使得 $r_1/(p-1), s_1/(p_1+1), r_2/(p_2-1), s_2/(p_2+1)$；称 r_1, s_1, r_2, s_2，为三级素数，p_1, p_2 为二级素数。

原则二：p 和 q 之差要大，相差几位以上；

原则三：$p-1$ 与 $q-1$ 的最大公因子要小；

原则四：p 和 q 要足够大。

这是应用 RSA 算法要遵守的最基本原则，如果 RSA 算法是安全的，则 $n = p \cdot q$ 必须足够大，使得因式分解模数 n 在计算上是不可行的，根据安全要求不同，一般使用组别如下：

1)临时性(Casual)384bit，经过努力可以破译；

2)商用性(Commercial)512bit，可由专业组织破译；

3)军用性(Military)1024bit，专家预测十年内不可破译。

但随着计算机能力的不断提高和分布式运算的发展，没有人敢断言具体的安全密钥长度。

(2)算法 e 与的 d 选取原则：在 RSA 算法中 $\gcd(e, \varphi(n)) = 1$ 的条件是很容易满足的，如果 e, d 比较小，加解密的速度快，也便于存储，但这必然导致安全性问题，一般的 e, d 的选取原则如下：

1) e 不可过小。经验上 e 选 16 位的素数，这样既可以有效地防止攻击，又有较快的加、解密速度。

2)最好选 e 为 $\bmod \varphi(n)$ 的阶数，即存在 i，使得 $e^i \equiv 1(\bmod \varphi(n))$，可以有效地抗击攻击。

3) d 要大于 $n^{0.3}$。选定 e 后可使用欧几里德算法在多项式时间内计算出 d。

8.4　密码体制的安全性测度

评价一个密码体制是否安全，有很多种标准。要做全面评价，其实很难，因为安全性实际上是一个相对的概念。第二次世界大战时期的密码，在当时是安全的，现在已经不安全了。因为科技发展了，密码分析者拥有更先进的破译工具、技术和运算能力。

评价密码体制安全性至少可以分成两类：理论安全和实际安全。理论安全指密码攻击者无论拥有多少金钱、资源和工具都不能破译密码，如香农证明一次一密的密码体制是完全保密的密码体制。实际安全指攻击者破译代价超过了信息本身的价值或在现有条件下破译所花费时间超过了信息的有效期。以前曾认为分析在计算上不可行即可做到实际安全，但 1998 年，

Paul Kocher 发明了差分能量攻击 DPA(Differential Power Analysis),使密码攻击所需的数学推导和计算大幅度降低,给密码体制的实际安全带来了严重的威胁。最初的信息安全概念是狭义的,主要指保密性,即信息内容不会被泄漏。现在的安全性内涵已远不止保密性。本节仅讨论信息保密问题。

8.4.1 完善保密性

密码体制的安全性通常针对某种攻击而言。以下仅研究唯密文攻击下密码体制的安全性,以此说明密码与信息论的关系。

对于一般的保密通信系统,若 P,C,K 分别代表明文、密文和密钥空间,$H(P),H(C),H(K)$ 分别代表明文、密文和密钥空间的熵,$H(P/C),H(K/C)$ 分别代表密文已知条件下明文和密钥的疑义度,从唯密文攻击角度来看,密码分析的任务是从截获的密文中提取关于明文的信息:

$$I(P;C)=H(P)-H(P/C)$$

或从密文中提取密钥信息:

$$I(K;C)=H(K)-H(K/C)$$

显然,$H(P/C)$ 和 $H(K/C)$ 越大,攻击者从密文获得的明文或密钥信息就越少。

合法用户掌握解密的密钥,收到密文后,用解密密钥控制解密函数通过运算,恢复出原始明文。此时必有

$$H(P/CK)=0 \tag{8-1}$$

于是

$$I(P;CK)=H(P)-H(P/CK)=H(P)$$

说明合法用户在掌握密钥并已知密文的情况下,可以提取全部明文信息。

定理 8.5 对任意密码系统,有

$$I(P;C)\geqslant H(P)-H(K)$$

证明:由式(8-1)和熵的性质可导出

$$\begin{aligned}H(K/C)&=H(K/C)+H(P/CK)\\&=H(KP;C)\\&=H(P/C)+H(K/CP)\\&\geqslant H(P/C)\end{aligned}$$

考虑到

$$H(K)\geqslant H(K/C)$$

故有

$$\begin{aligned}I(P;C)&=H(P)-H(P/C)\\&\geqslant H(P)-H(K)\end{aligned} \tag{8-2}$$

上述定理说明,保密体制的密钥空间越大,从密文中可以提取的关于明文的信息量就越上,即密钥空间越大,破译越困难。如果密文与明文之间的平均互信息为零,即

$$I(P;C)=0 \tag{8-3}$$

则攻击者不能从密文中提取到任何有关明文的信息。这种情况下,则称密码系统是完善

保密的或无条件安全的，亦即理论安全的。

当密钥空间大于明文空间，即

$$H(K) \geqslant H(P)$$

由式(8-2)和平均互信息的非负性可知，$I(P;C)$ 必等于 0，这是完善保密系统存在的必要条件。对于二元保密通信系统，如果设计一个信道，使符号正确发送和错误发送的概率各等于 1/2，这种方案可用简单的异或逻辑来实现。该方案等价于信源通过二元对称信道。由相关分析可知，此时信道容量为零，故式(8-3)必成立。说明完善保密系统是存在的，但这种系统仅在唯密文攻击下是安全的。

香农证明，"一次一密"的密码体制不仅能抗唯密文攻击，亦能抗击已知明文攻击。

8.4.2　唯一解距离

香农从密钥疑义度出发，引入了一个非常重要的概念——唯一解距离（Unicity distance）V_0。V_0 是密码攻击者在进行唯密文攻击时必须处理的密文量的理论下界。当攻击者获得的密文量大于这个界限时，密码有可能会被破译；如果小于这个界限，则密码在理论上是不可破译的。

设给定 N 长密文序列 $C = c_1, c_2, \cdots, c_N \in Y^N$，其中 Y 为密文字母表。根据条件熵性质，有

$$H(K/c_1, c_2, \cdots, c_{N+1}) \leqslant H(K/c_1, c_2, \cdots, c_N)$$

易知，随着 N 的增大，密钥疑义度减小。亦即截获的密文越多，从中提取的关于密钥的信息就越多。当疑义度减小到零，即 $H(K/C) = 0$ 时，有

$$I(K;C) = H(K) - H(K/C) = H(K)$$

密钥被完全确定，从而实现破译。

如果

$$I_{0\infty} = H_0 - H(P)$$

代表明文信息变差，其中 $H(P)$ 和 H_0 分别代表明文熵和明文最大熵，可以证明，唯一解距离为

$$V_0 \approx \frac{H(K)}{I_{0\infty}}$$

即破译密码所需的最小密文长度。

由相关章节的讨论，$I_{0\infty}$ 代表明文冗余度，表明唯一解距离与密钥熵成正比，与明文冗余度成反比。由此可知，提高密码安全性有两条途径：增大密钥熵或减小明文冗余度。增大密钥熵可通过扩展密钥空间或加大密码体制复杂度实现，减小明文冗余度可通过压缩编码实现。

应该注意的是，唯一解距离是破译密码所需的最小密文数量的理论下界。达到这个下界，不代表一定能破译密码。还需要指出的是，唯一解距离与编码定理一样，只给出了一个理论界限，并没有给出求解密钥的具体方法，也没有给出求解密钥所需的工作量。有许多密码体制，理论上可以破译，但所需的工作量在计算上不可行。这种密码体制属于实际保密的密码体制，即所谓计算上安全的保密体制。

习　题　8

8.1　描述 Caesar、Affine、Hill、Vigenere 等密码编码方法，并通过阅读密码学相关书籍文献，了解其他古典密码编码方法。

8.2　明文 p =themachineisnotbreakable，若用密钥 $K=\begin{bmatrix}6 & 11 & 8\\ 7 & 14 & 5\\ 10 & 16 & 21\end{bmatrix}$ 的希尔密码加密，求密文。

8.3　用维吉尼亚（Vigenere）密码加密，已知 p = polyalphabeticcipher，密钥 K = RADIO，试求密文。

8.4　通过典型算法分析，比较对称密码与公钥密码的区别，并从信息论的角度描述其联系。

8.5　试论述密码编码方式与之前章节所学的信息论编码有何区别与联系。

8.6　查阅文献资料，证明“一次一密”的密码体制不仅能抗唯密文攻击，亦能抗击已知明文攻击。

信息编码理论应用篇

第9章　信息编码理论实际应用

9.1　信息编码理论在多媒体技术中的应用

1948年香农曾经论证：不论是语音或图像，由于其信号中包含很多的冗余信息，所以当利用数字方法传输或存储时均可以得到数据的压缩。在他的理论指导下，图像编码已经成为当代信息技术中较活跃的一个分支。经过近半个世纪的努力，音频、图像和视频编码技术已从实验室走入通信和电子工程实践当中。

从应用的角度来看，多媒体就是文本、音频、视频、图形、图像、动画等多种不同形式的信息表达方式的有机综合。随着应用的增长，术语“多媒体”的内涵也不断扩大，它不仅指信息本身，更主要的是指处理和应用它的一系列技术，包括与多媒体计算机、通信和应用相关的技术。多媒体应用的根本目的是以自然习惯的方式，高效安全地接受计算机世界的信息，这些信息通过计算机生成的媒体来展现。

9.1.1　多媒体数据压缩编码

数据压缩是多媒体发展的关键技术。多媒体数据压缩技术的分类有多种方法，其中按照信号质量有无损失可分为有损编码和无损编码。无损编码又称为冗余压缩，主要用于文本数据压缩。算法的基本原理是去除或减小数据中的冗余，压缩过程中不能破坏数据中包括的信息，解码后的数据必须与原来的一样。典型的无损压缩算法有 Huffman 编码、费诺-香农编码、算术编码、流程编码、Lempel - Zev 编码等。无损预测编码是指预测编码压缩后的图像数据与原来的图像数据进行比较，没有一定的差别。这个系统有一个解码器和一个编码器组成，每部分都包含一个相同的预测器。由于输入图像的连续像素都要送入编码器，所以预测器能够根据以往的一些输入生成输入像素的预期值。因为通过预测和差分处理消除了大量像素间冗余，所以预测误差的概率密度函数通常在零处有一个很高的峰，并表现出变化相对较小的特征。

有损压缩又称为熵压缩，适用于图像和声音的压缩。在压缩过程中减小了数据中包含的数据量，即产生一定的失真，由此获得较高的压缩比。典型的有损编码算法包括模型编码、矢量量化、子带编码、变换编码、小波编码等。多媒体数据压缩技术分类结构如图 9-1 所示。

与多媒体通信有关的压缩编码的国际标准主要有音频编码标准 G 系列、静态图像压缩编码国际标准 JPEG、视频图像压缩编码的国际标准 H.261 和 H.263、运动图像压缩编码的国际标准 MPEG 系列。

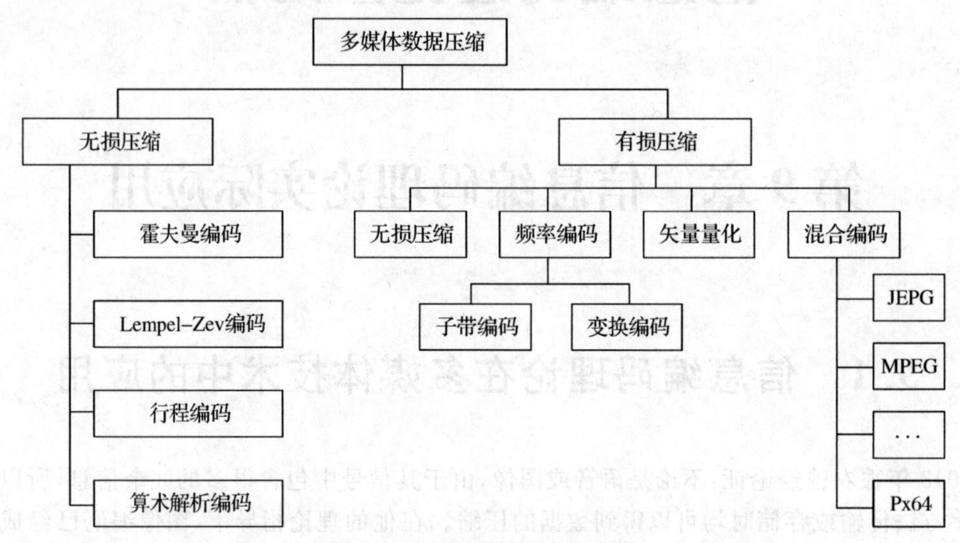

图 9-1 多媒体数据压缩技术

当前多媒体编码技术发展的一个重要方向就是综合现有的编码技术，制定全球统一标准，使信息管理系统具有互操作性并确保未来的兼容性。

图像压缩过程中，一般用线性预测和正交变换进行去相关处理，与之相对应，图像编码方案也分成预测编码和变换域编码两大类。预测编码(Predictive coding)是根据离散信号之间存在着一定关联性的特点，利用前面一个或多个信号预测下一个信号进行，然后对实际值和预测值的差(预测误差)进行编码。如果预测比较准确，误差就会很小。在同等精度要求的条件下，就可以用比较少的比特进行编码，达到压缩数据的目的。

9.1.2 国际图像压缩标准

国际图像压缩标准中均用到了信源编码技术，这里我们以 JPEG、JPEG2000 为例，体会其中的统计编码、变换编码和预测编码技术的完美应用。

JPEG 是 Joint Photographic Experts Group(联合图像专家小组)的缩写，是第一个国际图像压缩标准。JPEG 图像压缩算法能够在提供良好的压缩性能的同时，具有比较好的重建质量，被广泛应用于图像、视频处理领域。联合图像专家小组是在国际标准化组织(ISO)领导之下制定静态图像压缩标准的委员会，第一套国际静态图像压缩标准 ISO 10918-1(JPEG)就是该委员会制定的。由于 JPEG 优良的品质，使他在短短几年内获得了成功，被广泛应用于互联网和数码相机领域，网站上 80%的图像都采用了 JPEG 压缩标准。

JPEG 本身只有描述如何将一个影像转换为字节的数据串流(streaming)，但并没有说明这些字节如何在任何特定的储存媒体上被封存起来。.jpeg/.jpg 是最常用的 JPEG 压缩图像文件格式，由一个软件开发联合会组织制定，是一种有损压缩格式，能够将图像压缩在很小的储存空间，图像中重复或不重要的资料会被丢失，因此容易造成图像数据的损伤。尤其是使用过高的压缩比例，将使最终解压缩后恢复的图像质量明显降低，如果追求高品质图像，不宜采用过高压缩比例。

JPEG 压缩流程与解压缩的流程如图 9－2 所示。JPEG 采用有损压缩方式去除冗余的图像数据，在获得极高的压缩率的同时能展现十分丰富生动的图像，换句话说，就是可以用最少的磁盘空间得到较好的图像品质。而且 JPEG 是一种很灵活的格式，具有调节图像质量的功能，允许用不同的压缩比例对文件进行压缩，支持多种压缩级别，压缩比率通常在 10∶1 到 40∶1之间，压缩比越大，品质就越低；相反地，品质就越高。最高可以把 1.37MB 的 BMP 位图文件压缩至 20.3KB。当然也可以在图像质量和文件尺寸之间找到平衡点。JPEG 格式压缩的主要是高频信息，对色彩的信息保留较好，适合应用于互联网，可减少图像的传输时间，可以支持 24b 真彩色，也普遍应用于需要连续色调的图像。

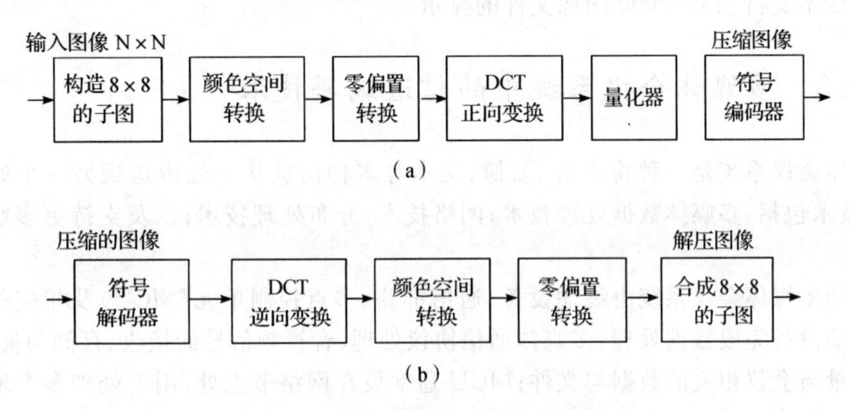

图 9－2　JPEG 压缩流程与解压缩流程

(a)JPEG 压缩流程；(b)JPEG 解压缩流程

JPEG 静止图像压缩标准，中端和高端比特速率上的良好的速率畸变特性，但在低比特率范围内，将会出现很明显的方块效应，其质量变得不可接受。JPEG 不能在单一码流中提供有损和无损压缩，并且不能支持大于 64×64 K 的图像压缩。同时，尽管当前的 JPEG 标准具有重新启动间隔的规定，但当碰到比特差错时图像质量将受到严重的损坏。

针对这些问题，自 1997 年 3 月起，JPEG 图像压缩标准委员会开始着手制定新一代的图像压缩标准以解决上述问题。2000 年 3 月的东京会议，确定了彩色静态图像的新一代编码方式 JPEG2000 图像压缩标准的编码算法。

JPEG2000 的压缩比更高，而且不会产生原先的基于离散馀弦变换的 JPEG 标准产生的块状模糊瑕疵。JPEG2000 同时支持有损压缩和无损压缩。另外，JPEG2000 也支持更复杂的渐进式显示和下载。

JPEG2000 格式有一个极其重要的特征在于它能实现渐进传输，即先传输图像的轮廓，然后逐步传输数据，不断提高图像质量，让图像由朦胧到清晰显示。此外，JPEG2000 还支持所谓的“感兴趣区域”特性，可以任意指定影像上感兴趣区域的压缩质量，还可以选择指定的部分先解压缩。在有些情况下，图像中只有一小块区域对用户是有用的，对这些区域，采用低压缩比，而感兴趣区 域之外采用高压缩比，在保证不丢失重要信息的同时，又能有效地压缩数据量，这就是基于感兴趣区域的编码方案所采取的压缩策略。其优点在于它结合了接收方对压缩的主观需求，实现了交互式压缩。而接收方随着观察，常常会有新的要求，可能对新的区域感兴趣,也可能希望某一区域更清晰些。

JPEG2000 是基于小波变换的图像压缩标准,由 Joint Photographic Experts Group 组织创建和维护。JPEG2000 通常被认为是未来取代 JPEG(基于离散余弦变换)的下一代图像压缩标准。JPEG2000 文件的后缀名通常为.jp2,MIME 类型是 image/jp2。JPEG2000 的压缩比更高,而且不会产生原先的基于离散余弦变换的 JPEG 标准产生的块状模糊瑕疵。JPEG2000 同时支持有损数据压缩和无损数据压缩。另外,JPEG2000 也支持更复杂的渐进式显示和下载。

由于 JPEG2000 在无损压缩下仍然能有比较好的压缩率,所以 JPEG2000 在图像品质要求比较高的医学图像的分析和处理中已经有了一定程度的广泛应用。虽然 JPEG 在技术上有一定的优势,但是互联网上采用 JPEG2000 技术制作的图像文件数量仍然很少,并且大多数的浏览器仍然不支持 JPEG2000 图像文件的显示。

9.1.3 多媒体会议系统中的信道编码技术

多媒体会议系统是一种将声音、图像、文本等多种信息从一处传送到另一个处的通信系统,关键技术包括:多媒体数据处理技术;网络技术;分布处理技术;以及支持更多媒体处理的终端技术。

典型的多媒体会议系统由终端设备、通信链路、多点控制单元(MCU)及相应的软件部分组成。终端设备完成数据处理、多媒体通信协议处理、音视频信号的接收、存储与播放,并记录和检索大量与会议相关的数据与文件;MCU 通常设在网络节点处,用于处理多个地点同时进行通信;软件包括协议、会议服务、音频与视频信号处理等;通信链路有多种选择,包括公共电话交换网(PSTN)、局域网(LAN)、广域网(WAN)、综合业务数字网(ISDN)、异步传输模式(ATM)等。

媒体通信技术是多媒体会议系统的关键技术之一。图像信息经压缩后,信息的相关度大大降低,因此误码对图像质量的影响不可忽视。在视频会议系统中采用 BCH(511, 493)纠错编码,以保证图像信息的可靠传输。

多媒体会议系统的图像纠错编码原理如图 9-3 所示。当进行纠错编码时,图像数据被划分为 493 比特的数据分组,然后送入 BCH 纠错编码单元,按照 BCH(511, 493)算法算出 18 比特的校验位。延时单元的作用是补偿 BCH 编码所用的时间,使经编码输出的校验比特和相应的数据分组刚好对齐,然后两者复合起来送入多路利用单元。

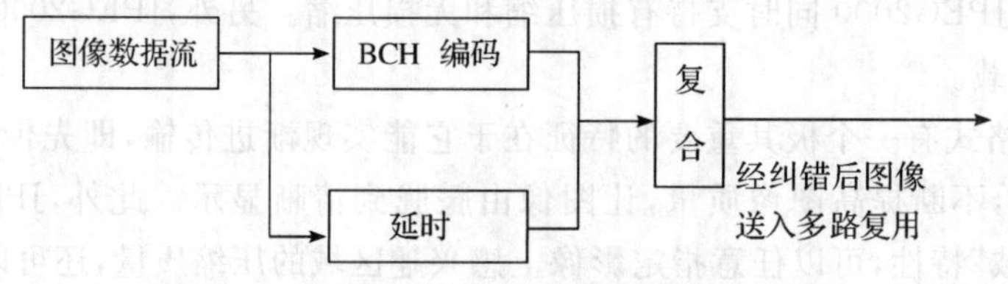

图 9-3 多媒体会议系统中的图像纠错编码

在接收端,解码器对图像进行 BCH 译码,如果出现随机误码,利用此纠错系统的比特校验位就可以将其纠正。

9.2　信息编码理论在计算机网络通信中的应用

9.2.1　数据链路控制规程中的差错控制技术

ISO 7498 标准定义了网络体系结构的对象的类型、关系和约束，及 7 层开放系统互连参考模型，如图 9－4 所示。

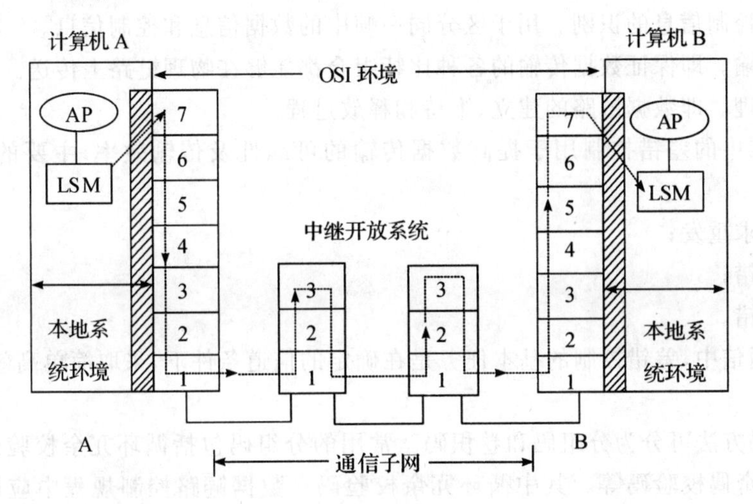

图 9－4　OSI 参考模型中的体系结构

TCP/IP 参考模型是计算机网络的祖父 ARPANET 和其后继的因特网使用的参考模型。TCP/IP 是一组用于实现网络互连的通信协议。Internet 网络体系结构以 TCP/IP 为核心。基于 TCP/IP 的参考模型将协议分成四个层次，它们分别是：网络访问层、网际互联层、传输层（主机到主机）、和应用层。TCP/IP 模型结构如图 9－5 所示。

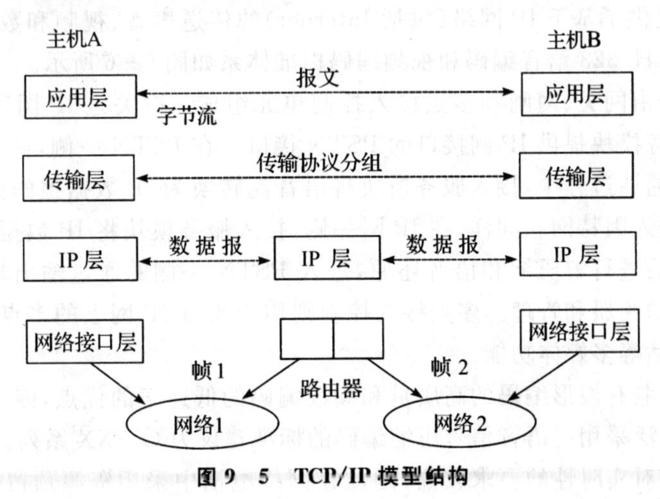

图 9－5　TCP/IP 模型结构

数据链路通过数据链路控制规程，在不太可靠且有外来干扰的物理链路上实现可靠的、基本无差错的数据传输。数据链路层的主要功能：

(1)帧同步。指收方能从收到的比特流中准确地判断出一帧的开始和结束。

(2)寻址。在多点链接情况下，用于保证每一帧都能送到正确的地址，收方也应当知道数据是从哪一个节点发出的。

(3)流量控制。为了保证发方的发送数据速率不超过收方及时接收和处理的能力，当接收方来不及接收时，就必须采取措施来控制发方发送数据的速率。

(4)差错控制。主要有纠错编码和检错编码两种。纠错编码即前向纠错，由于开销较大，适用于卫星中继的计算机通信。检错编码即检错重发，这种方法在计算机通信中最为常用。

(5)数据和控制信息的识别。用于区分同一帧中的数据信息和控制信息。

(6)透明传输。即保证数据传输的各种比特组合都能够在物理链路上传送。

(7)链路管理。即数据链路的建立、维持和释放过程。

数据链路层中的差错控制用于提高数据传输的可靠性及传输效率，主要的方式有以下3种：

(1)自动请求重发；

(2)前向纠错；

(3)混合纠错。

在计算机通信中，差错控制的基本任务是在确定的信道条件下，采取简单高效的方式保证系统的可靠性。

采用的编码方法可分为分组码和卷积码。常用的分组码包括循环冗余校验码(CRC)、恒比码、垂直水平奇偶校验码等。其中循环冗余校验码在数据链路控制规程中应用最为普遍。卷积码则在前向纠错系统中应用较多。

9.2.2 网络电话系统中的关键技术

网络电话也称 IP 电话，是以因特网为传输媒介的电话系统。具有占用频带小、成本低的特点，并且可以与图像、视频等结合起来，进行传真、广播、电视等通信。

H.323 标准提供了基于 IP 网络(包括 Internet)的传送声音、视频和数据的基本标准，它是一个框架协议。H.323 语音编码和视频编码标准体系如图 9-6 所示。

网络电话系统由网关、网闸和多点接入控制单元组成。网关是 IP 网和 PSTN 之间的接入设备，其接入服务模块提供 IP 网接口的 PSTN 接口。在 PSTN 一侧，输入端对用户语音进行编码和压缩，在通话过程中，接入服务模块将语音流转换为 IP 数据报的格式，即打包，然后通过因特网接口送入因特网。同样，在 IP 网一侧，接入服务模块将 IP 数据报进行解包，还原为语音流格式，然后进行解压缩和语音还原，进入 PSTN 一侧的通过输出端。网闸是服务控制模块，用于用户的注册和管理。多点接入控制则用于支持 IP 网上的多点通信，可实现网络电话会议、可视电话等多媒体功能。

混合编码算法兼有波形编码的高质量和参数编码的低速率的优点，因此在音频编解码算法的国际标准中广泛采用。语音信号压缩编码的标准建议为 G.7XX 系列。

由于语音通信对实时性的要求较高，因此在网络电话中采用资源预留协议(RSVP)对语音优先处理。在 WAN 中传输速率小于 512 kb/s 时,IP 网的路由器应设定语音包的优先级为最高。

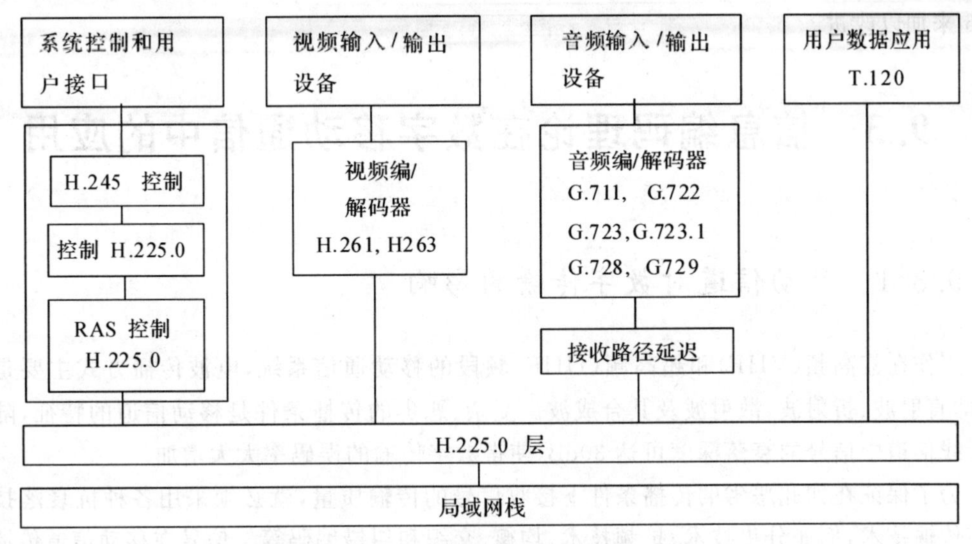

图 9-6　H.323 语音编码和视频编码标准体系

在全双工电话通信过程中,仅有 40%左右的信号是有效的,因此,在网络电话通信系统中采用静音抑制技术,以减少占用的网络带宽。IP 网中迟到或持续出错的语音包将被丢弃处理,造成语音失真,因此在 IP 电话中需采用语音抖动处理技术,以克服 IP 数据报传输时间不同造成的抖动。方法是在收端设置缓冲区暂存语音包,用稳定平滑的速率从缓冲区中取出语音包,经解压缩和还原语音后传送给用户。

前向纠错编码也是网络电话中与语音处理相关的一项技术。网关采用两级前向纠错,Intra－Packet 在同一数据报内加入冗余数据,使接收端能纠错并还原语音数据;Extra－Packet 在每个语音数据报中包含后续包的冗余数据,确保接收端能检测出差错或丢失的数据报并恢复。采取 FEC 技术可以弥补 10%～20%的数据报丢失率,其代价是需要占用一定的网络带宽。

网络电话以分组的形式在因特网中传输,要求网关在语音终端和因特网之间将连续的语音信号划分成确定长度的多个语音分组,然后将压缩编码后的数据封装到 IP 数据报中,以实现在 IP 交换网中的传输。

封装方法为在语音数据报前面加上总长度为 40 字节的报头。因此在 IP 网络中实际传送的码流并非编码后的净码流,即语音包,而是经封装后的码流。封装的效率取决于一个 RTP 报中所加封的语音数据报的数量。显然加封的语音报越多,封装效率越高,但是全网传输延迟也就增大。

网络电话经编码压缩后,对 IP 网进一步进行统计复用,则可以提高网络的线路利用率,代价是增加了网络的全程延迟。由于语音业务对实时性的要求较高,对语音的全程往返延迟应控制在 450 ms 较为合适。因此,编码打包后形成的单位码流通常为 20 kb/s,与基于 64 kb/s 的 G.711 PSTN 交换相比,带宽压缩了约 2/3。

网络电话是计算机技术与电信相结合的成果,具有良好的发展前景,但是目前还存在一些需要解决的问题，例如由于目前因特网的 TCP/IP 协议体系不提供任何服务质量保证，因此影响了 IP 电话的通话质量，解决的方法可以通过拓展因特网的带宽和制定下一代的 IP 协议即 IPv6 来加以改进。

9.3 信息编码理论在数字移动通信中的应用

9.3.1 移动信道对数字传输的影响

工作在甚高频(VHF)和超高频(UHF)频段的移动通信系统，电波传播方式主要是空间波，即直射波、折射波、散射波及其合成波。复杂、恶劣的传播条件是移动信道的特征，陆地移动无线信道中信号的衰落深度可达 30dB，使得数字传输的误码率大大增加。

为了保证在如此恶劣的传播条件下接收信号的传输质量，就必须采用各种抗衰落技术和数字传输技术，例如分集技术、扩频技术、均衡、交织和纠错编码等。信号在移动信道传播过程中会受到各种衰减的影响，接收信号功率可表示为

$$P(d)=|d|^{-n}\cdot S(d)\cdot R(d)$$

信道对信号的作用可归结为：自由空间传播损耗 $|d|^{(-n)}$，其中 n 通常为 3～4；阴影衰落 $S(d)$；以及多径衰落 $R(d)$ 表示。从系统工程的角度看，传播损耗和阴影衰落主要影响到无线区的覆盖，而多径衰落则严重影响信号传输质量。

将多径传播环境简化为某种模型。对于具有 N 个路径的衰落信道，多径传播模型中的接收功率可以表示为

$$P_r=P_t\left(\frac{\lambda}{4\pi d}\right)^2 g_b g_m\left|1+\sum_{i=1}^{N-1}R_i e^{j\Delta\Phi_i}\right|^2$$

其中 P_t 为发射功率，g_b 和 g_m 分别是基站和移动台的天线增益，R_i 是各路径的地面反射系数，$\Delta\Phi_i$ 是路径间的相位差。实际移动环境中接收信号的幅度服从瑞利分布，因而多径衰落也称为瑞利衰落。

9.3.2 多径传播对数字传输的影响

1. 时延扩展

时延扩展，即在一串接收脉冲中，最大传输时延和最小传输时延的差值，记为 Δ，实际上就是脉冲展宽的时间。若发送的窄脉冲宽度为 T，则接收信号的宽度变成 $T+\Delta$。时延扩展会引起码间串扰(ISI)。为避免码间串扰，应使码元周期大于时延扩展 Δ。

时延扩展可以用数学模型来描述，例如在时延谱模型中，接收信号由 N 个等间隔的脉冲组成，脉冲的幅度为指数函数，延时概率函数为

$$p(\tau_i)=\frac{1}{\Delta}e^{\left(-\frac{\tau_i}{\Delta}\right)}$$

2. 相关带宽

相关带宽是对移动信道传输一定带宽信号的能力的统计度量。当码元速率较低时，信号带宽远小于信道的相关带宽，信号通过信道传输后各频率分量的变化具有一致性，则信号波形不产生失真，无码间串扰，此时的衰落为非频率选择性衰落；若码元速率很高，信号带宽大于相关带宽，则信号通过信道传输后各个频率分量的变化不一致，将引起波形失真，造成码间串扰，此时的衰落为频率选择性衰落。相关带宽通常用最大时延 T_m 的倒数来表示，即

$$B_c = \frac{1}{T_m}$$

3. 时间选择性衰落

在移动环境中，移动台的运动会使接收信号产生多普勒频移，在多径信道中这种频移会成为多普勒频展。将多普勒频展的宽度的倒数定义为相干时间，则它表征了时变信道对信号衰落的节拍，这种衰落是由于多普勒效应引起的，并且发生在传输波形的特定时间段上，称为时间选择性衰落。

时间选择性衰落严重影响了数字信号的误码率，为了减小其影响，要求码元速率远大于衰落节拍的速率。

9.3.2　数字移动通信中的语音编码

全球移动通信系统(GSM)选定规则脉冲激励长期预测(RPE－LTP)编码算法作为其语音编码方案。RPE－LTP 采用相位与幅度优化的等间距规则脉冲作为激励源，合成波形接近于原始语音信号。同时，结合长期预测，去除信号冗余度，从而降低了编码速率。RPE－LTP 的净编码速率为 13 kb/s，语音质量 MOS 得分可达 4.0。

GSM 系统的语音处理过程：发送端先进行语音检测，将每个时间段分为有声段和无声段。在有声段进行语音编码产生编码语音帧，在无声段对背景噪声进行估计，产生静寂描述(SID)帧。发信机采用不连续发射方式，即仅在包含语音帧的时段内才开启发信机。在语音段结束时发送 SID 帧，接收端根据收到的 SID 帧中的信息在无声时段内插入舒适噪声。

3G 移动通信系统将提供能全球接入和漫游的广泛业务。CDMA2000 系列标准是为满足 3G 无线通信系统的要求而提出的。目标是提供较高的数据速率以满足 IMT－2000 的性能要求，即车辆环境下至少 144 kb/s，步行环境下 384 kb/s，室内办公室环境下 2048 kb/s 的传输速率。

CDMA2000 标准是 CdmaOne 无线系统的技术演进，其新的特点主要包括：多种信道带宽，即带宽可以是 N×1.2288 MHz；快速前向功率控制；辅助导频信道；灵活的帧长，有 5ms，10ms，20ms，40ms，80ms，160ms 等多种；反向链路相干解调；前向发送分集；改进的媒体接入控制方案；可选择较长的交织器以及 Turbo 编码。其中 Turbo 编码是 CDMA2000 中的关键技术。

9.3.3　宽带无线接入中的编码技术

随着 Internet 技术的迅猛发展，现有的有线接入系统远远不能满足人们的宽带业务需求；

另一方面随着电信市场的不断开放,新运营商不断加入,形成了多方竞争的局面。在这种背景下,宽带无线接入应运而生。

宽带无线接入主要有以下几种技术:无线局域网(WLAN)、蓝牙(Bluetooth)技术、本地多点分配系统(LMDS)、多点多信道分配系统(MMDS)及其他(如红外等)。

无线局域网主要技术有 IEEE802.11b,IEEE802.11a,IEEE802.11g,HiperLAN 等。当前最具代表性的是 IEEE802.11b。未来无线局域网与 3G 存在一定的互补与竞争关系。

蓝牙是一种使用 2.4GHz～2.483GHz 无线频段即工业、科学和医疗(ISM)频段的通用无线接口技术,提供不同设备间的双向短程通信。最高数据传输速率 1Mb/s、最大传输距离为 10cm～10m,增加发射功率可达 100m。蓝牙的优势是设备成本低、体积小。相对于 802.11x 系列和 HiperLAN 家族,蓝牙的作用不是为了竞争而是相互补充。

固定无线接入系统已经从最初基于电话接入方式的窄带系统演变为面向宽带数据业务为主的宽带固定无线接入系统。而且随着接入网建设的持续升温以及各种新的技术不断被引入,宽带固定无线接入系统仍是未来几年内通信市场发展的一个热点。

宽带无线接入技术的一些新技术包括:宽带 OFDM 技术、3.5GHz 频段的 24 扇区天线技术、软件无线电技术、调制阶数和覆盖面大小可变的自适应技术、高效率频谱成型技术、自适应动态时隙分配技术、自适应信道估值与码间干扰对抗技术、自适应带宽分配及流量分级管理技术、中频与射频集成组装的紧凑型的户外单元技术和高级编码调制与收信检测技术等。

IEEE 802.11 无线局域网标准的制定是无线网络技术发展的一个里程碑。802.11 标准的颁布,使得无线局域网在各种有移动要求的环境中被广泛接受。随后 IEEE 小组又相继推出了 802.11b 和 802.11a 两个新标准,前者已经成为目前的主流标准,而后者也被很多厂商看好。

802.11MAC 子层提供两个功能,即 CRC 校验和包分片。在 802.11 协议中,每一个在无线网络中传输的数据报都被附加上了校验位以保证它在传送的时候不出错,这和 Ethernet 中通过上层 TCP/IP 协议来对数据进行校验有所不同。包分片的功能允许大的数据报在传送时被分成较小的部分分批传送。减少了数据报重传的概率,从而提高了无线网络的整体性能。MAC 子层负责将收到的被分片的大数据报进行重新组装,对于上层协议这个分片的过程是完全透明的。

为增加数据通信速率,802.11b 标准采用了补充编码键控(CCK),CCK 由 64 个 8 比特长的码字组成。这些码字即使在出现严重噪声和多径干扰的情况下,收方也能正确地予以区别。802.11b 规定在速率为 5.5Mb/s 时使用 CCK,对每个载波进行 4 比特编码。当速率为 11Mb/s时,对每个载波进行 8 比特编码。两种速率都使用 QPSK 作为调制技术,这也是 802.11b能实现更高数据传输速率的原因。

802.11b 允许数据速率自动调整以适应无线通信的变化特性。当设备移动到覆盖范围之外,或者出现严重干扰时,802.11b 设备将以较低的速率进行发射,这时,速率就会回落到 5.5Mb/s,2Mb/s 或 1Mb/s。如果无线设备从低速率环境进入高速率环境,连接速率将自动提高。动态速率漂移是一个对用户和上层协议栈透明的物理层机制。

IEEE 802.11 WLAN 采用有线等效协议(WEP)保证为系统提供机密性和数据完整性,并通过拒绝所有非 WEP 信息包来保护对网络基础结构的访问。

加密及解密过程:

(1)使用 CRC—32 算法对数据帧求校验和以获得信息分组 $c(M)$，其中 M 是数据信息。然后合并 M 和 $c(M)$，以此获得明文 $P=(M,c(M))$。

(2)使用 RC4 算法加密明文 P。这生成一个密钥流作为初始化矢量(IV) v 和密钥 k 的函数，用 RC4(v,k) 表示。通过将 XOR 函数应用于明文和密钥流而产生密文。然后，密文和初始化矢量 IV 通过发信机送入信道。

WEP 加密算法的帧结构如图 9－7 所示。

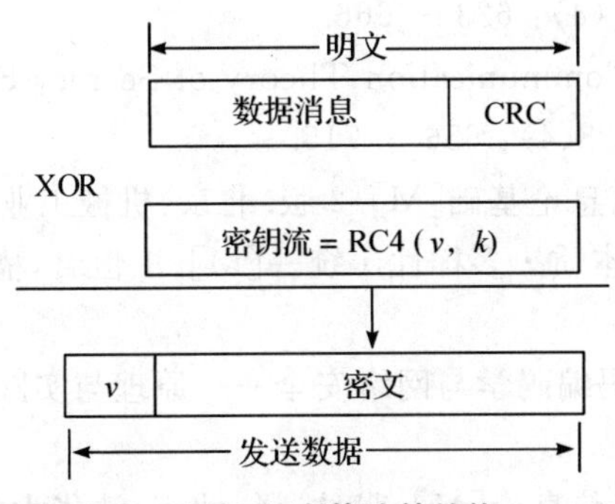

图 9－7　WEP 加密算法帧结构

解密过程与加密相反。接收端本地生成密钥流，并将它与密文进行 XOR 运算以恢复估计的初始明文 P'。接着，P' 被分成两个部分：M' 和 c'。然后，计算 $c(M')$，并将它与接收到的校验和 c' 进行比较。如果不匹配，则消息主体在传输期间已经以某一方式更改过。解密通过使用带信息包传输的 IV 和共享密钥来生成用于加密的等同密钥流。最后，将结果与密文进行 XOR 运算，以显示消息。

习　题　9

9.1　JPEG 国际图像压缩标准中都用了哪些信源编码技术？

9.2　网络电话中编码的关键技术是什么？

9.3　JPEG2000 与 JPEG 编码的最大不同是什么？相比有哪些优点？

9.4　联系实际，谈谈信息理论与编码技术在你身边有哪些应用。

参考文献

[1] Claude E Shannon. A Mathematical Theory of Communication[J]. Bell System Technical Journal. 1948,27 (4): 623 - 666.

[2] Claude E Shannon. Communication Theory of Secrecy Systems[J], Bell System Technical Journal, 1949,28(4): 656 - 715.

[3] M Cover Thomas. 信息论基础[M]. 2 版. 北京:机械工业出版社, 2008.

[4] 布尔金. 信息论——本质·多样性·统一[M]. 王恒君,嵇立安,王宏勇,译. 北京:知识产权出版社,2015.

[5] 威廉,斯托林斯. 密码编码学与网络安全——原理与实践[M]. 6 版. 北京:电子工业出版社, 2015.

[6] 盖莫尔,金荣汉. 网络信息论[M]. 张林,译. 北京:清华大学出版社, 2015.

[7] 斯廷森 道格拉斯 R. 密码学原理与实践[M]. 3 版. 北京:电子工业出版社, 2016.

[8] 凯尔伯特. 信息论与编码理论:剑桥大学真题精解[M]. 高晖,译. 北京:机械工业出版社,2017.

[9] Ryan William E,Lin Shu. 信道编码:经典与现代[M]. 白宝明,马啸,译. 北京:电子工业出版社,2017.

[10] 卢开澄,卢华明. 编码理论与通信安全[M]. 北京:清华大学出版社, 2006.

[11] 姚庆栋. 图像编码基础[M]. 3 版. 北京:清华大学出版社, 2006.

[12] 田丽华. 信息论、编码与密码学[M]. 西安:西安电子科技大学出版社, 2008.

[13] 金晨辉. 密码学[M]. 北京:高等教育出版社, 2009.

[14] 傅祖芸. 信息论——基础理论与应用[M]. 3 版. 北京:电子工业出版社, 2015.

[15] 傅祖芸. 信息论与编码学习辅导及习题详解[M]. 北京:电子工业出版社,2010.

[16] 杨孝先,杨坚. 信息论基础[M]. 合肥:中国科学技术大学出版社, 2011.

[17] 邓家先,肖嵩,严春丽. 信息论与编码[M]. 2 版. 西安:西安电子科技大学出版社, 2011.

[18] 冯桂,林其伟,陈东华. 信息论与编码技术[M]. 2 版. 北京:清华大学出版社, 2011.

[19] 孙丽华,陈荣伶. 信息论与编码[M]. 北京:电子工业出版社,2012.

[20] 王育民,李晖. 信息论与编码理论[M]. 2 版. 北京:高等教育出版社, 2013.

[21] 顾学迈. 信息与编码理论[M]. 哈尔滨:哈尔滨工业大学出版社, 2014.

[22] 于秀兰,王永,陈前斌. 信息论与编码 [M]. 北京:人民邮电出版社, 2014.

[23] 朱秀昌. 视频编码与传输新技术[M]. 北京:电子工业出版社, 2014.

[24] 石峰,莫忠息. 信息论基础[M]. 3 版. 武汉:武汉大学出版社,2014.

[25] 李梅,李亦农,王玉皞. 信息论基础教程[M]. 3 版. 北京:北京邮电大学出版社,2015.

[26] 姚善化. 信息理论与编码[M]. 北京:人民邮电出版社, 2015.

[27] 岳殿武. 信息论与编码简明教程[M]. 北京:清华大学出版社, 2015.

[28] 陈运,周亮,陈新,等. 信息论与编码[M]. 3 版. 北京:电子工业出版社,2015.

[29] 孙丽华.信息论与编码[M].4版.北京:电子工业出版社,2016.
[30] 曹雪虹,张宗橙.信息论与编码[M].3版.北京:清华大学出版社,2016.
[31] 杨晓萍.信息与编码理论[M].北京:电子工业出版社,2016.
[32] 田宝玉,杨洁,贺志强,等.信息论基础[M].2版.北京:人民邮电出版社,2016.
[33] 赵生妹.信息论基础与应用[M].北京:清华大学出版社,2017.
[34] 于秀兰.信息论基础[M].北京:电子工业出版社,2017.